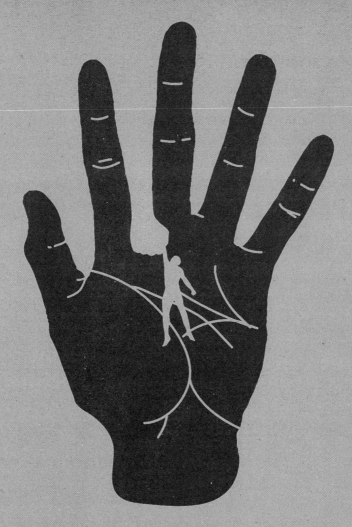

蜕变

个人成长人生哲学

与其摊开手掌求人看命，
不如握紧拳头自己掌控。

◎妙善子——著

山西出版传媒集团　山西人民出版社

图书在版编目（CIP）数据

蜕变：个人成长人生哲学 / 妙善子著. -- 太原：

山西人民出版社，2025. 1. -- ISBN 978-7-203-13555-5

Ⅰ. B821-49

中国国家版本馆CIP数据核字第2024YW5109号

蜕变：个人成长人生哲学

著　　者：	妙善子
责任编辑：	魏　红
复　　审：	刘小玲
终　　审：	梁晋华
装帧设计：	周　航

出 版 者：	山西出版传媒集团·山西人民出版社
地　　址：	太原市建设南路 21 号
邮　　编：	030012
发行营销：	0351 - 4922220　4955996　4956039　4922127（传真）
天猫官网：	https://sxrmcbs.tmall.com　电话：0351 - 4922159
E - mail：	sxskcb@163.com　发行部
	sxskcb@126.com　总编室
网　　址：	www.sxskcb.com

经 销 者：	山西出版传媒集团·山西人民出版社
承 印 厂：	山西省教育学院印刷厂

开　　本：	720mm×1020mm　　　1/16
印　　张：	23.75
字　　数：	360 千字
版　　次：	2025 年 1 月　第 1 版
印　　次：	2025 年 1 月　第 1 次印刷
书　　号：	ISBN 978-7-203-13555-5
定　　价：	69.00 元

如有印装质量问题请与本社联系调换

与其摊开手掌求人看命，
不如握紧拳头自己掌控。

——妙善子

序 言

人的一生，沉浮不定。

人人都希望能够掌控自己的人生，但终了却总发现自己懵懵懂懂被命运左右着。从懵懵懂懂被命运左右，到幡然醒悟去掌控人生，这不是人生走到一定程度就会产生的自然结果，而是一个人经历了一番脱胎换骨的蜕变后才能拥有的能力。

因为在这番脱胎换骨的蜕变里，人彻底实现了从弱变强，这才是真正意义上的成长。

什么是强？什么是弱？

若想说清这两个问题，就得谈及两种个体文化："强势文化"和"弱势文化"。

"强势文化"的概念源自作家豆豆的《遥远的救世主》，与此相对的，就有一个"弱势文化"的概念。在这部小说中，作者透过男主角"丁元英"的视角，简洁而深刻地解释了这两个概念："强势文化就是遵循事物规律的文化，弱势文化就是依赖强者的道德期望破格获取的文化，也就是期望救主的文化。强势文化在武学上被称为'秘籍'，而弱势文化由于易学、易懂、易用成了流行品种。"

尽管在这本小说之前，从未有人用"强势文化"或"弱势文化"这样的词汇去定义深植人们心中的这两种截然不同的人生态度和理念，但这两种不同的个体文化确实是客观存在的。

我最初发表在习全社公众号上的一部分文字，旨在解读这两种文化，更确切地说，是在借着小说里的故事谈一些自己的人生感悟和理解。

文章发表后，得到了许多朋友的认可，有人甚至在留言区写下"醍醐灌顶、功德无量"这样的赞美词，这让我倍感惊讶，因为我从未期待如此高的评价。

还有朋友留言感谢："感谢作者的分享，让我本已经沉睡的心灵突然有了恍然大悟的感觉，给我方向。""现在您的文章是我每天必备的精神粮食，就像每天要吃饭喝水一样，好期待更新，没更新就再往回看往期，每一次收获都有所不同，感恩有名师指路！"

也有朋友给我鼓励："觉得这不是普通的解读，可以去发核心期刊，心理学、艺术学、社会学、管理学等刊物，人文社科类的都可以。"也有人建议——"出本书吧"。

另外，还有朋友提出了问题："提升层次有什么办法么？就像井底之蛙一样，并不是不愿意跳出来，而是不知道事情真实的样子，不知道怎么做更合适。"

在习全社的社群里讲课的时候，朋友们对我讲解的"强势文化"颇感兴趣。随着时间的推移，大家的关注点逐渐聚焦在"如何运用强势文化来指导个人成长""强势文化在家庭教育中的应用"等话题上，他们开始认识到，人生中最宝贵的知识，不是只从学校就可以获得的。

我并不确定自己所写的和所讲的内容有多大价值，但当发现它能帮助别人的时候，我感到非常开心。除了这份被认可的喜悦之外，我更感到一种责任感和使命感。

尤其在母亲去世后，这份责任感和使命感变得更加强烈。

在2023年春节前，母亲突然离世。匆忙赶回家乡，料理完后事，二姐交给我一个小皮箱，说是母亲留给我的。里面装的大多是爷爷、叔公（爷爷的胞弟）和父亲三人生平的功绩、勋章以及一些他们留下的文字。

爷爷是一位抗日阵亡的高级将领、抗日烈士。1944年9月，在与日军的激战中壮烈殉国，年仅43岁，后被追晋为陆军上将。

叔公一生大部分的时间都在从事教育事业，1956年，叔公受国务院的委派和周恩来总理的面嘱，前往四川成都筹建成都电讯工程学院（现电子科技大学）。根据叔公的遗愿，他的骨灰撒在了校园里，作为永恒的悼念。

父亲是一位抗美援朝的老兵，战争结束后考入华中师范大学中文系，1962 年毕业后积极响应"支援大西北"的号召奔赴边疆，在那里将自己的一生奉献给了自己热爱的教育事业。

也许他们从未听说过"强势文化"这个词，但他们的一生都是践行"强势文化"的一生——自强自立，奋斗不息的一生。

作为他们的后代，祖辈和父辈的荣耀与成就虽让我感到骄傲和自豪，但更让我倍觉珍贵的是他们留给后代的那份精神财富——他们在自强不息的一生中沉淀下来的精神思想、人生经验以及做人做事的态度。这份精神财富不仅蕴藏在他们的荣耀和成就里，更渗透在父母对我们每个子女的日常教育中。

母亲虽没有多少文化，却没有市侩之人的功利。她一生中从未在意过金钱名利，而更在意的是子女的人品、道德以及家庭的和睦。也许正是因为这一点，她视祖辈、父辈留下的文字为最宝贵的"遗产"，因此在生前小心翼翼地保管着这些宝贵的资料，并希望我能继续好好保存。

回看祖辈和父母为子女做的事，再看看我自己，虽早已过了不惑之年，但从未想过要留下一些精神财富给自己的孩子！我感到十分惭愧！

此时，爱人不仅支持我为孩子留下点文字的想法，而且鼓励我把它写成书，与更多的人分享。

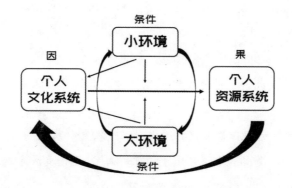

是的，我不应该独享这份精神财富，而应该将它和我对人生思考相结合，并梳理出来，传承给自己的孩子，更应该分享给愿意信任我的朋友们。

于是就有了您现在看到的这本书。

坦诚地说，到目前为止我还是未能想出能比"强势文化"和"弱势文化"这两个词汇更精准的表达方式，所以在这本书中，我仍然借用了作家豆豆笔下"强势文化"和"弱势文化"的用词表达，在这里，向作家豆豆表达敬意。

在书中，我把影响个人命运的因素分成了四部分：个人文化系统、个人资源系统、小环境和大环境。它们之间的关系如下图：

"个人文化系统"是个人命运的"因"，它决定个人命运的上限；而"个人资源系统"是"果"，它决定个人命运的下限。而这个"因"是否能得到与之匹配的"果"还受到"小环境"与"大环境"的双重影响。

其中，"强势文化"或"弱势文化"是"个人文化系统"的内核。"强势文化"内核形成强势文化系统；"弱势文化"内核形成弱势文化系统，而不同的"个人文化系统"就会产生不同的个人命运。尽管每个人的"个人文化系统"都会有所不同，但是归根结底都有强弱之分。就如人有千百种，归根结底会有男女之分一样。

我对本书框架做个简要介绍：

第一篇：探讨"人生的本质"和"命运的影响因素"；

第二篇：深入介绍"个人文化系统"，并探讨为什么会产生"弱势文化"和"强势文化"，以及对这两种文化内核的深入解读；

第三篇：强势文化成长哲学：探讨如何运用强势文化指导个人成长。成长发力点有两个：

①精神成长：运用强势文化打造强者"个人文化系统"；

在这部分，我提出了强势文化人生精神成长的九门课，分别用九篇文章来呈现。

②蓄能成才：运用强势文化打造强者"个人资源系统"；

在这部分，我提出了"强者成才的三部曲"。无论要成才或成事，若能够不打折扣地执行"三部曲"，一定都会有所成就。

第四篇：强势文化生存哲学，主要介绍强势文化"小环境"生存哲学和"大环境"生存哲学。

需要额外说明的是，本书中关于"方法论"层面的探讨基本都是简略地表达的，不是因为它们不重要，而是因为篇幅有限，且本书主要探讨的是人生哲学层面的话题，所以在这本书里就不再赘述。

撰写这本书花费了一年多的时间，凝结的却是我这一生的人生思考和感悟。它能让您用另一种视角去看待人生、思考人生、掌控人生。

"肉身凡胎"写出的东西一定会有疏漏不足之处，甚至还会有错误之处，希望收到您的宝贵批评与建议，在此先谢过。

愿我们彼此都能不断成长、不断进步。

妙善子

2024 年 1 月 5 日

欢迎关注
习全社公众号

添加习全社官方微信
加入社群共同探讨
强势文化

目录

第三篇　强势文化成长哲学

第四篇　强势文化生存哲学

第一篇

人生与命运

第一章　人生与命运

第一节　人生的本质

既然本书探讨的是人生哲学,那就一定是围绕着"人生"二字展开探讨,并期望借着这番探讨寻求出一条能够"过好此生"的光明大道,正因为这点,就会有个问题始终绕不开并且得优先解决,这个问题就是我们需要探讨的第一个问题——人生的本质。

"人生的本质"这个话题太过宏大,我不敢轻易去触碰,但为弄清自己人生曾经的困惑,也为了让信任我的家人和朋友减少许多不必要的未来人生困惑,我还是得硬着头皮,借着自己的人生经历和那点浅薄的知识去谈这个话题,不管最终的答案是否对错,是否更接近真相,我想都不太重要,重要的是,我想我可以贡献一个思考的角度。

一、人生充满了矛盾

人生就像一场无休止的博弈,充满着种种矛盾。

无论是满足基本需求的渴望,还是对更高层次目标的追求,都折射出了我们与世界之间的矛盾。

对每个人来说,每遇到一对矛盾就是遇到了一个待解决的问题,更严谨地说,每一个等待解决的问题本质上就是一对等待去协调的矛盾。

我举几个例子来说明:

人要活着,就得吃饭,对食物的无限渴望和食物资源之间就存在着矛盾。对条件好的人来说，食物资源很丰富，能很轻易地让自己吃饱吃好，这样一来，这对矛盾很容易就能协调好。但是，很轻易地能协调好并不代表这不是个问题，这只能说明他解决这个问题的能力很强；对条件不好的人来说，食物资源很匮乏，吃饭就成了一个大问题，也就是说此时的矛盾无法轻易协调好，那怎么办，要么努力找食物，要么饿着，严重的时候，会饿死。

人要住房子，就得有房子，想安居的这颗心和房子之间就是一对矛盾。同样的道理，条件好的、能力强的人不仅解决这个问题很容易，而且还能住上好房子；而条件不好的、能力不强的人解决这个问题就不太容易，要么住得很差，要么流落街头。

人要发展，就得有好机会，想发展的这颗心和机会之间就是一对矛盾。好机会既然称之为好机会，就说明这样的机会很少，既然少，那就注定不会人人都有；而获得好机会，就需要更多的条件支持，比如自身资质、人脉、财富等等，而这些条件又像筛子一样过滤掉一些人，结果到最后，一定是有些人的发展问题解决了，有些人的发展问题仍未解决。

从出生开始，经历求学、工作、发展、婚姻、家庭、一直到死亡，我们的一生中都会充满这样的矛盾，可以说，这样的矛盾无时不在、无刻不在，那这些矛盾的本质都是一样的吗？或者说，我们一生中遇到的所有问题背后的矛盾都是同一个吗？

答案是肯定的，我们一生中遇到的所有问题的确都是同一对矛盾在作怪。

这个矛盾就是：无限的欲望和有限的资源之间的矛盾。

$$\boxed{\text{无限的欲望}} \quad \textbf{VS} \quad \boxed{\text{有限的资源}}$$

更准确地说，我们人生中所有问题的本质就是"无限的欲望"和"有限的资源"之间的矛盾。

所以，我们必须接受的一个现实是：每一个人的人生中充满了这样的矛盾，而这样的矛盾无时不在，无刻不在。

二、协调矛盾的办法

有问题，就得去解决；有矛盾，就得去协调。人生就是不断解决问题的过程，人生就是不断协调这个矛盾的过程。

只不过，每个人协调这个矛盾的方法各有不同，总的说来有以下几类方法：

（一）劳动

自古至今，劳动始终是协调人类无限欲望和世界有限资源之间的一种办法，而且这种办法非常直接并且有效。

比方说，某个原始人肚子饿了，就得出去打猎、采集浆果，这样才能填饱自己的肚子，这些食物是用自己的打猎劳动、采集劳动换来的。

现如今，我们每个人每天也需要劳动，劳动的目的仍然是为了获取某种资源来满足自己的欲望，比如大到农业种植、挖矿钻井，小到洗衣做饭都是劳动。

人类要想生存和发展，劳动是最基本的，也是最重要的一种方式。当然，对个体来说，这个道理都是一样的。

（二）暴力

面对有限的资源，总有一些人老想着不劳而获，每个人也总有一些时刻指望不劳而获，于是对他们来说，使用暴力手段就是在"不劳而获"的前提下，最快地解决自己的问题（协调这对矛盾）的方式。

这样的暴力手段很常见，例如偷盗、抢劫、战争等等。小到一个人的小偷小摸，大到国与国之间的战争，背后的本质都是为了以最小的代价获取最多的资源，以此来满足自己无穷无尽的欲望。

暴力手段尽管并不符合如今文明社会的主流价值观，但理论上它仍然是一种协调无限欲望和有限资源之间矛盾的有效方式。我更想表达的是：它的确是一种客观存在，尤其是当它被称为"掠夺"的时候。

（三）交换

当人们获取资源的能力越来越强，社会分工的基础就产生了，比如有的原始人特别擅长打猎，有的原始人特别擅长采集浆果，于是这两个人可以协商交换彼此的一部分劳动果实，这样大家都能各取所需，且获得更丰富的资源。

当社会分工越来越细致，人们发现很多自己需要的东西不用自己辛苦地去生产创造，而是直接可以从别人手中换取的时候，有一种东西就呼之欲出了，这东西就叫"等价交换物"，从最初用的贝壳，到如今，货币（钱）就变成了最流行也是最便捷的等价交换物。

当用货币（钱）来交换所需资源的时候，交换行为就被叫做"交易"了，这让我们的生活变得越来越便捷高效。

也正因为如此，对很多人来说，辛苦劳动的目的就是为了赚钱，有了钱就意味着可以买到自己想要的东西。

从这点来说，交易手段比暴力手段公平多了，人们也更容易接受。

（四）规则

并不是所有的资源都能拿来买卖。

为了能够更合理地分配有用的资源，人们必须想出一种更好的办法来协调无限欲望与有限资源之间的矛盾，这个办法就是制定规则。

比方说，出门坐公交车。

当你花了一块钱上了车，就意味着你用一块钱换来了这次从 A 点到 B 点的交通服务，但在车上，仍然有另一项资源无法用钱来买卖，那就是座位。

我们总能看到公交车上有座的人坐得心安理得，站着的人站得心甘情愿，为什么此时此刻大家没有怨言，没有冲突呢？

因为大家都在遵守同一个约定俗成的规则：先来后到。

假如没有这个规则在起作用，车上的座位这种资源被分配的时候，会发生什么情况？

会出现身强体壮的强势群体坐在座位上，而那些妇女、老人和小孩的弱势群体只能站着，因为他们遵循的是"暴力手段"；

会出现"黄牛党"在"倒卖"座位，因为他们遵循的是"交易原则"；

会出现某些真正需要座位的人蹲着给一些占了座位的人"擦皮鞋"、"捶肩揉腿"，期望用这种"劳动"的方式换来一个座位。

上面夸张的说辞背后，无非想传递一个事实：有些宝贵的资源不能拿来买卖，必须通过合理地制定规则来分配，以便保证社会整体的公平公正。

通常情况下，世界有三种规则：

明规则：政府人为制定的法律、政策、规章制度等；

暗规则：人们口头约定或是约定俗成的一些行为准则或规矩；

天规则：天规则，你也可以理解为"天道"，这是万事万物遵循的各种内在客观规律的总称。

我们的人生中，有很多宝贵的资源不能通过劳动获得，不能通过暴力手段获得，更不能通过交易方式获得，只能通过遵守规则获得。

比如，高考制度、社会保障住房分配等制度的存在，就是为了尽可能地保证社会资源分配的时候能够尽可能的公正公平。

（五）道德

我们继续回到公交车上，假如中途上来一位孕妇，恰巧车上座位被坐满，那怎么办？

这个时候我们发现，孕妇是无法通过前四种方式来获得一个座位的，但她极有可能是这辆车上最需要"座位"这种资源的人，为了能把资源分配给最需要的人，我们就需要一种新的方式来协调无限欲望与有限资源之间的矛盾。

这个时候，"道德"就粉墨登场了。

社会提倡"道德礼让"，于是公交车的广播里会提醒有座位的乘客能把座位让给这位孕妇，甚至公交车上会贴着字条——"老弱病残孕专座"。但事实上，有人会让座，也有人不让座，让座的人除了被其他乘客在心中赋予道德美誉之外，不会有任何实质性的奖励；而那些不让座的人，除了被其他人进行道德谴责之外，并不会有其他任何实质性的惩罚，原因很简单，他没有犯法。

因此，我们得明白并接受一个事实：很多时候，当弱势群体无法通过劳动、暴力、交换、规则这四种手段获得自己想要的资源的时候，只能期望通过强势群体的某种道德行为来实现自己的目的，而这种情况，在一个社会中是普遍存在的。

当一个群体、一个民族、一个国家的整体道德水准比较低的时候，能强力地将社会秩序"和谐化"的方式就只能是靠法律，所以，法律就是最底线的道德。

但当一个群体、一个民族、一个国家的整体道德水准比较高的时候，社会整体的文明程度就会陡然拉高，和谐程度当然就会更好，老百姓的幸福感就会更多一些，但这份幸福感，有相当一部分是依赖强势群体的道德行为实现的。

这是个客观事实，不管你愿不愿意，高不高兴，它都存在，我们都得接受。

三、人生的本质

有了前面的分析和铺垫，什么是"人生的本质"这个问题的答案已经不言而喻。

人生的本质，是不断协调自己无限的欲望和能拥有的有限资源这对矛盾的过程，而命运，就是协调这对矛盾之后产生的结果。

（一）两种人生态度

每个人在面对这对矛盾的时候最终采取的方式是不同的，但这种不同最大的分化并不是体现在选择了前述哪种方式（劳动、暴力、交换、规则、道德）上的不同，而是体现在最初面对这对矛盾时的人生态度上。

换句话说，面对这对矛盾，有两种底层的协调逻辑，而这两种底层的协调逻辑就产生了两种基本的人生态度。

第一种人生态度：降低自己的欲望来匹配有限的资源；

第二种人生态度：加大资源的供给量来满足自己无限的欲望。

这两种底层协调逻辑都会有效，都能将这对矛盾协调到平衡状态，当然，这两种人生态度都有人秉持。

秉持第一种人生态度的人，人生朴素而简单，清净淡雅。在中国哲学体系中，期望引导这种人生态度的就是儒释道三家，这种人生态度用儒释道三家共用的一个词来说就是"破除我执"，但把"我执"破除到极致的叫法上三家则有所不同，在佛法来说就是"空"，在道家来说就是"无为"，在儒家来说就是"仁"。

另外，儒释道三家引导这种人生态度的终极目的也有所不同，儒家引导的目的是"经世"，佛家引导的目的是"出世"，而道家引导的目的是"忘世"。①

秉持第二种人生态度是大多数人的选择，这也是人类物质文明和精神文明不断向前发展的源动力。社会发展、经济发展本身由此推动，发展的成果又不断被人们享用，只要人类还有未满足的欲望，这样螺旋式上升的循环发展就会持续不停。

（二）命运不同且复杂

面对无时无刻都会遇到的这对矛盾，有人协调得很好，有人协调得很差，产生的结果就会不同，命运自然就更不相同。

而这对矛盾协调得"好不好"，又取决于每个人面对矛盾时采取的不同态度、方式、以及拥有的资源条件和所处的环境背景等多种因素，这些因素交织在一起共同影响，就导致个体的命运呈现出多变且复杂的情况。

尤其是，当面对例如求学、升职、创业、婚姻等可能改写人生轨迹的

---

① [明]那罗延屈、海印沙门、释德清撰，逸尘注解：《老子道德经憨山注》解读，同济大学出版社2013年版。

关键矛盾时，人与人之间的命运分化尤为明显。所以"能不能"把这对矛盾"协调好"就成为一个人稀缺且重要的顶级能力，因为这种能力会直接决定自己的命运走向。

我们都回想一下当年的同学，会发现毕业 10 年后、20 年后、30 年后每个人的命运截然不同。有人曾经平庸现在继续平庸着，有人曾经平庸而现在优秀，有人曾经优秀而现在平庸，也会有人曾经优秀现在继续优秀着……每个人的命运都各不相同，10 个同学就有 10 种命运，20 个同学就有 20 种命运……有多少人就会有多少种命运，命运可能相似，但绝不会相同。

命运是如此的复杂多变，让人捉摸不透。人人都想掌控命运，却又往往受困于命运，让我们不禁想问：我们是否能在真正意义上掌控自己的命运？怎样才能掌控自己的命运？……

为了了解这些问题的答案，必须先弄清楚下一个问题：人的命运到底会被什么因素影响？

第二节　"谁"在影响命运？

人的一生，就像行军打仗。

有打胜仗的时候，也有打败仗的时候；有人越挫越勇，屡战屡胜；也有人消极懦弱，屡战屡败；有时奋力杀敌，有时偃旗息鼓。

但是，再强的人也有打了败仗的时候，再弱的人也有打胜仗的时候，无论胜仗还是败仗，当这些"战果"汇聚在一起，就写成了人生命运的轨迹。

命运复杂且多变，有时看似可以掌控，有时发现完全无法掌控，模模糊糊让人看不明白，受好奇心驱使，我尝试深入探索一个问题——个人命运到底受哪些因素影响？

为了尝试思考这个问题，我先从三个真实的故事说起。

一、三个真实的故事

（一）第一个故事

1993 年 11 月 17 日，在一次激烈的争吵之后，一个女人被丈夫无情地赶出家门，宣告了他们爱情的终结，20 多天后，这个女人带着不到半岁的女儿离开了这个令她伤心的城市。

在女儿一岁的时候，她下定决心向丈夫提出离婚，结束这场婚姻悲剧，而此后，穷困潦倒的她只能靠政府发给她的每月 103.5 美元福利救济金勉强维持生计。

1995 年 6 月底，女儿快两岁的时候，她的离婚申请终于获得批准，而且得到了女儿的永久看护权。

1997 年 6 月，这位热爱写作的单身母亲写了一本小说，但是有 12 家不同的出版商对她的这部小说都视而不见，在经过无数次被拒绝后，终于有一家出版商同意出版她的小说。出乎所有人的意料，这本小说一经问世就受到广泛好评，销量高到惊人，此后甚至获得了该领域的很多大奖，在之后的几年里，她笔耕不辍，接连推出了这个系列的其他小说，也因此收获了无数财富、奖项。

2020 年，这位女性更是以 75 亿美元的财富位列"2020 胡润全球白手起家女富豪榜"第 87 位。

看到这里，相信有些读者已经猜到这个故事中的杰出女性是谁了。

她就是风靡全球的魔幻系列小说《哈利·波特》的作者——J.K. 罗琳（J.k.Rowling），截至 2008 年，她的《哈利·波特》7 本小说被翻译成67 种文字在全球发行 4 亿册，带动全球无数青少年重返纸质书籍，开始阅读的旅程。

在网络上，有非常多关于罗琳的传记文章，有兴趣的读者可以自行去搜索阅读。

"命运到底由什么决定？"在这里，我用罗琳的故事作为这个话题的开头，并不是想向各位讲述成功学的案例，更不是想说一些"心灵鸡汤"之类的话，而是想以她的故事为起点展开理性的探讨，探讨命运到底由什么决定？如果仅仅从故事里去寻找罗琳究竟"为什么能改写命运"的答案，我相信很多人会有不同的答案，但我更愿意相信，下面的这个答案会得到多数人的认可。

"热爱写作的罗琳富有才华，加上她顽强拼搏、坚持不懈的精神，最终使她收获了财富和名誉，因此她才能彻底改写命运。"

这个答案体现了一条几乎所有人都会认可的成功学公式：

成功 = 天赋 + 努力 + 坚持

如果是这样，这个故事就只是一个充满励志力量的成功学案例，但如果仅仅得出这样的结论，对我而言并没有什么意义，因为这样的励志故事是没有办法告诉我们"命运到底是由什么决定？"这个问题的真正答案的。

（二）第二个故事

在英国某出版集团的总监办公室里，米尔斯总监从面前一大堆书稿中抽出一本名叫《布谷鸟的呼唤》的小说，翻阅后说了一句话："相当不错，但情节过于平稳"，随后就把这本书稿弃之一边。

这句话，相当于给这本小说判了"死刑"。

但作者罗伯特·加尔布雷斯并没有气馁，他最终找到了一家愿意碰碰运气的出版商，这本小说最终在 2013 年 4 月出版发行，中文书名也被译作《杜鹃的呼唤》。

可是，这本小说并不幸运，只卖出了 500 册左右。

听完这个"失败"的故事，您又会作何感想？又会得出什么结论呢？

是不是会觉得这部小说没有受到欢迎是因为作者本身的才华不够？或者是小说的水准不够高？

如果您心里恰巧是这样想的，那我们再来看第三个真实的故事。

（三）第三个故事

有人发现《布谷鸟的呼唤》与罗琳的另一本书《偶发空缺》中的写作语言非常相似，而且发现加尔布雷斯和罗琳居然有相同的出版代理商和编辑，逐渐地，这种传言开始蔓延，最后，被逼无奈下，《哈利·波特》的作者罗琳终于承认：她就是加尔布雷斯，她就是《布谷鸟的呼唤》的作者。

她之所以匿名写作，只是为了看看在没有"罗琳"这个名字的巨大影响力的情况下，自己的写作价值到底能够得到多少公众的认可。

但更有意思的是，当罗琳承认自己就是加尔布雷斯的第二天，《布谷鸟的呼唤》一下子就成为全球畅销书。[①]

我们完全可以相信：假如罗琳没有站出来承认这个秘密，那么加尔布雷斯极有可能会被埋没，《布谷鸟的呼唤》也大概率无法成为畅销书。

命运是多元、多变且复杂的，这三个特点在这三个故事组成的序曲中体现得尤为明显。人人都希望能够掌控命运，但真正能够掌控命运的人并不多，古今中外无数人都在苦苦探索人生的这个重要命题——命运到底由什么在决定？

"成功＝才华＋努力＋坚持"这样的人生奋斗观念并不是不对，而是并不能准确客观地反映命运规律的真相，而我们每个人都应该有权利知道这个真相——命运到底由什么决定？

二、命运到底由什么决定？

罗琳的人生轨迹就是她不断协调自身面临的矛盾的过程，而她的命运轨迹则是由她协调一对对矛盾后产生的一个个结果书写。通过对罗琳及他人人生轨迹的观察，结合个人的人生思考与感悟，我们不难发现人的命运是由以下四类因素共同决定的。

---

① ［匈牙利］艾伯特-拉斯洛·巴拉巴西：《巴拉巴西成功定律》，天津科学技术出版社2019年版。

如下图：

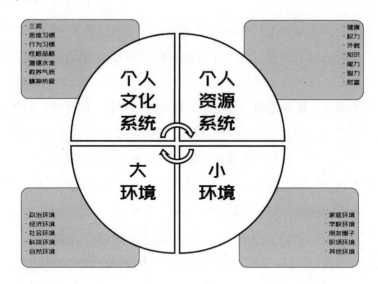

在这个图中，一共有四类因素，分别是：

个人文化系统、个人资源系统、小环境、大环境。每一类因素中又包括多种小因素。

我们逐个来分析：

（一）个人文化系统

"个人文化系统"是人的精神世界，我们可以把它理解为人的软件系统，这个系统稳定且不易改变，但并不是不能改变。我们常说的三观、思维与行为习惯、性格品质、道德水准、教养气质、精神热爱等等都属于"个人文化系统"范畴。

1. "个人文化系统"决定着我们"想做什么"，"应该做什么"。

虽然看不见，摸不着，但"个人文化系统"无时无刻不在对我们产生着深远且持久的影响，而且很多时候，它甚至能决定一件事情的走向。

我们从本文第一个故事中不难看出：罗琳对写作和讲故事这两件事的极度热爱，是她不断将自己推向人生新高度的顶级动力，而这份热爱显然是她"个人文化系统"中的重要组成部分。

实际上，罗琳从小就对写作和讲故事非常感兴趣，她的妹妹是她最初的听众，而她在 6 岁的时候就写了一篇跟兔子有关的故事。

虽然《哈利·波特》系列的第一部小说是在 1997 年才出版，但是对这部小说的构思却早在 1989 年就开始了。那是她在大学毕业没多久，前往伦敦的火车途中发生的事。她注意到一个瘦弱、戴着眼镜的"小巫师"男孩一直在车窗外对她微笑，而这个小男孩激发了她创作哈利·波特的灵感，尽管当时她手边没有纸和笔，但她的脑中已经开始天马行空地构思想象。

2. "个人文化系统"决定人生的高度（命运的上限）

如果她对写作和讲故事并不热爱，她也许根本不会注意到那个"小巫师"，就算注意到，也不会因此产生创作哈利·波特的念头，就算有这个念头，之后的八年时间足以将这个无价的念头冲洗得一干二净……如果没有了这份执着的热爱，就不会有《哈利·波特》系列小说的问世，我们也压根就不会知道世界上有"罗琳"这么个人的存在，更看不到罗琳人生逆袭的故事。

当然，除了热爱，罗琳在面对人生低谷困境的时候展现出的独立坚强、积极的人生态度同样重要，或者说，她的"个人文化系统"是如此强大，才能帮助她突破一个个人生障碍，这是她能改写自己命运的主要动力来源。

3. "个人文化系统"是因人而异的

每个人在不断成长的过程中，都会逐渐形成具有鲜明个人特色的"个人文化系统"，换句话来说，世界上有多少人就会有多少种"个人文化系统"。

这是一个最重要的客观事实，我们得接受并且尊重。

关于个人文化系统，后文会深入探讨，在此仅作简单介绍。

（二）个人资源系统

如果说"个人文化系统"是人的软件系统，那么"个人资源系统"就是人的硬件系统，它包括健康、权力、外貌、知识、能力、财富、智力、名誉等等很多因素，这个系统呈现出不稳定且易变的特征。

"个人资源系统"是我们作为人最容易感知到的一种"拥有"，它能让我们感受到一番实实在在的"获得感"，人们无论是学知识、长能力；还是求富贵、讨功名，本质都是为了让这个系统更强大。

"个人文化系统"决定着我们"想做什么"，"应该做什么"，而"个人资源系统"则决定着我们"能做什么"。

为什么每个人都希望"个人资源系统"越来越强大？

因为，"个人资源系统"的强弱能在很大程度上制约并影响我们的命运。我们来说深入一些：

上一篇文章提到："人生就是协调矛盾的过程"。当我们面对无限欲望与有限资源之间的矛盾时，能否把这对矛盾协调好，很多时候取决于我们拥有的资源是否丰沛。当我们的"个人资源系统"非常强大时，将矛盾协调好的可能性便会大大提升，"心想事成"的概率当然会变大，假如每一对矛盾都能协调好，人生自然"好运"连连。

我用第二个故事来说明上面这个道理：

尽管《布谷鸟的呼唤》最初并不受读者欢迎，是因为作者加尔布雷斯知名度不高导致，但是逐渐有读者发现他的写作风格与罗琳极其相似，也恰恰是因为这点，读者才开始怀疑——加尔布雷斯和罗琳是否同一个人，这份怀疑本质是对加尔布雷斯写作能力的间接认可。

假如罗琳的写作能力很一般，写作风格并不足够吸引人，就算是她对写作有足够的热爱又能怎样呢？她无论多么地爱讲故事都不能帮助她获得成功，因为能征服读者的永远是作者深邃的思想、引人入胜的故事和高超的写作能力，而不是作者本人或她的名气。

可以这么说，罗琳超强的写作能力和持续输出能力是她能成功的重要保障，而这种优质的能力就是她的重要资源。就因为拥有这项重要资源——超强的写作能力和持续输出能力，才使得她在面对自己人生中无限欲望与有限资源的这对矛盾时，能够比其他人更容易完成一个个挑战。

比如面对高考时，考试成绩最为重要。考试成绩越高，填报高考志愿时选择的空间就会越大，解决好"求学"这个问题的可能性就会成倍拉高，而决定考试成绩的是你"个人资源系统"中的知识水平和学习能力，当然也包括智力水平。

再比如，当我们求职应聘时，面对同一个优质岗位，若想从众多竞争者中脱颖而出，依靠的不是入职之后的工作表现，而是你在求职时已经拥有的种种"个人资源"。实际上，在现实求职过程中，人与人之间的竞争更多是在比拼"个人资源系统"的强弱。

拉长人生视角，虽然"是否能考上一所好大学"、"是否能找到一份好工作"并不会对人的一生产生"致命"的决定性影响，但是人们很清楚在这种人生关键时刻，能否获得一个好结果对他们来说有多么重要，因为人生关键时刻的结果确实会改写人生轨迹。

人们为了能够在面对人生问题时有强大的解决能力，只好不断地去追求将自己"个人资源系统"变得更强大，因此，很多人一生都在为变强而努力，却从未思索过为何要变强。

（三）小环境

"小环境"是由我们经常接触的一群人和事形成。比如：家庭环境、学校环境、朋友圈子、职场环境、其他环境等等。

没有人能离开"小环境"在绝对独立意义上生存和发展。因为人只要活着，就一定避不开和人打交道，只要和人打交道，就一定意味着我们不可避免地处在一个或多个"小环境"之中，并且在不同的"小环境"里扮演不同的角色。比如某个孩子在学校是学生，回到家是孩子，去电影院是观众，去餐厅是食客。

"小环境"对一个人命运的影响力是巨大的。它往往通过直接影响个体的"个人文化系统"和"个人资源系统"进而影响个体命运，而且这种影响是潜移默化式的、是缓慢且深远的，以至于在很多时候，我们已经被一个"小环境"悄然改变，而自己可能仍然毫无觉知。

"小环境"分为两种。当"小环境"让一个人的"个人文化系统"和"个人资源系统"越来越强时，我把它称为"赋能型小环境"；当"小环境"让一个人的"个人文化系统"和"个人资源系统"越来越弱时，我把它称为"消耗型小环境"。

而一个人是强是弱，完全就是由"个人文化系统"和"个人资源系统"共同决定的。

我分开来说：

1. 首先，为什么"小环境"会影响"个人文化系统"的强弱？

"小环境"中发生的一切都有可能会改变我们的三观、思维习惯、行为习惯、性格品质、道德水准、教养和气质、精神热爱等等，只不过这种影响有可能是正面的，也有可能是负面的。

比如在一个家庭中，父母是孩子最重要的"家庭环境"元素，父母的"所作所为"、"一言一行"形成了孩子的"家庭小环境"，孩子会跟父母有样学样，好的也学，不好的也会学，学得多了，父母的言行习惯大概率会逐渐固化成孩子的言行习惯。

曾经看过一个电视公益广告：妈妈在给奶奶洗脚，这一幕被趴在门口的孩子看在眼里，等妈妈给奶奶洗完脚之后，孩子颤颤巍巍地端着一盆洗脚水来到妈妈面前，奶声奶气地说："妈妈洗脚。"最后，公益广告片尾出现一句话——父母，是孩子最好的老师。

父母的确是孩子最好的老师，很多时候，我们秉承一生的三观就有可能来自于年幼时父母对我们的言传身教。

但是，并不是所有的父母都是好老师。

如果一对父母三观本身不正，那么这个孩子的三观大概率也会不正；如果一对父母习惯性通过吵架打人来解决问题，那么这个孩子在外遇到冲突的时候，能想到的解决方式就可能只有吵架或打人了，如果不及时矫正，这个思维习惯就可能会伴随他终生。

同样的道理，"学校"、"朋友圈"、"职场"等其他"小环境"也会在不知不觉中影响并改变着我们的"个人文化系统"。

2. 其次，为什么"小环境"会影响"个人资源系统"的强弱？

资源有个运行规律：永远是从"高位"流向"低位"。

"个人资源系统"中的任何一种资源都是从"高位"获得，如果"小环境"的资源量处在"高位"，那么处在"低位"的"个人资源系统"就有可能不断得到补充，自然会越来越强；如果"小环境"的资源量处在"低位"，那么处在"高位"的"个人资源系统"就会被频繁消耗，自然会越来越弱。

比如说，身体健康、颜值又高的父母会把优质基因传递给孩子，生出的孩子大概率也是个健康漂亮的小宝宝；如果父母的经济状况、受教育状况良好，那么这个孩子就一定比贫苦家庭的孩子过得更好，机会更多。

再比如，如果一个成年人的财务状况相对良好，但婚姻家庭或原生家庭财务状况并不好，他的"个人资源系统"就会频繁被消耗，如果其他家庭成员没有开创新的收入来源，他就永远处于"供养"他人的状态里。

除了财富，其他资源例如知识、能力、健康、外貌、权力、能量等都遵循这个规律。

如果长期生活在某个封闭式"小环境"里，会彻底地改变一个人，这种改变往往是脱胎换骨的。举两个例子：

赋能型：比如军营，从参军入伍到退役复员，在这个过程中很多人无论是精神品格、行为习惯，还是健康状况，或者是知识能力水平都会发生翻天覆地的变化，犹如获得新生一般，确实称得上是脱胎换骨。

消耗型：比如传销组织，当一个人不小心掉入传销窝里，这个封闭式的"小环境"会在比较短的时间内彻底改变"个人文化系统"和"个人资源系统"，很多人从传销窝点被解救出来后，甚至还会抱怨解救人员"挡了他们的发财之路"，这种"脱胎换骨"本质上是对人的毁灭。

现实中，多数人对"小环境"的甄别能力并不强，并没有主动去判断所处的"小环境"是赋能型还是消耗型的意识，只是在被动地接受"小环境"的影响，甚至被控制。

当你开始觉醒想要改变的时候，如果发现仅靠自身的力量很难改变，那就说明你曾经所处的某个"小环境"对你影响太深，这个时候，主动选择一个赋能型"小环境"并浸泡其中，不失为一种改变自我极为奏效的好办法，因为在"大环境"相对稳定的情况下，"小环境"对人的影响力是巨大的。

（四）大环境

简单来说，"大环境"就是"小环境"之外的那部分环境；具体来说，"大环境"指的是我们所处的地域中发生的有关政治政策、经济发展、社会文化、科学技术以及自然环境等方面的各种人和事。

"大环境"对个人命运的影响是通过"小环境"来间接实现的，它并不会点对点地直接作用于个人。比如，高考制度的改革属于"大环境"中的一项政策变化，每一次高考制度的变化调整都会牵扯到各地教育主管部门的管理方式变化、学校行政管理方式变化、教师群体的教学方式变化以及考生的备考方向、方式变化……它影响的是所有和高考这件事有关的"小环境"，而不是单独针对张三或李四单个考生。

但恰恰是因为这点，"大环境"对于一个人命运的影响力是巨大无比的，企图对抗"大环境"中任何一丝一毫的变化，那无异于蚍蜉撼树，比如，曾经非常精通珠算的财务人员，如果不努力学习使用财务软件和 Excel 就无法继续在职场立足；因为手机电子支付的普及，"收银员"这个岗位已经逐渐从很多行业中消失；新冠疫情期间，很多老年人没法乘坐公交车，只因为没有智能手机，更不知道什么是"健康码"。

他们仿佛并没有做错什么，但为什么会被时代无情抛弃？

错就错在时代在变，而我们没有跟上时代的变化。很多时候，我们努力地奔跑，却最多只能保证留在原地。

"大环境"的残酷性就在于此。

如果想要在"大环境"的变化中持续生存和发展，就必须要主动地改变自我，努力去适应。

改变什么？

改变的是自己的"个人文化系统"和"个人资源系统"。

时代变化实在是太快了，很多时候，我们虽然身处新时代，但"个人文化系统"和"个人资源系统"仍然停留在上个旧时代，这是很多人被时代抛弃的根本原因。

当你还在为自己能够熟练操作 Offcie 办公软件沾沾自喜时，你的同事可能已经在用 AI 工具高效地处理文字和数据；当你还在犹豫某个行业要不要进入的时候，你的竞争对手可能已经深耕其中……

"大环境"的变化反映时代在变化，其中发生的一切都代表着一些趋势，趋势的力量无比巨大。聪明的人能预判趋势，并利用趋势改变命运；迟钝的人看不到趋势，只能被动接受命运的安排；而那些愚蠢的人只会对抗趋势，甚至痴人说梦般指望趋势为他而改变，这样的人注定会被时代抛弃。

面对"大环境"的变化，为什么有的人先知先觉？为什么有的人后知后觉？为什么有的人不知不觉？

这是"个人文化系统"的强弱在作怪。

"个人文化系统"强大的人总能先知先觉；

"个人文化系统"羸弱的人只能后知后觉；

"个人文化系统"平庸的人总是不知不觉。

但令人遗憾的是，就算有些人能够察觉"大环境"的变化，并能准确预判趋势，做到"先知先觉"，也可能会受限于"个人资源系统"而无法把握趋势，抓住机会。比如说，十几年前正值中国房地产市场蓬勃发展时期，很多人在当时也看到了房价在不断上涨的趋势，不少手中有钱的人通过炒房赚得盆满钵满；也有不少人因为手中没钱而只能眼睁睁地看着机会从眼皮底下溜走。

但必须多说一句，当年有一批人尽管手中没钱，但为了抓住这个千载难逢的机会，大胆借钱来炒房，最后也赚得盆满钵满，不得不承认，人与人在面对同一对矛盾（无限欲望与有限资源的矛盾）时，解决方法也会有天壤之别，这种区别本质上是由"个人文化系统"中思维方式的不同导致的。

（五）总结

人的命运是由"个人文化系统"、"个人资源系统"、"小环境"以及"大环境"四大类因素共同决定的。

这四大类因素都处在不断变化之中，它们彼此之间是有联系且相互作用的，这些变化和相互作用是如此复杂，使得我们每个人的命运呈现出多元性、多变性和复杂性。

画一张图来进一步说明它们之间的关系：

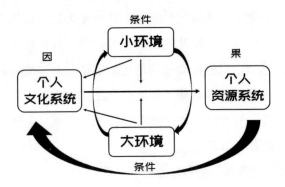

其中：

"个人资源系统"决定命运的下限；"个人文化系统"决定着命运的上限。

"个人文化系统"决定着"个人资源系统"的形成和发展；"个人资源系统"的形成和发展反过来促进"个人文化系统"的改善甚至突破。

"小环境"通过影响"个人文化系统"和"个人资源系统"来间接影响命运，"小环境"可选择，代价较小，在某个个体"个人文化系统"和"个人资源系统"足够强大的情况下，"小环境"可以被个体改变。

"大环境"直接影响"小环境"，间接影响个人命运。"大环境"仍然可以选择，但选择空间较小且代价较大。它力量巨大，个体不可阻挡，绝大多数情况下主动选择适应为上策。若想改变"大环境"，需要具备两个条件：个体力量足够强大，成为"小环境"的中心人物。

三、命运能否掌控？

要想知道我们能否掌控命运，要解决两个问题：

1. 命运被什么因素影响？

2. 哪些因素可被掌控，哪些不能被掌控？

第一个问题通过之前的分析已被解决,现在来解决第二个问题。根据"掌控度"的大小,我将这四类因素分成三个区间:

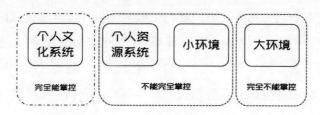

个人文化系统 完全能掌控 | 个人资源系统 小环境 不能完全掌控 | 大环境 完全不能掌控

（一）掌控度100%——"完全能掌控"

这类命运影响因素完全可以由我们来自由掌控并且主动改变,换句话说,要不要掌控,要不要改变,决定权都在自己手里。

比如,"个人文化系统"就是我们可以完全掌控的一个部分。如果一个人开始觉醒并愿意付出努力,三观、认知、思维、性格、教养和气质等这些看似已"固化"的因素是完全可以改变的,当然,这番改变一定会有难度。

（二）掌控度1～99%——"不能完全掌控",但能施加影响去改变

"个人资源系统"和"小环境"同属此类。

有人可能会认为"个人资源系统"应该属于完全可掌控的因素,其实不然,原因是:"个人资源系统"中所有的资源本质上是一种"结果"体现,是否能得到某一种期望的"结果"并不完全取决于我们自己的主观意志,还取决于"小环境"和"大环境"的共同影响。如果想改善最终"结果",我们能做的只有不断努力,尽力争取更大程度的改变。

比如,一个学生尽管每次都期望考100分,但谁都无法保证他能够次次都取得满分成绩,他唯一能做的就是不断去努力,尽可能提高考试成绩。

再比如,一个餐厅老板期望每天都能宾客盈门,虽然每天的营业状况不会完全由他"个人意志"掌控,但可以料想到的是,假如老板用心管理餐厅,付出更多努力,生意肯定会越来越好。

"小环境"也是同样的道理,例如"家庭环境",很多父母在教育孩子

的时候往往期望把孩子变成自己期待的样子，于是掌控欲十分强烈，任何事情都希望孩子按照自己的想法来做，"望子成龙"的愿望可以理解，但在教育方法上却有很多不妥，原因就在于很多父母并没有真正意识到孩子只是家庭这个"小环境"中的一员，而不是他们的"私有财产"，或者说父母没有尊重这个基本的客观事实，他们没有意识到不能通过掌控的方式去与孩子相处，如果能意识到并尊重这个客观事实，我相信很多父母与孩子的关系会健康许多。

（三）掌控度0%——"完全不能掌控"，只能去接受、适应并利用

"完全不能掌控"意味着事物完全不随个人意志为转移，人生中有许多事物都属于这个部分。在影响命运的四类因素中，"完全不能掌控"的因素当属"大环境"。个体置于"大环境"中，犹如孤叶浮于大海，浮沉进退，全不由自己掌控，面对"完全不能掌控"的因素，我们只能学会主动接受、适应并利用。

古语云：谋事在人，成事在天。

"人"，指的是完全可以由自己掌控的因素，以及虽然不能完全掌控，但能施加影响去改变的因素；

"天"，不是指"天空"，也不是指"老天爷"，而是指那些我们完全不能掌控的因素。

这两句话清晰地概括了我们和这个世界的关系，用一句网络流行语来说就是："你只管努力，剩下的交给老天爷"。

进行这样的拆解和划分，是为了明确在面对人生课题时，我们"能"和"不能"的界限，只有清楚这个界限，我们才能坦然地去改变该改变的，接受该接受的，适应该适应的，放弃该放弃的。

我想：面对人生，这才是一个积极、端正且理性的态度。

第二篇

弱势文化与强势文化

第二章　什么是个人文化系统

第一节　深度理解个人文化系统

一支部队，要想打胜仗，就得有好将配好兵，好将一定带得出好兵，好兵一定能成就好将。

如果把一个人比作一支部队，那么"将"就是"个人文化系统"，"兵"就是"个人资源系统"。

有人虽然有好"兵"，但没有好"将"，人生这场仗打着打着就"溃不成军"，最终只能以溃败收场；有人虽然没有好"兵"，但有好"将"，尽管起步困难，但能越挫越勇，而且兵越来越强，马越来越壮，最后以胜利收官。

"个人文化系统"作为"将"这个主导角色，在个人命运发展过程中占有至关重要的决定性地位，用哲学语言说，它是"内因"，而"个人资源系统"就是"外因"，内因决定了外因。

本章节主要探讨这个"内因"。

一、"个人文化系统"的形成与发育

（一）形成

积极心理学奠基人——米哈里·契克森米哈赖在其著作《心流：最优体验心理学》中写过一段话：

"文化本身是对混沌的一种防御。"

蜕变：个人成长人生哲学

"文化能够帮助一个人或一群人制定内在精神规范，推动目标，建立信念，这是人类在物种演化过程中，为了更加适应环境，克服生存的挑战而形成的一种强有力的独有的手段。"[①]

换句话来说，个人文化是在一个人解决问题的过程中逐渐形成的。

一个人是在解决人生各种问题的过程中成长起来的。年龄在增长并不意味着人也在成长，让人成长的是经历以及在经历中形成的个人文化系统。

个人文化系统越成熟，意味着人越成熟；

个人文化系统越幼稚，意味着人越幼稚；

个人文化系统越强大，意味着人越强大；

个人文化系统越羸弱，意味着人越羸弱。

也就是说，"个人文化系统"的强弱，决定了一个人是强是弱。

（二）发育

"个人文化系统"的发育有两个状态：一是滞后，二是超前。

无论滞后或超前，参照物都是同一个——外部环境的要求，此处的"外部环境"指的是前文说的"小环境"和"大环境"。

令人遗憾的是，多数人的"个人文化系统"发育往往是滞后的，也就是说，他们的"个人文化系统"成熟度达不到外部环境的要求。因为他们永远是在被环境改造的过程中被动成长的，甚至有些人就算在环境强压下，仍然不会成长，例如"巨婴"。

请注意我刚才用到的两个词："永远"、"被动"。被动成长的过程谁都会经历，毕竟每个人都是从弱变强的，但是多数人"被动成长"的过程会持续很久，甚至一生。中国有句老话叫"吃一堑，长一智"，说的就是被动成长的意思，但在现实生活中，能够做到"吃一堑，长一智"的人已算聪明人，更多的人是吃了很多"堑"也不会"长一智"，他们的成长几乎处在

---

① [美]米哈里·契克森米哈赖：《心流：最优体验心理学》，中信出版社2017年版。

"停滞"状态。

只有少数人的"个人文化系统"发育是超前的，这些人能够在经历短暂的被动成长后，迅速地进入主动成长状态，说得再简单点，他们能够做到只吃一"堑"就能长出很多"智"，形容他们就不能用"聪明"这个词，而要用"智慧"。

当一个人的"个人文化系统"超前于外部环境要求时，他看问题就会更长远，更深入，角度会更全面，也更有办法去解决他面对的问题。对他而言，别人眼中的问题已经不是问题，而是一个可控的局面，甚至有时候，他可以决定是否让"问题"发生。

说得通俗点，这类人看问题的维度会高于别人，所以在面对同类问题时，"个人文化系统"处在超前状态的人掌控人生命运的能力会远远强于处在滞后状态的人，那么他的人生就会表现得更为成功一些。

用一个例子来说明这个道理：

比如，大学生张三和李四，都打算参加英语六级考试，但两人秉承的学习理念是不同的。张三的秉承的学习理念是"成长需要"，也就是为了提升能力而学习；李四秉承的学习理念是"应试需要"，也就是为了通过考试而学习。

在不同的学习理念（个人文化系统）指挥下，两人展现出的做法是截然不同的。张三可能选用《新概念英语》之类的书籍在学习，并配以外文电影、书籍、新闻等辅助材料来提升自己英语能力；而李四可能会特别钟爱《如何在 30 天内快速通过英语六级》等类似的应试书籍。

最终的结果可能是两人都会通过考试，但如果两人中只有一个人通过考试，我想那个人更大概率是张三，因为张三的学习目标是为了让自己真正拥有成熟的听、说、读、写能力，他只是将六级考试当作手段来检验自己的学习水平，而李四的目标却只是通过六级考试而已。

我们可以感受得到，面对考试，张三是主动的，李四是被动的。对张三来说，考试已经不是一个问题，而是一种手段和选择；但对李四来说，考试永远是一个待解决的问题，这种"应试思维"有可能会伴随李四一生。

两个人的"个人文化系统"截然不同，由此产生的人生态度、思维与行为就会不同，命运一定是不同的。

二、"个人文化系统"成型的标志

完整的"个人文化系统"有三个层次：精神层、行为层、形象层。当一个人的"个人文化系统"具备了这三个层次时，就标志着"个人文化系统"已经成型，此时才能称为一个完整的"系统"。如下图：

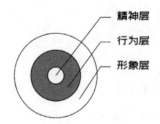

前文说到，"个人文化系统"中包括很多东西，例如：三观、思维与行为习惯、性格品质、道德水准、教养气质、精神热爱等。实际上，能装入"个人文化系统"中的东西还有很多，例如：根性、观念、态度、个性、知觉、情绪等等。其实，一个人除了"个人资源系统"之外的东西，都属于"个人文化系统"。

（一）为什么三层结构同时具备才标志着"个人文化系统"成型？

原因有两个：

第一，内层决定外层

精神层决定了行为层，行为层决定了形象层。

比如，一个人因为内心深处非常热爱舞蹈，所以他才会经常去学习、练习舞蹈，当大家经常看到他废寝忘食地练习舞蹈的时候，大家会得出一个结论——舞蹈是他的真爱。

第二，三层同时具备才能说明内在已固化。

假如这个人口口声声说自己是热爱舞蹈的人，但平时练习舞蹈并不积极，甚至经常偷懒（行为层缺失），时间久了，大家不仅不会相信他是一个真的热爱舞蹈的人，而且会认为这个人很虚伪。

有人说："要了解一个人，不能看他说什么，而是要看他做什么。"这句话仍然不准确，我想把这句话改成："要真正了解一个人，不能看他说什么，也不能听别人怎么说他，而是要看他会持续、长久地做什么。"

因为一切谎言，都会被时间戳破！

（二）三个层次各自的含义

精神层决定一个人是"怎么想的？"

行为层决定一个人是"怎么做的？"

形象层决定一个人是"什么形象？"

举个例子：如果你有"勤俭节约"的观念（精神层），那么你一定不会乱花钱（行为层），就会展现出朴素理性消费的形象（形象层）。

但需要注意的是：行为层不仅包括表现出的外在行为，而且包括没有表现出的内在思维活动和心理活动。

比如某位女性在相亲时发现自己并不喜欢对方，甚至于讨厌，在她说出"我们不合适"这句拒绝的话之前，心里其实已经经过了衡量和判断，并且做出了拒绝的决定，而这番思维活动和心理活动并不会外化表现出来，但它仍然是一种"行为"，应归属于行为层。

将刚才提及的那些归属于"个人文化系统"的多个"名词"做一个归类，会更好理解，如下图：

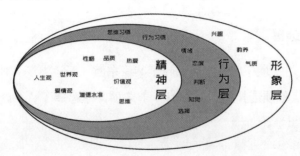

三、"个人文化系统"的意义

人与人之间的不同是从"价值选择"开始的，不同的价值选择会把命运导向不同方向，而作何选择，则是由"个人文化系统"决定。这就是"个人文化系统"的重要意义，从这个角度说，"个人文化系统"确实主宰了人的命运。

谈到"价值选择"，这里有两个词，一个是"价值"，一个是"选择"。

（一）价值

在哲学角度，价值是指客体能够满足主体需要的效益关系，是表示客体的属性和功能与主体需要间的一种效用、效益或效应关系的哲学范畴。

在《经济学》中，价值泛指客体对于主体表现出来的积极意义和有用性。

用我们老百姓能理解的话来说就是：对自己来说，你看中的是一个事物身上有用的部分。

比方说：

一辆车，可以用来作为交通工具，把你从 A 点带到 B 点，车能当工具用，这是它的价值所在；

一辆豪车，不仅可以用来做交通工具，而且可以彰显一个人尊贵的身份，满足这个人社交中虚荣的心理需求，这也是价值所在。

"个人文化系统"的差异，会影响一个人对很多事物的价值理解，不同的价值理解就会逐渐形成这个人的"价值观"。

因此，一个人信奉的价值观，就决定了他的取舍行为。

（二）选择

"选择"，就意味着一定是选择了某样东西，而放弃了另外一样东西。就好像做一道单项选择题，假如有 4 个选项，你选择了 A，就意味着放弃了 B、C、D。

举例说明：

（1）在看这本书的时候，看和不看，是一种选择；耐心地看还是浮躁地看，也是一种选择。

（2）一个小孩，喜欢看书，还是喜欢看电视，也是一种选择；

（3）你在上学的时候，是选择好好读书，还是选择混日子；

（4）高考填志愿的时候，是选择一所你想学的专业领域里很牛的大学，还是仅仅因为"想去看雪"这样的感性理由去填报了一所北方的大学？

（5）谈恋爱的时候，是因为贪恋对方的"美色"在一起，还是因为欣赏对方的"灵魂"而在一起？

（6）买股票的时候，选择这只股票，不选择哪只股票；

在任何场景下，选择什么，放弃什么，百分百是由你看中这个东西身上的"价值点"决定。

每个人，小到每分每秒，大到一生一世，都在不停地做"价值选择"。每一次小的选择，都是在积攒一次"量变"，普通人一般是察觉不到这种变化的。

而每一次大的取舍，都是一次"质变"，这种"质变"就会把我们的人生轨迹导向不同的方向，只有遇到这种"质变"的时候，大部分人才能察觉到。

一个人的命运，实际上恰恰是由无数个看起来"偶然"的选择汇聚而成。

人生无时无刻不在做着"价值选择"的行为，你之所以选择了一样东西，而放弃了另一样东西，都是因为深藏于内心的"谁更有价值？"这样的想法导致的。

四、"个人文化系统"背后的暗逻辑

"个人文化系统"是内因，决定着"个人资源系统"这个外因。这是前文阐述过的一个重要观点，但是这个观点仍未涉及一个有深度且更有价值的问题——"个人文化系统"背后又被什么东西在"操控"着？

要解释清楚这个问题，需要用到前文说到的两个观点：

蜕变：个人成长人生哲学

（一）两个观点

第一，影响命运的四类因素

前文探讨过：影响命运有四大类因素，分别是"个人文化系统"、"个人资源系统"、"小环境"和"大环境"。

现在，我把上面的四大类因素划分成"内环境"和"外环境"两大类因素，方便下一步分析。

1. 内环境：个人文化系统、个人资源系统。

2. 外环境：小环境、大环境。

第二，个人文化是一个人在解决问题的过程中逐渐形成的。

（二）两条暗逻辑

处在任何一种环境中，人在面对无限欲望与有限资源之间的矛盾时，会本能地生出一个最原始、最根本的问题——该向哪里去寻求可以满足自己欲望的资源？

有了上面两个知识点的帮助，我们就很清楚：这个问题的选择只有两个，一是向内求，二是向外求。

至于选择向内求还是向外求，完全取决于这个人的价值选择：

（1）向内求，就是向自己去寻求资源支持。

这种选择实际上是选择了一种困难模式[①]，因为这种选择要么会损耗自己已拥有的资源，要么会逼迫自己改造"个人文化系统"。无论如何，这个选择都会让一个人在当下陷入"困难"状态，但选择困难模式去应对问题

---

① 此处"困难模式"和"容易模式"借鉴于埃里克·乔根森《纳瓦尔宝典》中的表达，并稍做修改。

有一个好处，那就是未来人生会越来越容易，因为选择困难模式向内去求，一定会让一个人越来越强。

举个例子：当一个学生面对考试的时候，选择了困难模式就意味着他在平时就要花大量的时间和精力去学习，并且考前还要好好复习，尽管这个过程很困难费力，但是从长远来说，如果他能一直坚持这样的学习态度，不仅能够获得真才实学，而且学习能力会变得越来越强，在未来，他学任何东西可能都会比别人快、比别人好。

（2）向外求，就是向外部环境去寻求资源支持。

这种选择实际上是选择了容易模式，因为这种选择基本不会耗费自己已有资源，更不会陷入逼迫自己改造自己"个人文化系统"的境地。容易模式下唯一需要做的，就是向外部环境大声"呼喊"出自己的需求，然后期待着别人来响应并满足自己。

继续上面的例子，如果一个学生面对考试的时候，选择了容易模式就意味着他期待老师画重点或者作弊，如果这两种方式都不能奏效，他就会破罐子破摔，然后把自己"破罐子破摔"的责任归咎于老师太严格、题目太难，或者同学太不"仗义"等等原因。

这种做法尽管简单，但它会带来一个巨大的害处，那就是会让未来的人生变得越来越困难，因为选择向外去求，不会让人成长进步，只会让一个人越来越弱。

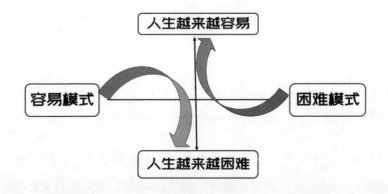

为什么会把"向内求"和"向外求"称作两条暗逻辑呢？

因为内求和外求实际是两种解决问题的逻辑，当某一种解决逻辑被频繁使用并且频频奏效的时候，它就会逐渐下沉到"个人文化系统"的底部并且固化在那里，久而久之，它就会成为"个人文化系统"的底色。

这份底色每时每刻都在操控着"个人文化系统"的运行，但恰恰因为是底色，所以我们丝毫意识不到它的存在。就像我们每时每刻都在呼吸，但往往会忘记自己在呼吸这个事实。

所以，"向内求"和"向外求"便成了两条暗逻辑，

（三）两条暗逻辑衍生的两种文化内核

两种暗逻辑会衍生出两种截然不同的文化内核。

（1）"向内求"衍生出强势文化

"向内求"的暗逻辑选择用困难模式应对问题，尽管是以加大"个人资源系统"的消耗和升级"个人文化系统"为代价，但换来的是自己越来越强，未来越来越容易，我们把这种文化内核称为"强势文化"。

（2）"向外求"衍生出弱势文化

"向外求"的暗逻辑选择用容易模式应对问题，尽管当下容易又轻松，但会让自己越来越弱，未来越来越困难，所以把这种文化内核称为"弱势文化"。

五、总结

两种文化内核，分化出了强势文化内核和弱势文化内核的两类人。在两种内核的基础之上，人们又因各自的成长经历不同发育出千千万万种极具个性的"个人文化系统"。

无论某种"个人文化系统"多么复杂，多么富有个性，我们总能从蛛丝马迹中探查到这种"个人文化系统"的内核是什么，就好像人们无论向下繁衍多少代，任何一个后代都不得不承认我们的身体里流淌着的是祖辈的血液。

这种"一脉相承"最明显的效果就是：强势文化造就强者，弱势文化造就弱者。

虽无好坏之分，但确有强弱之别。

但是我想，这个世界上应该没人想当一个弱者，那么，运用强势文化来指导人生就成为我们人生当中一个重要的课题。

最后，画张图为本章节做个总结。如下图：

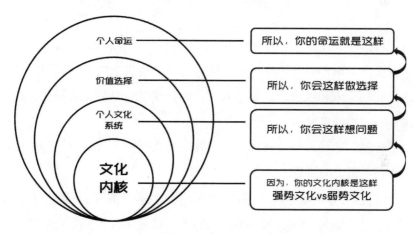

第二节　弱势文化顺人性，强势文化逆人性

这个世界本没有强弱之分，是因为人性的存在，才有了强势文化和弱势文化的分别。

顺着人性而下，滋生出弱势文化；逆着人性而上，炼化出强势文化。

一、关于人性

所谓人性，就是人与生俱来的自然属性，复杂，可以改变。

对于人性，古今中外的很多先哲们都已作过比较深入地探索和研究，人性学说广博且复杂，在这本书里，关于人性的介绍和人性学说的梳理并不是重点，就不必详细去阐述了，感兴趣的读者可以自行查阅资料深入了解。

但是，为了能够清晰解释"弱势文化顺人性，强势文化逆人性"这个观点，必须引用人性学说中的一些已有成果。在这里引用苏格兰哲学家和经济学家、《国富论》的作者——亚当·斯密的人性论观点为解释基础。

（一）亚当·斯密认为："人天生，并且永远都是自私的动物！"

"自私"本身是一个中性的概念，不能简单以善、恶来论。

在亚当·斯密看来，自私的动机是人类与生俱来的本性，但活动的结果却是有利于人和社会的。每个人的行为只受其自身利益的驱使，按照自我保存的方式行事。

"自私"这种人性又衍生出了另外一种人性——人们总是偏爱以最小的代价获得最大的满足。

比方说，日常生活中，我们都希望能买到"物美价廉"的商品，直白点说，我们总是希望以最少的钱买到最好的东西，这就是"人们总是偏爱以最小的代价获取最大的满足"这条人性规律在生活中的体现。

面临某个问题的时候，如果发现外界能提供一种方式，这种方式能让你以最小的代价获得最大的满足，人们一定会选择这种方式，这就是人性。

（二）四种欲望

人的一生看似在追求很多东西，而且人人不同，但实际上，这些表面上看起来纷繁复杂且多变的追求行为，无外乎都在竭尽所能地追求"多、快、好、省"这四种效果。换句话说，人们都是希望自己想要的那些东西数量更多，获得更快、"质量"更好、"成本"更省，当你把这四个字对照人性来深刻理解并感悟，你会发现这四个字就是顺应人性而产生的四种欲望。

比如说，我们总是希望财富越来越多，交通速度越来越快，产品质量越来越好，做事越来越省力等等。

顺着这个人性规律走，就会产生很多人类社会现代文明，比如各种发明创造，各种商业行为等等。

二、弱势文化顺人性

上一章节探讨过：弱势文化的精神"起源"是"凡事向外求"。

通俗地说，弱势文化习惯于凡事都在期待别人来帮他们解决，在这样的暗逻辑"驱使"下，面对任何问题时，自然而然就会滋生出"等"、"靠"、"要"的心态。

弱势文化群体其实并不在意谁来帮他们解决问题，真正在意的是别人能否帮他们解决问题。

谁能帮他解决问题，他就期待谁；

谁能帮他持续解决问题，他就依赖谁；

谁能帮他永远解决问题，他就崇拜谁。

他们面对问题时，大脑设置的第一反应永远不是——靠自己。

说得刻薄点，他们遇到问题时"舍不得"靠自己。

如果凡事都会有别人帮助他，那么自身意志、品格和能力就没有机会变强，人自然越来越弱，这就是称其为"弱势文化"的原因。

（一）为什么说弱势文化顺人性？有两个原因：

1. 顺应本能

人类作为一个物种，在年幼的时候都需要依赖母体度过"危险期"，这种依赖是我们处在弱势状态时激发出的一种本能行为。

比如婴儿，饿的时候只要放声大哭，就能吸引妈妈来到身边给他喂奶，对于婴儿来说这是本能，不能以善恶对错来论，这种本能只是在自己本身很弱的时候保全自己的最有效方式。

按照"造物主"的设计，"本能依赖"只会产生在幼体对母体的依赖关系上，随着个体越来越强，这种依赖关系应该是越来越弱的。

但是，当很多人明明已经长大到可以通过自己的能力和努力来找"奶"喝，但仍然会通过"哭两下"的方式来跟别人"要奶喝"，这就不正常了。

在弱势文化群体的成长过程中，通过"哭两下就会有奶喝"这种"行为套路"频繁讨到便宜的时候，"凡事向外求"的精神观念就会逐渐地成为他们潜意识中的"王"，更严重的是，这容易产生"我弱我有理"的畸形认知。

2. 凡事向外求，永远是一种"代价最小，满足最大"的解决问题的方式。因为靠自己是成本最高的选择，而"等"别人，"靠"别人，向别人去"要"则是成本最低的选择。

当"哭两下就会有奶喝"的思想习惯一旦养成，出现"等、靠、要"这样的思想习惯，甚至行为习惯也就不足为奇。

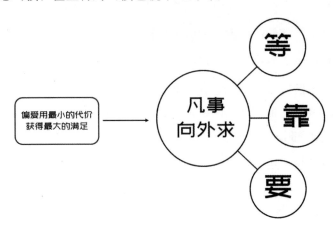

相比自己去努力奋斗，"等、靠、要"的解决之道"成本"确实低，在这里的"成本"不仅指"个人资源"成本，也指"精神成本"。

（二）"凡事向外求"能成为一种个体或群体文化，除了"想求"这个主观愿望存在之外，还得具备另一个条件——别人"愿意"让他求

也就是说，一个想求，一个愿意被求，只有这两个条件同时具备，"凡事向外求"才能变成一种可能。

只有具备了可能性，它才能被当作一种有效且快速的解决方式装入人的脑袋，通俗地说，弱势文化群体才会那么喜欢用这种方式来解决问题。

那么谁在我们成长过程中扮演了那个"愿意被求"的角色呢？

答案是：家庭和社会。

某种意义上讲，家庭和社会越有能力解决内部成员各种各样的"向外诉求"，就说明这个家庭和社会的资源系统越强大。

但不能忽视的是，恰恰是因为这样，"凡事向外求"的弱势文化才有了绝佳的滋生温床。

（三）当某个个体或群体遇到问题时，明明可以立即动用自己的力量来解决，却依然要在第一时间近乎"本能地"选择"向外求"，这就说明，弱势文化已经在其潜意识中"生根发芽"（成为文化内核）

"生根发芽"后的弱势文化会随着个体的成长，逐渐成为控制其心智的"最高首领"，它会在未来每一个时刻都强力引导你去"外求"，当然，也会极力阻止你任何一个"内求"的念头。

在精神世界里，它的"毒性"最强。

写到这里，我想起一个小时候从妈妈那里听到的故事：

　　一对父母非常宠爱自己的懒儿子，什么都不让他干，可以说是溺爱之极。

有一天，父母要出远门几天，需要把这个儿子单独留在家里，但父母担心这个懒儿子没饭吃，于是就烙了一张特大的饼套在儿子脖子上，这样儿子饿了就可以吃了。

几天后回来，发现儿子已经饿死，但看见儿子脖子上的饼只被吃了面前的一部分，原来这个懒儿子连"转饼"都懒得转。

这个儿子是懒死的！

故事虽然夸张，但确实富有几分哲理——"凡事向外求"的思想除了让自己越来越弱，实在没有什么别的好处。

三、强势文化逆人性

（一）为什么说强势文化逆人性？

也有两个原因：

1. 逆反本能

刚才说过，当我们处在弱势一方的时候，会本能地产生对强势一方的期望和依赖，期望强势一方为自己提供所需要的各种"资源"来解决自己面临的问题，这是物种演化过程形成的一种"本能依赖"。

照理说，"本能依赖"关系应该随着个体逐渐变强而慢慢变成"弱关系"，直至最后消失。

就好像一个婴儿逐渐长大、学会走路的时候，本质上就意味着不需要被大人抱在怀里、背在背上；学会吃饭的时候，本质上就意味着不需要依赖大人喂饭了。

强势文化群体成长的过程，是不断摆脱本能依赖的过程，它是遵循了自然规律的，但确实需要对抗本能，对抗人性。

自然界里，这种现象在"母子"关系上也存在，但因为"弱肉强食"

的丛林法则主导，在自然界的恶劣生存环境并没有给"凡事外求"的这种欲望制造太多"成长"的可能性。

或者说，残酷的生存环境根本没有给它们变弱的机会，更直白地说，弱的都死了。

当自然界的小动物们长大后，如果遇到猎物追杀，要么努力奔跑逃命，要么死，没有第三种解决办法，喊妈是没有用的。

自然界的动物们很明白丛林法则的残酷性，所以只能不断提升自己生存的本领，并将其代代相传，所以自然界的物种自我保护的方式千奇百怪，但都是极其有效且能适应环境需要的。

它们在让自己变强的道路上从未停止过努力。

2. 因为"凡事向内求"，是解决问题"代价最高、见效最慢"的方式。

从亚当·斯密的人性论来说，它确实是逆人性的。

"凡事向内求"只能生出一个解决问题的办法——靠自己解决！

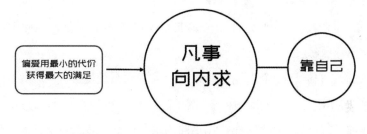

凡事靠自己去解决，就得付出更多的时间、精力，成本就高了，而且最后不一定能解决问题。

举个例子：

当我们肚子饿的时候，可以选择自己做饭，也可以选择叫外卖，比起叫外卖来，自己做饭的时间、精力等各种成本就高了，而且最后做出的饭菜还不一定好吃。

当然，我相信各位读者明白这一点：这里所谓的"自己做饭""叫外卖"只是在打比方，是在比喻某种深层次的事物，所以不要仅仅停留在这个例子的层面去理解。

（二）强势文化的形成

强势文化的形成有两个条件，具备其中之一，都有可能形成强势文化。

其一、遇到问题，无"人"可靠。

其二、遇到问题，主动靠自己。

第一个条件靠客观环境驯化后被动形成。人是环境的产物，如果成长环境中经常遇到无"人"可靠的局面，只能逼迫着自己"靠"自己，这就为强势文化的形成奠定了基础。

第二个条件靠个人主观克服人性后主动养成。这点很难，明明有人可"靠"，但选择不"靠"，仍然选择"靠"自己，做到这点得克服人性，得付出巨大的心力。

但是，对抗人性总是痛苦的，所以拥有"强势文化"的人总是少数。

（三）"凡事向内求"的好处

"凡事向内求"的好处在上一篇文章中已经简单提及，在此继续深入说明，说两点好处：

好处一：它能让一个人能力变强（个人资源系统变强）。

继续借用刚才"自己做饭"的例子。既然"叫外卖"那么方便，为什么还要提倡"自己做饭"这样"凡事向内求"的思想观念呢？

因为它在解决你是否拥有某种可转移能力的问题，当这种"会自己做饭"的可转移能力"傍身"，除非遇到没有食物的恶劣情况，否则你这辈子都不会有"饿肚子"的时候。

但只会"叫外卖"，却无法保证这一点。

自力更生，才能真正意义上实现"丰衣足食"。

好处二：它能让一个人精神变强（个人文化系统变强）。

一个人真正变强，首先是从精神强大开始；而精神强大又是从精神上摆脱"本能依赖"开始的；精神上"用而不靠"，不依赖于外界，才有可能主动靠自己解决问题。

虽然"凡事向内求"是"成本高，见效慢"的一种方式，但必须承认，它确实是"根本解"，它能从根本上解决我们遇到的绝大多数问题，因为"一切问题的根源都在我们自己"。

向内求是手段，超越自己是目的，这个过程就是自强自立。

"行事不得，反求诸己"，假如一个人遇到问题，无论是想揪原因，还是想寻办法，都能从自身开始，就会很容易发现自己身上的不足，不足发现得越多人就越谦卑，越谦卑就会越努力，越努力就能越强大。

当一个人能真正意识到自己的渺小，不再"心比天高"，不再妄自尊大的时候，就能谦卑地面对这个世界，越是这样，他就越能清晰地看到这个世界及各种事物的运行规律，就越会谦卑地依照规律去做人做事，这样一来，做人做事反而更容易成功。

如果按照佛教语言，这就叫"破除我执"；

如果按照《道德经》的语言，这就叫"无为"。

（四）对"凡事向内求"的两种误解

误解一：不用不靠

"凡事向内求"不是一味地拒绝任何可借助的更便捷、更有效的外力手段，而是更多在强调遇到问题时，要从自身找原因。

凡是能提高效率、提升质量的现成的好工具、好手段我们都要积极地去使用，但一定要做到"用而不靠"。

个人成长发力的核心一定要放在全力提升自己能力和精神强度上。

误解二：依赖无能

美国心理学家Janae Weinhold和Barry Weinhold（2008）曾经提出过一个概念——依赖无能。他们指出：拥有"依赖无能"特质的人对于依赖别人这件事是心怀恐惧的。

从外在表现看，这类人往往看起来是强大的、自信的、甚至是很成功的，但实际上，他们的内心是脆弱不安的、对亲密关系或是依赖关系往往恐惧又暗暗渴望。

而强势文化中"凡事向内求，不断超越自己"的理念并不是希望你变成一个"依赖无能"的人，而是希望你能真正意义上变成一个内心强大、平静、丰盈的人。

事实上，真正拥有强势文化内核的人，非常善于"依赖"、"依靠"别人，这表面的"依赖"、"依靠"行为实际是"知人善任"的表现，换句话来说，这种"依赖"、"依靠"实际是更高级的"管理"、更高级的"驾驭"。

四、顺为人，逆为圣

不论弱势文化，还是强势文化，究其本质，都是一种生存哲学，生存哲学同样也是环境的产物。

世界上的所有事物都有多面性，不能简单地用对错、好坏来评价，强势文化和弱势文化也是如此。但是，有些话还是得说：

（一）人性不能过分地放纵

人性被过分地满足或放纵，一定会给自己、给他人带来伤害。

讲个故事来说明这个道理：

有位出生在南斯拉夫的女性行为艺术家，名叫玛丽娜·阿布拉莫维奇，她在1974年展演过一个叫做《节奏零》的作品。

表演现场是一个密闭空间，她在桌上准备了76个物品：水、外套、鞋、玫瑰、刀子、刀片、铁锤、枪、子弹等等。

旁边的说明书上写着："我是物品，你可以在我身上使用桌上的任何物品对我做任何事，我承担所有责任，时间是6小时。"

一开始，表演的气氛还算缓和，有人客气地给她拿一杯水，或是一朵玫瑰。但很快地人们的行为就开始越发肆无忌惮，有人开始用剪刀剪破她的衣服，有人用玫瑰刺扎进她的腹部，甚至有人拿起刀片，割破她的脖子……

最后，有人开始把子弹装进枪里，用枪对着玛丽娜的头，人群中有人开始阻止这个人，发生了不小的骚乱，而此时，玛莉娜已经伤痕累累，眼睛里流出绝望恐惧的泪水……

当 6 个小时的展演时间结束时，人们仿佛才想起——玛莉娜是一个人，而不是道具，他们才意识到在过去的 6 个小时里，他们对这个丧失行动能力的女性，做出了太多肆意恶劣的行为。

事后，玛莉娜说："如果你把决定权交给观众，他们可能会杀了你。"

关于这场著名行为艺术的展演本身，我不想过多叙述，因为网络上随时可以搜索到更丰富完整的信息，但是这场展演暴露出的人性黑暗面着实令人瞠目结舌。

我们能深刻地从中感受到：当人们的行为可以不必承担责任时，他们的行为就会变得越来越无所顾忌。

就像本小节一开始说的：人性被过分地满足或放纵，一定会给自己、给他人带来伤害。

现实中，美食的诱惑泛滥成灾，现代人的饮食越来越无节制，无节制的饮食除了给自己的健康带来伤害之外，没有任何好处；

当你无聊时，随手拿起手机就可以刷视频、打游戏，当你沉浸在玩手机带来的那份快感和填充感时，时间在快速地流逝，而你的大脑结构已经发生剧烈的变化，慢慢地你会发现：你无法长时间保持专注去做事了，你无法做到独立又深入地思考了，你的大脑逐渐在变得愚蠢。

网络中有一句话说得好："低级的欲望靠放纵可以满足，高级的欲望靠自律才能满足"，我们现在探讨的弱势文化与强势文化也是如此，过分地满足与放纵人性就会滋生出弱势文化，而强势文化的炼成却是需要靠克制与自律才能实现。

(二)重要选择:治标还是治本?

每个人这一生,总会遇到层出不穷的问题,或者说,每个人的一生,就是不断地遇到问题,不断地解决问题的过程。

弱势文化解决问题之道是治标;

强势文化解决问题之道是治本。

如果你受欺负了,跑去喊"妈妈","妈妈"帮你"报仇",出了这口恶气时,你感到极其痛快,这是弱势文化解决问题的方式;

但你忘记了一点,你的"妈妈"不能永远时刻陪着你,"妈妈"不在的时候,别人还是会欺负你。

弱就是原罪。别人能欺负你,敢欺负你的根本原因就是因为你弱,如果你心里很清楚:只有自己变强,强到让别人看到你的时候,根本不敢升起"想欺负你"的那颗心,这才是根本上解决问题的办法,这是强势文化解决问题的方式。

一个治标,一个治本,就是这个道理。

所以,"凡事向外求"是表面解,"凡事向内求"是根本解。

"凡事向外求"一旦求成功,表面问题就会得到解决,但产生问题的根源仍然没有消除,因为我们人生中遇到的大部分问题究其根源都在自己。

就好像一个乞丐在街头伸手乞讨,当遇到好心人给他食物或钱的时候,今天的温饱可能会得到解决,但明天温饱仍然是个问题,因为导致他没有稳定收入的根本原因并未消除。

弱势文化群体可能永远也意识不到:如果改变了自己,让自己变强,曾经困扰自己的很多问题会自然消失,因为自己才是产生问题的根源。

(三)所谓成长,就是大贪制小贪的过程

每个人总有无穷无尽的欲望

人的一生,要么是顺人性而下,被低级欲望裹挟至死的一生;要么是逆人性而上,不断提升欲望层次的一生。

换句话来说，所谓成长，就是不断拉高欲望层次的过程，这个过程就是不断用大贪制服小贪的过程。

口舌之欲是小贪，身体健康是大贪；

学习成绩是小贪，终身成长是大贪；

眼前利益是小贪，长远利益是大贪；

贪恋外表是小贪，心灵契合是大贪；

博取功名是小贪，无灾无难是大贪。

……

小贪之上有大贪，大贪之上还有更大的贪；

我们是人，无法彻底"消灭"这些"贪"，更无需去"消灭"这些"贪"。

但我们可以做到的是：逆着人性而上，勇敢去克服小贪的诱惑，依靠自己强大的精神力量去强力拉高自己的欲望层次，相信我们都会发现不一样的人生。

第三章 深度解读弱势文化

第一节 弱势文化是如何形成的

尼采有个让人感到"恐怖和不适"的观点：

"有人生而为弱者，有人生而为强者，弱者构成绝大多数，强者构成极少数。强者是主人，弱者是奴隶。强者永远依靠牺牲弱者而生存，他必然要征服、压迫弱者。"[1]

没人想做弱者且被他人压迫着，如果要避免成为弱者，就得先弄清楚弱者是如何养成的？

弱者之所以弱，是因为他们有个暗逻辑——凡事向外求。在这个暗逻辑的"操控"下，他们脑中形成了"靠别人来解决自己的问题"的习惯思路，解释清楚他们为什么会养成这个思维习惯，就清楚弱者是怎样养成的了。

科普一个知识点：一个人的诸多"思维习惯"是他的"解释系统"和"环境教育"两方面的因素长期相互作用形成的产物。

---

[1] 吴光远：《哲学大师谈人生》，新世界出版社2011年版。

一、解释系统

人人都有自己的一套解释系统，这套系统的好处在于，它可以用某种专属逻辑来解释一个人遇到的所有问题，以便让整个人的精神世界快速恢复平静。

解释系统对每个人都非常重要。解释系统高级，这个人对人和事情的看法就"高级且宽阔"，内心的精神秩序就能长期保持稳定有序的状态；解释系统低级，这个人对人和事的看法就"低级且狭隘"。一旦遇到问题，解释系统低级的人内心的精神秩序就很容易被打乱，内耗就比较严重，就会表现出容易情绪化、焦虑、抑郁，这些负面的能量如果积聚太久，无法通过合理方式去释放，就有可能会导致精神崩溃，更严重的会产生自杀念头。

"弱势文化"的人解释系统中，有个占据主导地位的底层逻辑就是：所有问题都是别人的错。

在"弱势文化"的人心里，既然"所有问题都是别人的错"，那么，只需要"抱怨"，就可以让自己内心快速恢复平静，内心恢复平静，问题就"解决"了。

去抱怨谁？

天下万物都可以抱怨。

可以抱怨老天爷不给面子，可以抱怨社会不公，可以抱怨公司不好，可以抱怨同事不好，可以抱怨父母不好，可以抱怨朋友不好……甚至，在某些情况下，实在找不到谁可以抱怨的时候，连自己都可以成为抱怨的对象。

够"狠"吧？只要能抱怨，自己都可以"抱怨"自己。

抱怨自己什么呢？

抱怨自己就是这个"命"，抱怨自己就是这个"水平"。

仔细想想，其实，这还是在抱怨"别人"，而不是自己。

但是，理性的人都很清楚，抱怨是解决不了任何问题的。

那么，为什么"弱势文化"内核的人还要"乐此不疲"地用这招呢？

那是因为：通过抱怨，就可以让自己的内心迅速恢复"平静"，让自己精神世界的熵值降低，而自己却不用付出任何"代价"。从某个角度说，这的确是一个"最有效"的办法。

所有问题都是别人的错，怨天、怨地、怨社会、怨他人，就是不能怨自己。

这就是"弱势文化"属性的人内在解释系统的核心逻辑链。

二、环境教育

人是环境的产物，环境成就我们的同时也在改造着我们。

每个人都在不停地被自己所处的环境影响、改变、塑造，我把这个过程叫做"环境教育"。

一个人所处的环境总是多种多样的，无法逐个阐述，在本章节中，我挑其中两个大部分人都会受其影响，并且对一个人命运影响较大的环境来探讨，一个是传统文化环境，一个是家庭环境。

（一）传统文化环境

我们经常会听到老外在遇到危险、麻烦或其他紧急情况的时候，会下意识地说："Oh, My God!"。

但中国人，一着急就会喊——"我的妈呀！"

老外喊出的那句话是宗教信仰，就像在祈福的时候要在胸口画个十字，那是在向耶稣祈福。

中国人很聪明，也很实际，喊出的那句话是"实用主义"，而不是信仰，因为，当你遇到危险或麻烦的时候，"耶稣"不一定来救你，但"我的妈"是完全有可能来"救"你的。

有人说，中国人不也有拜佛拜神的吗，那不是信仰是什么？

但我要说的是，大部分人去拜佛拜神，真不是因为那是他的信仰，而是他要求"佛"、"神"去帮他办事，如果拜了一百次、一千次，这个"佛"或"神"就是不显灵，你看他还去不去拜，他肯定会立马换一个"佛"或"神"去拜，一边换，一边还要在心里咒骂两句。

在浩如烟海的中国传统文化中，找一个可以去拜或求的角色不是难事，但原则就是，谁能"显灵"我拜谁，谁能"帮助"我，我就"求"谁，这就是实用主义。

所以，现实中，大部分人遇到事情的时候，脑子里第一反应，基本都是——"找个人帮忙"。

而且大部分人在"找人帮忙"之前，会很"精明"地预估要找的这个人能帮这个忙的可能性和能力的大小。

找朋友，朋友帮不了，就求父母；

父母解决不了，就找"父母官"；

"父母官"也解决不了，那就求祖先保佑；

祖先不保佑，那就求"皇上"开恩；

"皇上"也不帮忙，那就求"老天爷"；

"老天爷"还不显灵，那没办法了，我的命就是这样的。

看，这样的逻辑多么"完美"、多么"自洽"。

从古至今，为什么很多老百姓潜意识里都有"向上求助"的思想？

这是因为，几千年来，受占据主导地位的儒家文化的影响，老百姓已经完全接受了孔子的"正名"社会秩序理念。

什么是"正名"社会秩序理念？

就是每个人在社会关系中都有一个专属的位置，"君、臣、父、子"都是这样的社会关系的名，这种社会层次制度，主张"君、臣、父、子"等向下延伸的社会层次关系，要求每个人都负有这个"名"相应的责任和义务，只有这样，才能拥有一个秩序良好的社会。

在儒家重要经典《左传·昭公七年》中有一句话："天有十日，人有十等，下所以事上，上所以共神也。故王臣公，公臣大夫，大夫臣士，士臣皂，皂臣舆，舆臣隶，隶臣僚，僚臣仆，仆臣台。"

从"王"到"台"，是一条社会政治、利益的等级链条，它把人分为十等，每一层统治下一层，下一层在心理上依赖上一层。

有人会说，那最底层的那个"台"怎么办？他就没人可以"统治"了？

有的，鲁迅在《灯下漫笔》中说：

"无须担心的，有比他更卑的妻，更弱的子在。而且其子也很有希望，他日长大，升而为'台'，便又有更卑更弱的妻子，供他驱使了。"

大部分普通老百姓总是处于"被管理"的状态中，掌握的社会资源非常有限，心理上又依赖上一层，那么，遇到麻烦事，第一反应必然就是"向上求助"，也就可以理解了，就算是最弱的"台"，他也可以成为他那些更弱的家庭成员的求助对象。

我们深深浸染在这种传统文化的环境中[①]，不知不觉，一代一代，"正名"社会秩序理念就被植入了我们的基因里，成为我们行事的底层意识。

为什么我们很难改变这一点？

因为，绝大多数时候，我们意识不到它的存在。

（二）家庭环境

每个人从出生开始，都会长时间生活在一个家庭中，自然会受到这个家庭环境无孔不入且深远的影响，这是一个不争的事实，我们把这个叫做"原生家庭"效应。

---

① 注：以上探讨，仅从客观角度去分析传统文化的影响，无意否定儒家文化的正向影响与价值，请勿轻易为某种文化贴上"好或坏"的标签。

　　"弱势文化"环境家庭大概率会造就"弱势文化"内核的人，"强势文化"环境家庭大概率会造就"强势文化"内核的人。

　　同样，先说两个观点，再来分析"家庭环境"对"弱势文化"属性形成的影响。

　　1. 一个家庭环境中，对孩子成长影响最大的因素是人，而不是物质条件。

　　2. 家庭环境对孩子的影响有"主动教育"和"被动教育"两方面。

　　我对第二个观点做个简单解释：

　　第一，主动教育

　　"主动教育"指的是父母或其他长辈有意识地教育孩子的行为。

　　比方说主动给孩子讲个道理，或者教孩子某个技能等等，新时代的父母普遍受过教育，所以在这方面普遍都比上一代人做得更好。

　　但也有一些父母，虽然受过教育，甚至文化程度不低，但碍于心性，某些价值观是错误的，甚至是扭曲的，在这种情况下，也会把错误的东西教给孩子，进而给孩子带来不良的影响。

　　第二，被动教育

　　"被动教育"指的是不知不觉中，父母或其他长辈在自然状态下流露出的言行习惯、价值观、思维方式等被孩子"悄悄"模仿的过程。

　　大部分父母都比较注重"主动教育"环节，但会无意识地忽视"被动教育"环节，甚至意识不到有"被动教育"这个环节，而"被动教育"环节，恰恰是导致很多父母"教育失败"的"主阵地"。

　　有了以上两个观点的加持，我们再来分析"家庭环境"对"弱势文化"属性形成的影响，就很容易了。

三、"弱势文化"环境家庭大概率会造就"弱势文化"内核的人

　　为什么"弱势文化"环境家庭大概率会造就"弱势文化"属性的人，有三个原因：

（一）"解释系统"的代际传递

本章节前面说到，人人都有自己的一套解释系统，这套系统可以用某种专属逻辑来解释一个人遇到的所有问题。

"弱势文化"属性的父母习惯的"解释系统"会通过代际传递的方式埋在孩子心底，换句话说，父母的"解释系统"怎么样，孩子的"解释系统"大概率就是什么样。

比方说：

父母喜欢抱怨，孩子就会学着抱怨；

父母没有自省意识，孩子也就不会有自省意识；

父母喜欢认命，孩子就会学着认命。

（二）行为有样学样

没有一对父母希望自己孩子养成不好的行为习惯，所以在"主动教育"环节，每一对父母都会关注、制止孩子的坏习惯，但是在"被动教育"环节，"弱势文化"属性的父母往往会"不小心"用不好的习惯为人处事，这时候，孩子就会悄悄地模仿父母。

比方说：

父母要求孩子好好学习，学会自我管理，但是，在孩子的眼里，父母却在不停地刷手机，从不学习，也管不好自己。

父母要求孩子凡事要靠自己，但是，父母却事事"靠"别人，"求"别人。

父母要求孩子不能乱发脾气，不能打人骂人，但是，父母的脾气更坏，家里经常出现夫妻之间"吵架打人"的场景。

（三）包容"弱势文化"属性肆意生长

父母为孩子包办过多，过分呵护溺爱孩子，是滋生"弱势文化"属性的温床。

阿尔弗雷德·阿德勒在他的《理解人性》这本书中对"儿童与社会"

这个话题做了比较深入的探讨，值得一看。原文太多，我把他的这部分观点总结一下：

被溺爱娇惯的孩子，会养成更多向父母索要关爱的习惯，逐渐会形成对父母关爱的依赖性。父母必须警惕孩子的这种倾向，如果纵容孩子的这种行为，对他的未来是很不利的，很容易导向"为了获得别人的关爱而不择手段"的程度。

这样长大的孩子对生活完全缺乏准备，因为他们从来没有机会试着克服困难。一旦他们踏出温室，不再是自己家里的"小皇帝"或"小公主"时，他们将不可避免地遭受辛酸的失败和沮丧，再也没人给予过度的"理所当然"的照顾、关心或保护。①

话说回来，我们得尊重一个客观事实：孩子再小，也是人，是人，就有人性，人性与人性总是相互博弈的。

父母为孩子包办过多，过分呵护溺爱孩子，就会让孩子越来越习惯通过依赖父母，来满足自己的任何欲望，这种习惯一旦形成，"弱势文化"的种子就在孩子心里埋下了，以后就很难祛除。

比方说：

当孩子不会做某件事时，父母帮忙去做，而不是教他去做，孩子就会习惯于让父母包办。

当孩子不认真做事情的时候，父母总会催促提醒，久而久之，孩子就会依赖父母提醒和催促，等长大成人、没人提醒催促的时候，就会吃大亏。

父母为孩子做得越多，孩子会做的就越少。

当孩子会做的事情越多，父母为孩子包办的事情就应该逐渐变少，这样，孩子才有可能慢慢变得更强大且自立。

父母的责任是教会孩子需要学会的东西，而不是成为孩子的"代办工具"。

但需要说明的是，孩子毕竟是社会中的弱势群体，他们必须依赖父母

---

① [奥]阿尔弗雷德·阿德勒：《理解人性》，新世界出版社2016年版。

的关爱和照顾才能成长，"缺乏关爱"和"过度关爱"都无法营造一个健康良好的家庭环境。

如果孩子逐渐长大，到了本应该具备相对独立的能力阶段，却养成了"等、靠、要"的弱势文化习惯，那么孩子的某一次要求被父母拒绝时，孩子就会上演"哭、闹、骂、打"的行为来逼迫父母"妥协就犯"，这时父母一旦"妥协就犯"，就容易陷入一个恶性循环的深渊里，无法脱身。

所以，具有"弱势文化"内核的孩子，"自驱力"以及"自我管理"能力普遍都比较差，凡事都依赖外部管理和约束。就像老式蒸汽火车的车厢那样，是没有自带动力的，完全依赖作为"火车头"的父母，这样的火车跑得快不快，全靠车头带，车头一旦停下来或"脱钩"，车厢自然也就停下来了。

而具有"强势文化"内核的孩子，"自驱力"以及"自我管理"能力普遍都强，他们是不太需要外部约束的。就像动车，每节车厢都是自带动力的，而父母这个"车头"更重要的作用在于引导方向，所以，动车的速度和老式蒸汽火车的奔跑速度完全不在一个量级上。

四、总结

本章节最后，值得一说的是：

"强势文化"与"弱势文化"存在彼此转化的可能性，只不过是难易程度的区别而已。

文化内核在一个人身上还未固化定型的时候，弱势文化与强势文化之间的转化相对比较容易，固化定型后，转化就相对困难了。

第二节 三种弱势文化思维

弱势文化群体存在一些根深蒂固的思维方式，这些思维方式就像一个"牢笼"，死死囚禁着这些人，使得他们很难获得真正的成长。

正因为是根深蒂固的思维，弱势文化群体很难意识到这些思维障碍的存在，当然更不会意识到自己已被这样的思维方式禁锢一生，甚至他们还会将这样的思维方式当成"宝贵经验"代代相传。

第一种：受害者思维

一、什么是"受害者"思维？

弱者脑中有一个根深蒂固的思维，叫做"受害者"思维。

什么是"受害者"思维？

"受害者"思维的意思就是，不管自己遇到什么事情或问题，都认为是别人的错，自己理所当然的就是"受害"一方。

说得夸张点，"受害者"思维的人，总是有一种全天下的人都负了他的感觉，全世界只有他最惨。

这种思维设置，天然地、自动地将自己摆在了"弱者"的位置上，以便为后续的"从属"和"依赖"行为制造可能性。

二、"受害者"思维的三个重要特征

满脑子"受害者"思维的人，有三个重要特征：

蜕变：个人成长人生哲学

（一）喜欢责怪和抱怨

满脑子"受害者"思维的人，特别喜欢责怪别人，却从来不会检讨自己。

在这类人的脑袋里，永远都不会有自省意识。

错的永远都是别人或别的事情，而不是自己。

（二）习惯将自己的所有行为"合理化"

不管做了什么，或者没做什么，"受害者"思维的人都能找到一些借口或理由，将自己的行为"合理化"。

你让他多看书多学习，他会说我每天这么辛苦，已经很累了，没有精力再去看书；

你让他少玩手机多锻炼身体，他会说玩手机本身就是放松身心的好方式；

你让他趁着年轻多奋斗，他会说等我老了，想享受也享受不了，还不如趁现在年轻多玩玩。

他有他的一套自洽逻辑，说得简单点，他讲的只是自己价值观里的那点"理"。

（三）永远期盼"主子"掉"馅饼"

托克维尔在《旧制度与大革命》中，有一句名言——"人们似乎热爱自由，其实只是痛恨主子。"

弱势文化的人虽然总在责怪和抱怨，但他们在内心深处其实并没有强烈的意愿想要去改变什么。

更确切地说：他们并没有强烈的通过自己的努力去改变现状的意愿。

对具有"受害者"思维的人来说，通过改变自己，才能获得点什么，成本太高，非常不划算。

所以，有"受害者"思维的人，脑中的一个本能设置就是：希望"天上掉馅饼"这样的好事出现在他的生活里。

希望能找到一个"主子"，持续地掉更多"馅饼"给他们。

一旦发现这个"主子"没能力，掉不了"馅饼"给他们，他们就会立马更换一个"主子"去依附。

打这种算盘，"受害者"很擅长。

三、弱者喜欢扮演"受害者"

请注意这句话是——喜欢扮演"受害者"，而不代表他们是真正的"受害者"。

为什么弱者这么喜欢扮演"受害者"？

两个原因：

（一）扮演"受害者"，会为自己带来一个"巨大"的好处——获得别人的关注和爱护

获得别人的关注，又有什么好处？

在人性深处，其实每个人都有渴望得到别人关注和爱护的需求。

心理学中，有个著名的马斯洛需求层次理论[1]（下图），说的是人类不同层级的需求。

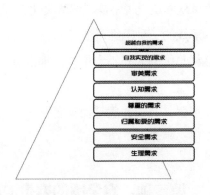

超越自我的需求
自我实现的需求
审美需求
认知需求
尊重的需求
归属和爱的需求
安全需求
生理需求

---

[1] 马斯洛的五阶段模型已经扩大为八个层次，包括认知和审美需求以及超越需求。

而"渴望被关注和爱护"是这个理论的第三层——"归属与爱的需求"中一种常见的细分需求。

（二）只需要扮演"受害者"，就可以吸引他人关注，这种方式成本极低

每个人都有渴望被他人关注的需求，这是人性。

然而现实中，每个人求得他人关注的方式是不同的，

获取关注的方式不同，决定了所付出的"成本"有高有低。

在西方人性学说中，把人性分成三种：自然人、经济人和社会人。

其中，"经济人"特性的底层思考逻辑就是——用最小的成本获取最大的满足。

"受害者"只需要扮演"受害者"，就可以快速获取他人的关注、怜悯和爱护，"成本"确实非常低。

这样的选择，并不是"受害者"在脑中经过了大量精密计算后才发现的，而是"受害者"思维导致的本能行为，这是"弱势文化"思维的一种体现。

四、总结

"受害者"思维，从本质上说，是"弱势文化"属性中"等、靠、要"的观念深植于人脑后形成的一种思维习惯。

现实中，具有这样思维的人并不少见，但都会有"伪装"，我们要擦亮眼睛去观察。

一个人要想从弱变强，必须冲破"受害者"思维这道"墙"，这是第一步，虽然非常困难，但必须经历。

第二种：安全感的奴隶

面对危险，安全感会跳出来阻挡我们接近"危险"，这是人类基因里的

一个原始设置，但是弱势文化的人和强势文化的人在面对恐惧时的选择截然不同。弱势文化的人选择成为安全感的奴隶；强势文化的人选择驾驭安全感。本质区别在于面对恐惧时两种文化内核导致的不同思维习惯。

一、什么是恐惧？

恐惧，是一种面对危险时，人在应激状态下产生的消极情绪，通常，个体会认为自己无力克服这种危险而试图回避，而回避的目的是为了获得安全感。

直白地说，"认为自己无力克服这种危险而试图回避"这种判断是没有经过大脑缜密思考的。当然，只要是动物，尤其是哺乳动物，都广泛存在这种情绪反应，这是一种本能。这种本能，是物种经过长期演化而得到的一种自我保护机制，机制本身并无对错。

在这种机制的控制下，当遇到危险时，人体就会产生很多应激反应，比如说寒毛竖起、血压升高、情绪亢奋、疼痛耐受度提高等等。只不过，人类这个物种演化到现在，有些应激反应尽管还存在，但已经没有什么用处了。

比方说，远古时期的人类，毛发长而浓密，遇到危险时，浑身出现的鸡皮疙瘩能将毛孔收紧，以便让毛发竖起，竖起的毛发能在视觉上让体型变大，以起到威慑敌人的作用。

我们演化到现在，遇到危险时，鸡皮疙瘩还是会出现，但已经"没毛可竖"了，所以，这个应激反应用处已经不大。

说到现在，尽管我们已经生活在一个相对安全的年代里，但并不意味着恐惧感就会减少。恰恰相反，人类因为有了语言和文字，虽然表达能力越来越强，但恐惧感反而变得更多了。

比如说：害怕、不安、担心、恐怖、惊吓、惊慌、担忧、焦虑、犹豫、胆怯、困扰、不安全感、忧心忡忡、沮丧、惊恐不安、畏惧、战栗、大祸临头、末日将至……

人类描述恐惧的词汇如此丰富，足以证明恐惧的普遍存在。

从这个层面说，如何有效地应对恐惧，恰恰是现代人应该学习的一门必修课，而这门必修课，学校往往不会教。

二、面对恐惧时的不同选择

面对恐惧时，人有两种模式：一种是逃避模式，另一种是战斗模式。

弱势文化群体，在面对恐惧时，更常见的应激反应是逃避模式；

弱者面对恐惧应激行为模式

强势文化群体，在面对恐惧时，更常见的应激反应是战斗模式。

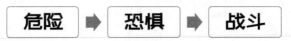

强者面对恐惧应激行为模式

为什么要刻意强调是"常见"行为，而没有很绝对地说一定如此？

在这里，为了阐述更严谨，得插入一个知识点：恐惧感本质上是一种过度的自我关注行为。

稍作解释，当面对恐惧时，一个人的关注对象如果不是自己，那么他的恐惧感就会降低，就算他自己本来是弱势文化属性群体，但他在面对恐惧时，仍然有很大的可能会产生"战斗"这种应激反应。

比方说，一个柔弱的女性，在面对恐惧的时候，第一应激反应是逃避，但是，假如这位女性在面对恐惧的时候，是和孩子在一起，那么在那一刻，她的关注点可能根本不在自己身上，而是更多在孩子身上，这位母亲的应激反应大概率会是"战斗"模式，因为她只有一个目的，就是要保护自己的孩子。

现实社会中，很多的英雄，在面对危险时，为什么能克服恐惧去舍身救人，甚至不惜牺牲自己生命，因为在那一刻，这些英雄心里装着的不是自己，而是他人。

理性地讲，"逃避"本身根本无法解决需要面对的问题，"问题"不会因为你逃避就消失了，就像鸵鸟在遇到危险的时候会把头埋进土里，这种逃避的本质是自欺欺人，但弱势文化的人很喜欢用这个办法。

强势文化的人很清醒地明白这一点，所以不会逃避，因为知道逃避没有用，面对恐惧，只能积极应对。

面对恐惧时，不同的选择背后，其实是装进弱者和强者的潜意识里的思维习惯不同。正因为是潜意识里的底层思维习惯，所以在很多时候，这种选择会在一瞬间产生，快到让人无法察觉这种底层思维习惯的存在。

而这些让人无法察觉到的、已经固化了的底层观念和思维方式，恰恰就是一个人"个人文化系统"的一部分。

所以，拥有不同"个人文化系统"的个体，在面对同样的问题时就会产生不同的选择，不同的选择自然会带来不同的命运。

三、两种常见的恐惧感来源

现实中，有两个因素常常给人带来恐惧感，一个是困难，另一个是风险。

（一）遇到困难

困难，永远是相对的。遇到困难，说明面临的挑战超过了自身的能力。

面对困难时，弱势文化群体产生的更多是畏惧心态，这种畏惧心态实际上也是恐惧的一种，只不过是恐惧程度较轻而已。

畏惧心态很容易让一个人知难而退，"知难而退"就是上文说的"逃避模式"。

无论是生活和感情，还是工作和学习，困难无处不在。

弱势文化的人在遇到困难的时候，一般情况下，第一反应是求别人帮助；如果没人帮，就只能靠自己；但如果连自己都靠不了，他就会选择直接放弃。

强势文化的人在遇到困难的时候，更多的是将其视为提升自己的机会，所以会鼓足勇气靠自己克服困难，每克服一次困难，这个人就变得更强大。

如果一个人，只愿意做轻松的事，未来人生就会困难重重；但是，如果愿意做困难的事，那么未来的人生反而会变得很轻松。

人世间的难是一种阻碍，但本质上，更是一种筛选强弱的机制。

（二）遇到风险

弱势文化的人面对风险，会本能地躲避风险，而强势文化的人考虑的却是如何才能驾驭风险。

如果做一件事情有风险但有巨大回报，弱者大概率会因为有风险而放弃做这件事，强者会想着在控制风险的前提下，怎么把事做成。

比如：

远古的祖先，没有因为火有风险而放弃生火；

现代的人类，没有因为电有风险，而放弃发展电力产业；

我们没有因为探索宇宙有风险，而放弃发展航空事业。

……

人类发展的历史长河里，总有那么一些强者，在面对这些恐惧的时候，大胆地去接近风险、了解风险、驾驭风险，将人类文明的进程一步步向前推进。

所以尼采认为："人类社会是由极少数的强者所创造所推动的，这是人类个体生命存在的一个基本的事实。"[1]

尽管有人批判他——"由此得出的'英雄史观'显然是不合适的，他未能看到民众在历史创造中的作用"。但完全可以猜想的是：人类文明进程中，如果许许多多重要的决策是由"弱势文化"的人做出的，那么，我们看到的世界绝不是现在这个样子。

---

[1] 吴光远：《哲学大师谈人生》，新世界出版社2011年版。

四、回到现实

现实中，我们的大部分恐惧感是别人刻意制造给你的，目的是让你放弃、或者更依赖他。

这句话不好听，没有力量感，更没有美感，但是，是真相。

我相信，真相就是力量。

如果有些事让你感到恐惧，你要记得，恐惧里面有大机会，给你释放恐惧情绪的人，是希望你放弃。

如果有些人的话让你感到恐惧，你也要记得，让你感到恐惧，是他的手段，这样，你才会更依赖他。

"大多数人所犯下的大错，都是等恐惧感渐渐消退或完全消失之后才愿意采取行动，这些人通常会等一辈子。"①

不要太贪恋安全感，它不会让你变强，只会让你越来越弱。

第三种：过于看重眼前利益

弱势文化群体很难突破的第三个思维障碍是：过于看重眼前利益。

如果说这句话仍然太委婉，那么尼采的话就更暴力、更直接。

"有些人凡事从自身利益角度考虑，总算计着自己是否得利。然而，他们的算计，是不参照事实的，也是感情用事的。因此，利己主义的人多半是鼠目寸光的人，更是不值得信任的。"②

说尼采的话既暴力又直接，是因为他毫不避讳地直接挑明：凡事从自身利益角度考虑的人，多半是鼠目寸光的人，更是不值得信任的。

这句话非常狠，因为不值得信任，本身就是对一个人最大的否定。

弱势文化的人很难成大事，因为如果长期迷失在眼前利益中，就无法

---

① ［美］苏珊·杰菲斯：《战胜内心的恐惧》，重庆出版社2014年版。

② ［德］尼采：《快乐的知识》，哈尔滨出版社2016年版。

升维思考，自然看不到或者根本不想去看事物的本质和规律，能成事的几率自然小很多。

一、弱势文化的短视

现实中仔细观察，我们会发现：很多人确实是非常看重眼前利益的。既然短视，就不可能具备长远眼光。

比方说：

找工作的过程中，人们瞪大眼睛最想看的是工资多少，而不是这份工作能带来多少机会或提升的空间。有人会说："找工作为的不就是挣钱吗，我不看工资看什么？"

我想说，工资是眼前利益，要看，否则你无法生存，但不要太看重，更应该看重的是自我提升和长远发展的机会。

工资，永远不要成为你选择一份工作的主要依据。

说一个不争的事实：现实中，太多人作决定，尤其是作重大决定的时候，确实都是以眼前利益得失为主要依据的。

二、短视的深层原因

（一）大多数人的欲望层次太低

一个人在意的所谓"眼前利益"，往往取决于这个人的欲望层次。

古今中外，探讨研究"欲望层次"这个话题的大师非常多，有开展定量研究的，也有开展定性研究的；有哲学领域的，也有心理学领域的，甚至还有脑科学领域的……

篇幅受限，不能一一展开述说，此处借用德国哲学家叔本华的一个三分法观点[①]，用最简单的方式解释人的欲望层次：

---

① [德]阿图尔·叔本华：《人生的智慧》，中央编译出版社2011年版。

一个人命运的根本差别取决于下面三个层次的内容：

1. 人是什么？

包含健康、力量、气质、道德品格、内在综合素质、智力和教养。

2. 人有什么？

主要指的是外在财产和一切占有物。

3. 在别人眼里是怎样的？

主要指名声、荣誉和社会地位等等。

这三点，其实就是一个人欲望层次最简单直接的总结。

社会中，我们大多数人的欲望层次集中在第二和第三层，欲望层次在第一层的人不是没有，是比较少。

一些细心又聪明的读者会意识到：第一层是第二、第三层的"因"；第二、第三层是第一层的"果"。

总结一下，大多数人更在意的是第二和第三层次的欲望是否被满足，对这些人来说，这就是"眼前利益"。

"别人"拿捏你的手段，往往就是满足你第二、第三层次的欲望，因为大多数人的绝大部分喜怒哀乐都来自第二、第三层次的欲望。

（二）大多数人的思考都是"假思考"

为什么说大多数人的思考其实都是"假思考"？"假"在哪里？原因也有两点：

1. 大部分人思考的时候是在调用脑中的"系统1"，但"系统2"才是"真思考"。

2. "系统1"喜欢用错觉去引导大脑作决定，错觉导致的决定必然是错的。[①]

我来详细解释以上两点：

---

① ［美］丹尼尔·卡尼曼：《思考，快与慢》，中信出版社2012年版。

大部分人思考的时候是在调用脑中的"系统1"，但"系统2"才是"真思考"。

每个人的大脑有快和慢两种作决定的方式，快的是"系统1"，慢的是"系统2"。

大部分人在大部分时候常用的思考系统就是"系统1"，它依赖情感、记忆和经验迅速作出判断。换句话来说，"系统1"的运转速度非常快，但常常是无意识的，有时候，我们猛然意识到"我怎么会这么想问题呢"的时候，就证明"系统1"已经帮你做主了，说白了，它虽然没让事情真正过脑，但替你节省了脑力，从这个角度来说，系统1有存在的好处。所以，系统1作出的常常是直觉型判断。

但系统1也很容易上当，它固守"眼见为实"的原则，任由损失厌恶和乐观偏见之类的错觉引导我们作出错误的选择。

"系统2"要运转起来，需要有意识地通过调动注意力来分析和解决问题，并作出决定，它比较慢，不容易出错，但它很懒惰，经常走捷径，很多时候，它会直接采纳系统1的直觉型判断。

"系统1"喜欢用错觉去引导大脑作决定，错觉导致的决定必然是错的。

前面说道："系统1"也很容易上当，它固守"眼见为实"的原则，任由损失厌恶和乐观偏见之类的错觉引导我们作出错误的选择。

其中，"损失厌恶"心理有必要解释一下：

"损失厌恶"是个"两面派"，一方面它在保护你，一方面它又在"加害"于你。

"损失厌恶"心理会让人们对亏损的反应比对盈余的反应大得多，说得简单点，失去比得到给人的感受更强烈，所以人们往往会规避损失。

举个例子：抛硬币来打赌

硬币正面朝上，你输100元；硬币反面朝上，你赢150元。

面对这个赌局，你会怎么做？

试验表明：大部分人想想之后，都不太愿意来打这个赌。

尽管有一半的可能会赢 150 元，但大部分人更在意的是，还有一半的可能会输掉 100 元，因为"损失厌恶"的心理会让人更在意 100 元的损失，而不是 150 元的获利。

这种选择，并不是真正的"理性思考"。

当你面对某个选择，产生了这种"损失厌恶"的心理时，你要明白，这是你脑中"系统 1"的"功劳"，这种不假思索的过程快到有时候让你意识不到——你为什么会这么想问题？

但是，更有意思的是，"系统 1"往往会把这些信号直接给到"系统 2"，然后懒惰的"系统 2"就会直接采纳"系统 1"的直觉型判断。

至此，你的"思考"过程结束，决定也已经作出。

看似"理性"，其实不是，这就是"假思考"。

很多事情，看和不看，用心去看和用眼去看，结果都是不一样的。

三、升维思考的心法

太过于看重眼前利益，会严重阻碍我们思考维度的升级。

想做到升维思考，需要长期、系统地训练，但凡事总有第一步，仅就这第一步，我给出两个升维思考常用的心法，尝试着做，会有改变的。

（一）学会大贪制小贪

人性是自私的，我不能说贪图眼前利益的人就是狭隘的，看重未来利益的人就是崇高的，我不想用这样简单的"二元对立思维"去评价人和事，但我希望你能学会用未来的"大贪"去制服眼前的"小贪"，让贪图未来更大利益的"高级自私"去战胜贪图眼前利益的"低级自私"。

人性都是自私的，但我希望你能自私得更高级。

如果能悟透这句话，人生将获益无穷。

（二）凡事都用五年之后的视角来看现在

五年，只是个说辞，这么说，只是想让你看问题长远一些。

慢慢学着从长远的角度去看待此刻你面临的某个选择，用更加谨慎的态度去对待并调用所有脑细胞去思考和分析，尽可能地去了解更多有价值的信息从而帮助你做决策，尝试用站在 5 年之后的视角去看待你现在的这个决定，看这个决定是否妥当，是否能让未来的自己不后悔，这样慢慢地去训练自己，逐渐就会摆脱"习惯于从眼前利益出发"去作决定的直觉型思维习惯。

每一个现在的结果，都是过去某个时刻的选择造成，每个现在的选择也一定会带来未来的某个结果，如果常常能秉承这样的思维去看待每个选择，个人决策的眼光就会慢慢变得长远，变得更有战略意义。

眼前的利益是利益，未来的利益更是利益，孰大孰小，在遇到问题的时候，冷静思考，其实不难做出清醒的判断。

三种弱势文化思维总结

一、"受害者"思维

"受害者"思维的意思就是，不管自己遇到什么事情或问题，都认为是别人的错，自己理所当然地就是"受害"一方。

说得夸张点，"受害者"思维的人，总是有一种全天下都负了他的感觉，全世界只有他最惨。

人世间有太多人喜欢扮演"受害者"角色，甚至以此为三观。

很难想象吧，世界上居然有人会主动把自己定位在"受害者"的角色上，甚至还会用心地去扮演。

为什么弱者这么喜欢扮演"受害者"角色？因为这是一种很轻易就能获得别人的关注和爱护的"有效"方式。

一个人如果得到了他人的关注和爱护，那么，他就能更容易地通过别人得到自己想要的东西。

这种人实际上是一个还未"精神断奶"的巨婴。

有"受害者思维"的人特别喜欢做下面三件事：

（一）喜欢责怪和抱怨

怨天怨地、怨社会、怨他人，就是不会怨自己，任何问题都是别人的错。

（二）习惯为自己的行为寻找"合理化"的借口

他们很聪明，总能为自己的任何行为找到一个看似合理的借口。

（三）永远在期盼"奶妈"的出现

他们最喜欢的事，就是渴望有一个"精神奶妈"，既能给他"奶"喝，又能把他抱在怀里。

弱者特别喜欢扮演"受害者"角色，但这并不代表他们是真正的"受害者"。

从本质上说，"受害者"思维是"弱势文化"属性中"等、靠、要"的观念深植于人脑后形成的一种思维习惯。

这种思维设置，天然地、自动地将自己摆在了"弱者"的位置上，以便为后续的"从属"和"依赖"行为制造可能性。

二、安全感的奴隶

面对恐惧时，人会本能地逃避，这是物种演化形成的本能机制。

从原始社会到现代社会，人类能感知到的恐惧并没有减少，反而随着语言和文字的丰富，越来越多种多样：

"害怕、不安、担心、恐怖、惊吓、惊慌、担忧、焦虑、犹豫、胆怯、困扰、不安全感、忧心忡忡、沮丧、惊恐不安、畏惧、战栗、大祸临头、末日将至……"等等这些词汇，根源都是恐惧。

安全感，就像一个胆小如鼠的小人，藏在你的心智里，帮你在面对恐惧时悄悄做决定。

当饥肠辘辘的你发现河对岸有一棵挂满果实的果树，这个名叫"安全感"的小人朋友会悄悄地告诉你："千万别去，会有危险，你会被水淹死的。"而不是鼓励你去学会游泳，或者去造一个木筏，这样就能吃到果子了，它总是在告诉你：退缩、退缩；逃避、逃避……仿佛这就是你面对困难时唯一的选择。

直到你失去一切机会的时候，它居然还会"骄傲"地向你邀功："你看，多亏了我，你现在还活着。"

而你对此深信不疑，确信是因为它的存在，你才得以"过得很好"。如果是这样，那就证明你已彻底沦为"安全感"的奴隶。

三、把眼前利益得失作为唯一决策依据

每个人每天都会做无数个决定，小到决定这顿饭吃什么，大到一个可能导致命运转折的决定。

令人遗憾的是，弱势文化群体中的大多数人做决定靠的不是脑子。这些人做决定的时候，通常靠两个东西：一个是脾气性格，另一个是"假思考"。

一个人全身上下的各种器官里，最"值钱"的就是脑子了，可惜的是这些人并不怎么爱用它。只有在衡量眼前利益得失的时候，才会启用"脑子"。

尼采说：凡事从自身利益出发，总算计着自己是否得利的人，多半是鼠目寸光的人，是不值得信任的。

只会衡量眼前利益的得与失，那必然看不到更长远的利益，据此做出决定，怎么可能是高瞻远瞩的？怎么可能是有战略眼光的？

"把眼前利益得失作为唯一决策依据"——这样"假思考"的思维逻辑，会让一个人的认知水平急速下降，或者无法提升。

由于认知水平的差异，这些人对信息的解读是低级的，他们在一件事

情中往往看不到真正的机会和未来，因为他们的认知水平决定了他们关注什么，不关注什么。

如果你好心劝他要看长远一些，他有可能反过来还会骂你，甚至有可能还会把你当仇人。

你好心劝一对父母，不要太溺爱孩子，不要有求必应，他会反过来跟你说："不是你的孩子，你当然会这么说了。"

你好心劝一个刚创业的人，把眼光放长远，不要老盯着眼前的蝇头小利，老想着偷工减料降低成本，用套路去糊弄客户，要想着把事情做好，生意慢慢会好……他反过来会跟你说："我要是不这么做，能有钱赚吗，房租你帮我交啊？"

可怜又可悲的人，该怎么救？

现在的人戾气一个比一个重，一点就着，轻则骂人打架，重则杀人放火。

遇到纷争，劝大家都忍着点，不要轻易地去和一个人争，因为你根本不知道面前的这个人打算跟你讲的是什么样的一个"理"。

四、总结

为什么看似相同的两个人，会做出完全不同的选择？

原因在前文已经分析过并画过一张图，就是下面这张：

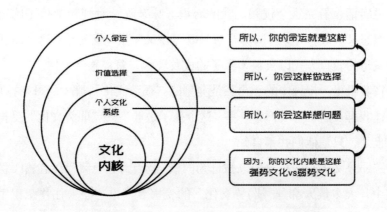

一个人的文化内核决定了这个人的认知水平，认知本身最重要的意义就是帮你做决策。

"个人文化系统"并不因文化内核的强弱不同而产生简单的强弱之分，强弱之分只是笼统的分类，其实人与人之间的"个人文化系统"都存在差异，这就是"为什么看似相同的两个人，会做出完全不同的选择？"这个问题的原因。

一次错误的选择会引发更多错误的选择，一步错，步步都错，人和人之间的差距就是在一次次决策差异中累积拉大的。

选择决定命运的分化，而认知决定选择，要想提升认知水平，得先祛除这三种弱势文化的思维习惯。

第三节　弱势文化的伪装

曾经在网上看到一个视频，视频中有一个小男孩当街在打自己的妈妈，整个过程持续了几分钟。据发布视频的博主介绍：孩子想要玩手机，但被妈妈训斥并制止，于是孩子就当街对妈妈拳打脚踢。

视频中很多信息的真实性无法考证，毕竟是网络上的信息，但这个孩子对自己的母亲拳打脚踢的画面却是真实的。

说实话，看完这个视频，我的心里五味杂陈，对视频中孩子的行为感到既愤怒又悲哀，对被打的母亲感到既可怜又无奈，我突然对这个时代里，诸多父母的教育方式以及很多孩子的成长现状，着实感到担忧。

在我眼里，视频中的小男孩是典型的"弱势文化"群体，母亲也是。

让我再表达得客观严谨一些：这个孩子是典型的"弱势文化"受害者，母亲也是，只是他们并不自知。

"弱势文化"内核之所以被称为内核，是因为它隐藏极深且善于伪装，现实中，大多数人都是"弱势文化"的受害者，但这些人往往意识不到，更看不出别人是否也是"弱势文化"的人。

在本章节，将会深入探讨"怎么识别'弱势文化？'"这个问题。

"弱势文化"的外化行为特征

"弱势文化"内核的人，不管是孩子、还是大人，一般来说，都有一些外化的、容易识别的行为特征。

当"弱势文化"群体的人遇到问题的时候，基本都会习惯性地、本能性地通过下图中七种行为来解决。需要说明的是："等、靠、要、哭、闹、骂、打"七种行为是程度不断升级的七个行为层次，一级比一级严重。

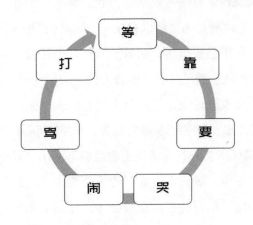

"弱势文化"常见七种外化行为

以上七种行为中，"等"是最温和的方式，"打"是最暴力的方式。在这里需要注意的是：这七种方式本身更多是引申意义，不要仅停留在字面意思去理解。

通常情况下，"弱势文化"属性的人，想要某样东西，最初就会选择"等"；"等"不来的时候，就要去"靠"；"靠"不住的时候，就去"要"；"要"不到，就用"哭"；"哭"还没用，就去"闹"；"闹"而不得，恼羞成怒，就会"骂"；"骂"也没用，就会升级为"打"。

"弱势文化"群体的人解决问题时，核心基本就是这七个"招数"。

我们常见的"撒娇"、"攀缘附会"和"耍无赖"等方式，实际都是上面七种行为的变种，本质没变，只是形式不同。

当然，这七种方式有时是"单打"模式、有时是"混打"模式、有时是"跳级"模式，到底用哪种模式，完全取决于"弱势文化"的人当时面临的"情况"需要。

需要注意的是，当某一种行为方式或某一种模式频繁奏效的时候，就会固化为这个人的行为习惯。

来举几个例子：

比如，街头乞讨的人里不乏手脚健全的中年人或年轻人，通过扮惨、装可怜的方式来要钱，有的甚至连"惨状"都不扮，连"可怜"都不装，就直接伸手要钱，这种行为之所以存在，一定是他们因此尝到过甜头。

再比如，小孩子想买东西，父母不给买，于是就在地上撒泼打滚、大哭大闹，这种行为就说明已经有"弱势文化"的苗头了，家长得警惕。

还有，在饭桌或酒局上，经常会发现有些人"强行"和有权有势或有利用价值的人套近乎、留电话、加微信等等，期望有朝一日能用得上这份"人脉资源"，这种攀缘附会的行为本质上也是弱势文化"等靠要"的表现。

前面几个例子中"等、靠、要"的手段都还算"温和"的，现实中还有很多"弱势文化"的行为手段比较暴力，比如：偷东西、抢东西，流氓强盗小偷无法通过其他正常渠道获得资源，唯一能用的就只有"暴力"手段了。

就像一个人非常爱发脾气或者情绪化严重，这不能说明事情有多么严重，只能说明他没有能力解决当下面对的问题，这也是弱势文化的一种外化行为表现。一个人身上的"动物性"越多，"人味"就会越少。这意味着，在人的世界里，他就变得越弱。

用这七种外化的行为特征去观察社会中的人，你会很容易发现"弱势文化"属性的影子。现实中，它经常会变形成其他的行为，但不管怎么变，本质是不变的，要注意观察。

第四节　四种典型的弱势文化人格

前文提到弱势文化常见的一些行为特征，本章节将循着这个话题继续深入，介绍常见的四种典型弱势文化人格，仅供理解思考之用。既然是典型人格，一定是源于现实又高于现实，在运用的时候切忌简单生硬地将他人或自己"对号入座"，分析自己或他人应该坚持"实事求是"的原则，不能太过于"教条主义"。

两种黑化弱势文化人格

具有"黑化"特性的弱势文化人格，往往与一个文明社会的主流价值观背道而驰，所以，这样的人稍不留神就会走向厄运，自毁前程。不论您是想管理自己，还是想管理他人，都要尽力洞察并祛除这种黑化的弱势文化人格。

一、流氓强盗型

具备这种人格的人，不能被狭隘地理解为是关在监狱里的"阶下囚"，我们更多的是在说一个人的"精神底色"，现实中，有很多人虽然没有长成"流氓强盗"的样子，但是，这些人却都有一颗"流氓强盗"的心。

这类人，有三种思想根深蒂固，分别是"损人利己思想"、"不劳而获思想"和"法律意识淡薄"。

1.损人利己思想：以损害他人利益为手段，获取私利。

2.不劳而获思想：在正常竞争规则下，不愿或无力通过个人努力去获取想要的东西，而是期望破格获取。

3. 法律意识淡薄：知法但不守法，因己私利极其容易突破法律底线。

以上第一点、第二点，很多人其实都会或多或少的有这样的恶念，但幸运的是，大部分人尽管做了很多坏事，但毕竟还有一点法律底线和道德底线的意识，有这双重底线的"保护"，大部分人还不至于遭受"阶下囚"的命运。

在网上曾经看到过一个视频，一个容貌较佳的女子，将自己包装成空姐身份，在网络和现实中结交有钱的男人，以婚恋名义骗取钱财，买房买车买奢侈品，过上奢靡的生活，最终，被公安机关处理。

这也是一种弱势文化的体现，因为这种人，往往无力参与社会正常竞争，只能依靠一些"暴力"、"欺诈"等社会主流价值观所不允许的方式来破格获取社会资源。

在一个社会中，法律就是社会的道德底线，如果连法律底线都无法守住的话，这个人有再多的聪明才智，最终的结果，也注定是"阶下囚"。

现实中，很多人虽然不是流氓强盗，但是却有着"流氓强盗的心"。

比方说：

在一个单位里，一个人习惯用打小报告、说人坏话、设圈套陷害别人这样的方式来为自己晋升获奖铺平道路，这就是典型的流氓强盗型黑化人格。

一个小孩，在家里习惯了用大哭大叫、攻击威胁、骂人打人这样非正常的方式来达到自己的目的，"流氓强盗"的文化人格就此种下了"恶因"，不严加管教的话，孩子长大后很容易误入歧途。

一个人，如果将聪明用错了地方，注定不会有好下场。在错误的道路上，一个人越聪明、越偏执，离深渊就越近，离正道就越远。

二、自私腹黑小人型

在现实中，自私腹黑的小人比比皆是，一般有两个典型特征：

（一）自私且善变

小人一般都是很善变的，因为小人在面对很多事情的时候都没有坚定的立场，他们考虑的永远只有一个问题：自己的利益。具有这类人格特征的人无论任何时候都是以"凡事以自我为中心"为处事原则，这种小人什么时候当孙子，什么时候拿起刀捅你，什么时候像条狗一样摇尾乞怜，什么时候又甜言蜜语，全都取决于当时那样做是否会给他带来好处。

这种典型人格还具有自私贪婪、极度虚荣、唯利是图、急功近利等特征。

（二）腹黑且无道德

自私也就罢了，如果还有"腹黑"的一面，这就很可怕。

因为"腹黑"意味着这个人有"害人之心"，这种人为了满足自己的利益，往往会不择手段，甚至会加害于别人，尽管这一层次的人能守住"法律底线"，但是，这种人能"守法"的原因，也只是认为"犯法"不划算，对自己不利而已。

我看到过一个新闻。一个大妈把车停在消防通道口，挡住了去路，有人劝她开走，但这个女人说："我这个人，既不讲理，也不要脸，你能把我怎么样？"

这番话让人瞠目结舌，简直毁三观。

"自私腹黑的小人"往往就是这样的，他们不会讲常人所讲的理，更不会把"要脸"作为衡量自己行为的标准。

说实话，小人不要脸的程度是一个正常的人难以想象的，如果你要脸，他反而会嘲笑你。

这类黑化的典型弱势文化人格虽然有不能去触碰法律底线的意识，但却没有遵守社会道德底线的意识，而是不断地去突破社会的道德底线，这种做法也会将自己的命运导向歧途。

现实中，自私腹黑的小人可不会在脸上写着"自私腹黑的小人"这几个字，但是如果注意观察，你会发现不要脸的人其实挺多的，尤其是在大家都会"要脸"的时候，他选择了"不要脸"，这种人要小心，不能深交。

"不要脸"，意味着他不会遵守大家公认的"明规则"，只要能够达到自己的目的，他就可以放弃"明规则"，甚至放弃一个人基本的良知。

如果一个人拥有最精于计算的头脑，但始终无法克制欲望的纠缠，那么在欲望的深渊里，他注定将粉身碎骨。

分享两句话，与您共勉！

"所谓才智，君子用之则成名，小人用之则杀身。"

——憨山德清

"即使握有全世界最锋利的刀，如果你自己的心性存在缺陷，那么它也会成为自残的工具……"

——李嘉诚

阻碍成长的两种典型弱势文化人格

前两种黑化的弱势文化人格容易将命运导向歧途，下面的两种弱势文化人格虽然不至于将命运导向歧途，但会严重阻碍成长。

一、精致利己主义型

（一）精致利己主义型的外化特征

1. 精致利己主义型人格小聪明非常多。

2. 精致利己主义型人格有颗"算盘心"。

具有这类人格特质的人习惯性地用自己心中的那个"算盘"去衡量一切、计算一切，所有言行都基于这个"算盘"的计算结果，他信奉的只有自己"算盘"的理。

3. 精致利己主义型人格懂得包装自己的言行。

精致利己主义者尽管在本质上就是一个行走于人间的"算盘"，但是这类人格所谓的"精致"就在于懂得用一些手法来包装和掩饰自己那颗赤裸裸的"算盘心"。

这类人格常用的"手法"无非就是凡夫俗子们那套"攀缘附会"的小伎俩，或者人情世故里的"小把戏"，这种"小伎俩"、"小把戏"是这类人行走江湖多年得来的重要经验，而且很多人确实也很吃这一套。

可是，如果读过《道德经》中"失义而后礼"这句话，您就会知道，一个人内心深处往往是缺失了"义"这个东西的时候，他的外在才会表现出各种各样的"礼"数。换句话来说，拥有此类人格的人嘴中的任何一句"甜言蜜语"，或是"谦卑有礼"的样子并不是发自内心对你的高度认可和信任，而是一种手段，一种服务于自己"想利用你"的目的的手段。

4. 精致利己主义型人格目光短浅。

尽管爱算计，也精于算计，但精致利己主义者的一个通病就是目光短浅，无法看到更远的地方。

一个人很执迷于眼前利益的得失，他又怎么能做到眼光长远呢？

（二）精致利己主义人格的"个人文化系统"内涵

1. 趋利避害是他们唯一的生存哲学

趋利避害是人的本能，这本无可厚非，但是，这类人将趋利避害的本能释放到了极致，在任何问题上，他们只会用趋利避害的道理来指导自己的行为。

换个说法，在他们的为人处世"思想档案柜"中，只有趋利避害这一个道理可用。

这种心理的基底，究其本质，仍然是自私贪婪、唯利是图。

2. 视野狭隘，只在意眼前利益

正如前文所说，因为凡事考虑的都是趋利避害，都是眼前的得与失，那么，这类人格特征的人在其"个人文化系统"中，着眼未来、眼光要长远等类似的概念就不可能存在。

恰恰因为这个原因，这类人就算拥有聪明才智，也永远无法看到并且抓住人生逆袭的好机会。

凡事只会考虑眼前得与失的这个认知局限，注定了这类人永远无法突破自己。

3. 能遵守基本的社会道德底线

能遵守基本的社会道德底线，指的就是要大部分人都要的那个"脸"，"自私腹黑型"人格用"不要脸"的思维方式来为人处世，但"精致利己主义者"最起码还"要脸"。

一方面要自私贪婪、唯利是图；另一方面，还要脸，那怎么办，只好学会人情世故中那点"小伎俩"，来包装和掩饰自己赤裸裸的"自私贪婪、唯利是图"的那颗心，好让自己的"吃相"没那么难看。

（三）现实中的精致利己型人格

精致利己主义者在生活中比比皆是。

有"粥"分、有"肉"吃的时候第一个上，要结账、要担风险的时候也是第一个溜，满脑子的小聪明，凡事爱算计，不管遇上什么事情，脑袋里的那个"算盘"打得是噼里啪啦地响，但计算来计算去，无非就是计算眼前的那点得失小利，而且喜欢用各种言辞来掩饰和包装自己那一副副难看的"吃相"，活脱脱是一个精致的利己主义者。

二、善良老实型

（一）善良老实型人格的外化特征

1. 思想单纯、考虑他人

说善良，是因为这类人格的人思想比较单纯，自私心不重，很多时候愿意主动考虑他人利益，这一特点，在前三类人格中是没有的。

2. 思想保守、不愿求变

说老实，是因为这类人格特征的人很安分守己，愿意守着自己的"一亩三分地"踏踏实实过日子，不会去作恶，但思想保守，并没有太多突破求变的愿望。

3. 没有主见、喜欢认命

无论什么事，这类人始终都不是挑头的那个人，他们做得最多的都是听大家的意见，不会得罪人，然后跟着一起走，没有主见，喜欢随"大流"。

这类人为自己遭遇的失败、坎坷、挫折或磨难，找到的最多的一个合理化说辞就是：我就是这个命。

弱势文化群体喜欢抱怨和责怪他人，显然，这类人不会抱怨或责怪别人，这是不是意味着此类人格就不属于"弱势文化"呢？

此类人格仍然具有弱势文化的内核。遇到问题，这类人还是首先认为根子在自己身上，但是，他不管怎么责怪自己，就是从来不会去想怎么改变自己，怎么把自己变成一个"厉害的人"。

因为，在这类人的思维设置里，这就是他的命，他们从来没有想过去改自己的命。

（二）善良老实型人格的"个人文化系统"内涵

1. 凭良心做人做事

"善良"是一个社会和谐运转的必备条件，所以，我们大部分人，包括自己的父母，都被教育成了"善良的老实人"，在我们很多人的心底，都有一个质朴的价值观——凭良心做人做事。

凭良心做人做事，是大多数老百姓从小就被灌输的为人处世理念。在这种理念的影响下，大多数人呈现出了善良、做事考虑别人、热情等优秀的品质。

但是，"人善被人欺"，如果善良过了头，就会给自己招来恶果。如果你天真地认为所有人都是善良的，那是因为你还没有遇到所有人。

2. 安全感的"奴隶"

安全感是人类演化过程中形成的一种很重要的自我保护本能，这种本能可以让人有效地感知危险并躲避危险。

稳定也能带来安全感。贪恋"安全感"，是因为我们怕危险；贪恋"稳定感"，是因为我们怕风险。这是人性。

当我们变成安全感的"奴隶"时，就很容易形成常见的一些行为特征，比如：

老实听话、墨守成规、眼界狭窄、眼光短浅、抗拒变化等等，

这样的"个人文化系统"往往会让一个人无法看到事物发展的趋势，在很多重要决策上就会表现出保守，故步自封的样子。

（三）现实中的善良老实型人格

现实中，"善良的老实人"是大多数人中的大多数，老百姓嘴里常说的"好人"更多指的就是这类人。

凭良心做人做事，是这类人的生存哲学；老实听话，是这类人的行为特点；思想保守，眼界狭窄，看不到机会和趋势，是这类人认知局限。

"凭良心做人做事"是一个比金子还珍贵的价值观，但这类人格之所以还是属于"弱势文化"范畴，是因为他们会天真地以为这个世界的运转靠的是"良心"，这就不对了。很可惜，这个世界运转靠的不是"良心"，靠的是规律。

"天地不仁，以万物为刍狗；圣人不仁，以百姓为刍狗"，几千年前，老子已经把这个世界运行的最基本的规律和现实告诉我们了，那我们面对这个社会的时候，就不能再像以前那样天真幼稚。

"鸦片战争""八国联军侵华""日本侵华战争""南京大屠杀"……这么多屈辱且令人悲愤的历史，没有一段历史是因为中国人有"良心"就避免了的。

现实中，如果碰到一个特别欣赏你"良心"的"主"，你会过得很好；如果那个"主"视你的"良心"为毫无意义的东西，你就会活得很拧巴。

三、总结

"精致利己主义者"和"善良的老实人"，是大部分普通人的存在区间。

我们之所以说这两类人格容易阻碍成长，是因为具有这两类人格特质的人对某类欲望的过分执迷，限制了自身跨越式的发展，这种执迷是由其"个人文化系统"决定的。

精致利己主义者如果能破除对眼前利益的过分执迷，加上这类的聪明才智，一定会有大跨越的个人发展，命运一定也会被改变。

善良的老实人如果能破除对"安全感"、"稳定感"的过分执迷，加上他们的"善良、利他"精神，一定也会有一番大作为。

自古以来，儒释道三教的圣人们教化人的时候，都是以"破我执"为突破口。

但众生皆迷，只不过执迷的东西各有不同罢了，执迷不悟，就会缺智慧，剩下的只能是一点小聪明了。

第四章 深度解读强势文化

第一节 强势文化的精神内核

在本书第二章中，已对"强势文化"进行了简要解释，本章将继续深入解释，期望给您展示强势文化的"全貌"。

本章节着重介绍强势文化的精神内核，而强势文化独特的行为特点则通过典型强势文化人格在后续文章逐步展示。

一、什么是精神内核？

（一）回顾"个人文化系统"的三层次结构

我在第二章中谈及"个人文化系统"成型的标志的时候表达过一个观点：完整的"个人文化系统"有三个层次：精神层、行为层、形象层，当一个人的"个人文化系统"具备了这三个层次时，就标志着"个人文化系统"已经成型，此时才能称为一个完整的"系统"。如下图（见下页）：

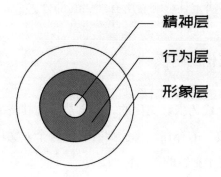

其中：

1. 形象层：形象层是个人文化系统的最表层，它能很直观地被感觉得到，也最容易发生变化。

2. 行为层：行为层不如形象层那么有形，尤其是思维行为、心理行为，但行为层仍然具有一定的稳定性。

3. 精神层：精神层是个人文化系统中最深层的那部分文化，具有相当强的稳定性，一旦形成就很难发生改变。

内层在决定外层，越往外层走，变化的可能性越大，越核心的东西（精神层）越稳定，或者说越不容易改变。

（二）精神"内核"

精神内核是精神层的本质，它塑造并影响着个体的精神世界（精神层）。将上图做一个改动，我们就会更明了。

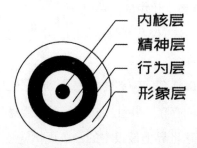

在上图中，我们可以看到内核层处在最中心的位置，它深藏于个人文化系统深处，让人不易察觉，但它是个人文化系统的本质，就像暗藏在种

子里的基因一样，决定且影响着所有外层的部分。

二、强势文化的内核

决定强势文化成为强势文化的，一定是因为具备了强势文化的精神内核，是这个"内核"的存在，才让拥有"强势个人文化系统"的人在做人做事的时候，呈现出独特的行为特点。

（一）内核1：内求

探讨弱势文化的时候曾经提及：弱势文化群体在面对问题、困难的时候，底层的本能意识是"向外求"。

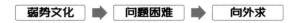

这是动物本能、也是人性，无关乎对错。

只不过当这种底层意识频频奏效的时候，它会固化成一个人的惯性思维。时间一长，"向外求"就会逐渐内化，并且固化为弱势文化的精神内核。

而强势文化群体在面对问题、困难时，脑子里蹦出的第一个想法不是"向外求"，而是"向内求"，也就是"自救"。

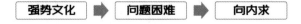

"向内求"，就是强势文化中的内核之一。

"内因决定外因"，这不仅是耳熟能详的一个哲学道理，而且也是重要的一条客观规律。

强势文化的人之所以遇到问题都会向内求，那是因为他们非常清楚"内因决定外因"这条规律的存在，并且用实际行动在遵循规律。

如果你接受并认可这世界上最根本的一条规律就是"内因决定外因"，那么"一切向内求"这样的底层意识会自然而然出现在你的脑袋里。

什么是内？什么是外？

自身以外皆为外，自身以内皆为内。

弱势文化群体在遇到问题、困难的时候，第一反应中都是从外界找借口，要么是别人有问题，要么是这个事情太难，要么是运气不好……总之一句话，不会从自身找原因。

喜欢抱怨是弱者的一种手段，潜意识里仍然盼望着依靠别人来帮他解决问题，而不是靠自己。

而强势文化群体在遇到问题、困难的时候，第一反应并不是将原因归咎于外界，而是会从自身找原因，并且通过改变自己去达成目的。

《孟子·离娄章句上·第四节》中有句话说得好，"行有不得者，皆反求诸己，其身正而天下归之。"意思是：凡是行为得不到预期的效果的时候，都应该反过来检查自己，从自身找原因，只有自身行为端正了，天下的人自然就会归服。

孔孟所称道的尧舜禹汤等古代的圣人，都是这样"行有不得，反求诸己"的楷模，强势文化不是现在才有，而是自古就有。

在强势文化人群的心智里——"一切问题的根源都在自己"——这个观念已经成为一种本能思考方式，实际上，这是"敢于自我批评"的一种积极意识习惯。

举个例子：

某个人在单位里不得志，或是晋升无望，或是收入不高，或是其他问题。

弱势文化群体面对此种问题或局面时，多半是抱怨。要么抱怨领导不给机会，要么是抱怨说晋升的都是领导的人，要么就是抱怨单位的薪资制度不合理……然后就"祈祷"要么领导变得开明，要么就是去抱大腿，期望领导多多关照、期望给自己多分一块肉吃。也许这些抱怨之辞反映的都是客观事实，但重点在于：这样的抱怨是无法改变客观事实的，我们周围的环境从来没有因为我们抱怨而改变。

真正的强势文化群体面对同样的问题或局面时，是不会这样想问题的。他们真的会从自己身上找原因，改变能改变的，接受能接受的。如果单位里的机制还算公平公正，他们多半会去努力提升自己，让自己的能力变强，以便获得更多的机会，这些人通常都是那种很努力向上的人，一般来说，这种人不会混得很差。如果单位里的机制极不公平，让人讨厌，那这帮人也会沉潜自己，努力提升自己，不断往自己身上添砖加瓦，然后在某一天突然跳槽到一家自己满意的单位。

总之，强势文化群体相信一个道理——"一切问题的根源都在自己。"但是，"向内求"并不意味着自责、自我否定，不要误解了。

（二）内核2：自胜

想要变强，仅仅学会选择"向内求"还不够，还得学会"自胜"。

"向内求"只是一个选择，选择"向内求"之后，自己战胜了自己，自己超越了自己，才是真强。

《道德经》中有句话："胜人者有力，自胜者强。"

对"强"这个概念的理解，《道德经》中的这句话可以说是一针见血，直击本质。

自胜，就是自己能战胜自己，自己能超越自己。

《易经》中有句话："天行健，君子以自强不息。"说的也是这个道理。

真正能称为强者的人，都能自己激励自己，自己赋能自己，永远向上。

如果画张图，会更清晰：

不断地战胜自己、超越自己，这个人就会变得越来越强。

而弱者只会像下图这样想问题，

在强势文化精神内核中，只有内求与自胜都具备，这种文化才能称之为强势文化。这两者缺一不可。

三、回归现实

当一个人的心智逐渐被强势文化填满，"等、靠、要"的思想就会消失得无影无踪。这个从弱变强的过程，是克服人性劣根性的过程，所以会很难、很痛苦。

真正很强的人，都有一种能力，他们都能在一般人无法忍受的情况中找到乐趣。不管是生活陷入困境，还是遭遇人生迷茫，甚至是遭受牢狱之灾……无论是哪种困境，真正很强的人总是能改善自己的困境，甚至还能把度过困境变成一场充满乐趣的奋斗之旅。

电影《肖申克的救赎》中的安迪是个绝佳的例子：

主人公安迪．杜弗伦是一家银行的副总裁，妻子出轨，后来被杀害，安迪蒙冤入狱，并被判处终身监禁。

他的遭遇实在是太悲惨，美好的人生就这样被毁了。

现实中，如果有人遭遇这一切，一定会心如死灰，彻底崩溃。

但安迪没有，他用自己的聪明智慧和强大的精神力量谋划了一个近20年的越狱计划，并最终成功出逃。

安迪的成功之处在于，他在极其悲惨的环境中能确保自己的精神世界没有垮塌，在极其恶劣的条件下仍然能用乐观和坚强武装自己，并迅速调整自己的心态恢复到平静理智。

在困难和威胁几乎会让一个人陷于瘫痪的时候，有些人总能从悲惨的客观环境中，迅速找到投注精神能量的新方向，然后围绕这个新方向去重建自我，不让自我迷失，直到重获新生。

而这些从悲惨苦难中走出来的人，必定是具备强势文化的人间强者。

但是，古往今来，没有一个人是天生就强的。

你会发现，最终让你变强的永远是那段生不如死的经历，在那段黑暗的时光里，眼睁睁地看着自己的精神世界被痛苦和磨难撕碎，然后又亲手将自己的伤痛一点点疗愈，人生一步步重组。

真正强大的人都有面对苦难的勇气，都有自我救赎的决心和勇气。

人心不死，道心不生。

如果有一天，一个人褪去了天真和幼稚，不再指望公平，不再相信眼泪，不再期望他人的道德施舍，那么这个人才算是真正成为强者。

那一刻起，他只相信一个道理——自己变强，才是正道。

"强者"之所以强，是因为有"弱者"的衬托。

在第三章中介绍了四种典型的弱势文化人格，从本章节开始介绍五种典型的强势文化人格。[①] 这五种人格相较于前四种弱势文化人格，出现了两个深层次的变化：

1. 思想层面有了凡事向内求的意识，并逐渐产生专属的个人文化系统；

2. 做人做事会遵循认知范围内的事物规律，不会妄自尊大，更不会暗自认命。

第二节　埋头奋斗型强势文化人格

无论任何职业，埋头奋斗型的人都是值得尊重的一群人，在他（她）们的心里，"靠自己"已经成为主要的意识观念，因此会呈现出努力、坚强的特点；但是他（她）们在遇到问题时，几乎都是靠消耗自己的体力、脑力、精力等宝贵资源的手段去解决问题的，换句话来说，他们所谓的"靠自己"实际上更多是在靠自己的"个人资源系统"，但是"个人资源系统"中的资源毕竟不是用之不竭的，未来限制这类人发展的因素不是"个人资源系统"中的有限资源，而是从未升级改造的"个人文化系统"，这是此类强势文化

---

① 典型人格源于现实又高于现实，在运用的时候切忌简单生硬地将他人或自己"对号入座"，分析自己或他人应该坚持"实事求是"的原则，不能太过于"教条主义"。

人格的最大局限。

一、人格特征

如果要用一个高度概括的标签来诠释这种人格的话，那就是埋头奋斗。

但是这个标签仍然用得很勉强，所以这类人的人格特征，还得细说一下：

（一）够勤奋、够努力

"勤奋和努力"是这种人格的底色，这是非常优秀的品质，这种品质充满了积极向上的力量，充满了阳光。

大部分普通人想要实现的人生目标，仅仅依靠足够勤奋、足够努力就可以实现，到不了需要动用个人天赋的地步。

换句话来说，这个社会中仅靠勤奋就可以超越"小环境"中的大部分人。

（二）有主见、能思考

因为有"勤奋和努力"作为基础，所以这类人在确定目标后，往往会表现出十足的韧劲，不会轻易改变。

不会人云亦云，这是一个人有主见，能思考的表现。

（三）认死理，不灵活

这类人所有的自信都是源自过去成功的奋斗经历，所以对从过去的经历中总结出的所有"道理"深信不疑，他们的所有认知几乎都来自自己的过往经验，但从经验中提炼的认知大多是片面的，遇到某种新局面可能就不适应了。

如果太过于坚持自己认的那个"死理"，人的思维就会变得僵化，而僵化的思维会让人难以看到新的机会和趋势，就无法让自己的人生"更上一层楼"。

二、个人文化系统内涵

在这类人格的个人文化系统里，有一些根深蒂固的思维和观念，我们深入剖析：

（一）坚信"努力就会有回报"

"努力就会有回报"，这是很多人从小就被灌输的一种人生观和价值观，这也是社会运行或个体崛起需要遵循的一个朴素的规律，因为它符合世间因果律。

埋头奋斗的人信奉的就是"努力就会有回报"这个朴素的人间道理，这是"强势文化"抬头的一个重要标志——遵循规律去做事；而弱势文化群体总想着依靠别人来替自己实现自己的愿望。遵循规律是这类人格强于弱势文化人格的一个关键原因。

遵循"努力就会有回报"这条朴素的规律去做事，就意味着这个人脑中祛除了"等、靠、要"的意识，只有这样，人性中的自强自立意识才会占据主导地位，人才会开始真正意义上的"自强"。

"努力就会有回报"，这个观念是没错的，但是，埋头奋斗的人并不知道努力其实还有多层境界，更忽视了另一个道理——"选择大于努力"。

（二）缺乏离开"舒适区"的勇气

埋头奋斗的人对自己奋斗得来的果实是非常珍惜的，因为来之不易，所以害怕失去。

害怕失去的心理，就容易导致对"风险"的惧怕和对"新机遇"的排斥，正因为这种人格心理，所以埋头奋斗的人会表现得特别"安分守己"，表面上，这是一个人对自己的能力有清楚的边界认识，实际上，这是为自己不愿意离开那个"舒适区"找到的一个合理化借口。

这点是阻碍具有这类人格的人继续向上跃迁的重要原因。

（三）一辈子只干自己会的事情

这话初听起来没毛病，但仔细想想会发现这种观念背后有一个深层次观念——我不想改变，也改变不了，所以才会"一辈子只干自己会的事情"。

这是典型的固定性思维方式，拥有这种思维方式的人通常认为自己的素质和能力是不能改变的，所以这类人会在自己熟悉的领域里持续努力，以便能在熟悉的领域内得到更大的成就。[1]

"一辈子只干自己会的事情"，是固定性思维的人脑中根深蒂固的观念，这个观念在人走到一定阶段后就会阻碍成长和发展。

"固定性思维"这类人的心理规律，著名社会心理学家罗伯特·B.西奥迪尼也曾经在他的著作《影响力》中揭示过，只不过表达方式不同，他称之为"承诺和一致"原理，如果您有兴趣，可以自行去阅读，在此，就不赘述了。

"一辈子只干自己会的事情"——这种观念的存在，会让大脑选择性地忽视自己陌生的新信息、新机遇，进而局限自己的认知和判断，让自己始终无法突破自己的已有认知。

当然，也因为这点，认知无法突破，就更无法真正意义上改变自己的命运。

三、现实中的个人文化系统

"天道酬勤"这个朴素的道理，在人间任何一个角落都适用。

勤或能，你总得占一样，否则，这个世界的美好与你没什么关系。

当我们在小的时候被父母教育，或者我们身为父母在教育自己的孩子时，虽然不会说出"天道酬勤"这样文绉绉的话，但具有相同理念的话倒是常说的，例如前文提到的——"努力总是会有回报的"，或是"先吃苦后

---

[1] [美]卡罗尔·德韦克：《终身成长：重新定义成功的思维模式》，江西人民出版社2017年版。

享福"等等。

这样质朴的人生理念，为我们每一个普通人在不断奋斗的时候，提供了源源不断的精神力量，它让我们每一个普通人都看到了更好的自己。

正如《风雨哈佛路》这部电影中讲述的故事一样，出生在贫民窟的女孩莉斯（Liz），经历了人生的艰辛和磨难，顽强奋斗，凭借自己的努力，最终走进了哈佛大学。

可以说，女孩莉斯获得的成就代表了我们大多数善良的普通人可以通过努力达到的高度，但是，不得不承认的是，这类人格认知的局限性我们很多人也有，这个局限性就是前文提到的"固定性思维"，这种思维会让我们形成许多保守封闭的观念，而这些观念就像我们思维里的一道道"墙"，严重阻碍着我们的发展。

身体勤奋或思想勤奋，总得占一样，但要想真正改变命运，两样都得有。勤奋不仅意味着要舍得付出自己的体力或脑力来换取报酬，更意味着要去不断学习，提升自我认知水平。一旦思维受限，个人发展局面也就僵化了。

大部分职场人士、个体工商业从业者、自由职业者等，都是社会中"勤奋努力"人群的代表，但是，如果这类人不懂识别机会，不懂提升认知水平，只在"用劳动换报酬"这个层面上打转，就算增加再多的"劳动技能"，仍然是无法实现跨越式发展的。

要想改变命运，不仅要埋头奋斗，更要学会抬头思考。

第三节　觉醒成长型强势文化人格

如果说一个人蒙昧无知的状态犹如在梦境中，那么觉醒成长型强势文化人格就属于从梦中醒来的那类人格。

当一个人从"梦中"醒来时，才会发现曾经的自己有多么无知，才会逐渐看清社会的真相，人生从此刻开始才能加速成长，所以"人的一生总应有个觉悟时期（当然也有人终生不悟）。但这个觉悟时期的早晚，对我们的一生将起决定性的作用。"[1]

一、人格特征

当一个人进入"觉醒成长"的状态后，会呈现出如下特有的人格特征，一起来看。

（一）懂事

一个人能称得上"懂事"，意味着做到了两点：明事理和懂分寸。

懂事的人，说话办事特别讲"理"，不管讲的是法理、情理还是事情的理，唯独不会执着于讲自己脾气和性格的"理"。

懂事的人，说话办事特别有分寸，这种分寸是由"敬畏感和清醒感"共同带来的。

有敬畏感是因为这类人特别清楚地知道"天外有天，人外有人"这个道理，当面对一个人的时候，特别清楚对方比自己高多少，而不会让无知带来的傲慢遮蔽了自己的眼睛。

有清醒感是因为清醒地知道自己是谁，知道自己到底几斤几两。知道什么时候该说什么话，什么时候该闭嘴；知道什么时候该消失，什么时候该出现……

有这两方面的清醒认知就会让一个人说话办事特别有分寸。

说实话，如果按照这个标准衡量，社会上不懂事的人就太多了。

（二）老到

人这一辈子，谁也避不开和人打交道。

但能在和人打交道的时候，既明白人情世故的那点道理和规矩，而且

---

① 路遥：《平凡的世界》（全三部），人民文学出版社2005年版。

还能做到滴水不漏，不显山不露水地让人舒服，就很难了。

比如人情往来，假如张三和李四是好友，张三发现一种水果挺好吃，就顺手多买一箱送给李四，结果没过多久李四就给张三回送了一箱一模一样的水果。张三每次送东西给李四，李四总会找机会还回来。我们必须承认李四是懂得人情世故中"礼尚往来"的这个道理和规矩的，但是如此"刻意"地"礼尚往来"除了会让张三感觉如鲠在喉、别扭难受之外，没有别的好处了。甚至，这两位好友可能会因此越走越远。

（三）有知识，有能力

有知识，有能力并不是指一个人的学历高低。学历再高，也不能说明一个人就是真正意义上的有知识，更不能说明这个人就是有能力的。

真正的知识不是用来找一份工作的那点专业知识，而是用来升级自己心智模式那个底层操作系统的知识，"有道无术，术尚可求，有术无道，止于术"，大部分人一辈子只知道学"术"这个层面的知识，认知也就停滞无法提升了。

就像一部手机性能的好坏，更关键的是操作系统在决定，而不是安装了多少五花八门的 APP，或是存储了多少信息。

同样的道理，对于每个人来说，最优先的是学习升级心智模式运行的底层"操作系统"所需要的知识，其次才是学习各种"术"层面的知识。

在一个落后的心智模式里，即使你增加再多的知识量，也只是低水平的重复。

觉醒成长型的人特别清楚这个道理，所以他们渴求一切能够让他们真正成长的知识。

（四）有脑子

有脑子，其实就是会思考，善于思考。

一个人是否善于思考，体现在看待事物的角度是否比别人全面、思考的深度是否比别人更深，也体现在获取信息和解读信息的能力上。

1978 年的《超人》电影，其中著名反派莱克斯·卢瑟有一句令人印象深刻的台词："有些人读过《战争与和平》，只认为这是一个单纯的冒险故事，而有的人读了口香糖包装上的原料清单就能解锁宇宙的秘密。"

话说得很夸张，但事实就是这样：善于思考的人，很容易洞悉事物的本质。

现实中，太多人"有脑袋但没脑子"，做什么事情都不会过脑，还美其名曰："我是一个简单、随性的人"，"用脑做事"和"简单随性"是两码事，不能混为一谈。

如果有脑子但不用，那它除了增加一个人的身高外，还有什么用？

二、个人文化系统的内涵

觉醒成长型强势文化人格的内在特质，字面意思看起来极其简单，但听得懂不代表就能悟到，更不代表能做到。因为你得确保自己是处在"觉醒"状态里。

（一）能意识到自己的无知

无知的人永远不知道自己是无知的，而无知带来的傲慢，恰恰是形成谦逊心态的最大障碍。

"意识到自己无知"，本身就是极其困难的事情。

就像一个人如果不从梦中醒来，他又怎么知道自己在做梦？

除非有人去点醒。

有人点醒，认知才有觉醒的可能。

任正非说："最大的运气，不是得了大奖，不是捡到了钱。最大的运气是你碰到一个人，能提高你的思维，把你提升到一个更高的平台。"

什么是贵人？生命中的贵人就是能够改变你认知的人。

但是，很多无知的人，在面对"贵人"指点时，仍然傲慢，仍然无视，这其实是人生最不幸的事。

我常说有四种事不能做，就是"雕朽木，扶烂泥、烫死猪、翻咸鱼。"

朋友说这不是一回事吗？

对，就是一回事。

有些人，你是救不了的，救也是白救，能扶上墙的烂泥肯定不是烂泥，如果是烂泥，迟早还会掉下来。

如果您有幸遇到高人指点，听话照做就好，这是唯一法门。

（二）习惯深度思考

善于深度思考的人，很容易洞悉事物的本质，能迅速地找到问题根源，而不擅长思考的人，大多疲于奔命却事倍功半。

有深度思考能力的人总是能够从平凡无奇的细节里探寻到宝贵的信息。在现实中，有人能从别人一句不经意的话语中分析出对方真正的意图；有人能从客人的下意识反应中嗅到商机；也有人能从事物变化的蛛丝马迹中看出风险及时抽身。

例如电视剧《潜伏》中的余则成仅仅通过司机车上的饭盒就分析出党内叛徒的藏身之地，尽管是文学作品中的人物，但是这样的例子确实能让我们感受到有"深度思考"能力的人是多么强大。

（三）积极拥抱机遇和挑战

李白在《上李邕》中写道："大鹏一日同风起，扶摇直上九万里"，就算你是一只大鹏鸟，想飞上九万里高空，也得有风的加持，这里的"风"就是机会、机遇。具有觉醒成长型人格的人极度渴望成长，所以会格外珍惜每一次机遇和挑战。

具有觉醒成长型人格的人深知勤奋努力的重要性，但更懂得时运、机遇的重要性。机遇没到，沉潜等待，提升自己；机遇一到，紧紧抓住、一飞冲天。

一个人如果能有一份坚韧与耐心去韬光养晦，有一份敏锐与果敢去抓住机会，仅凭这两点，就可以超越绝大多数人。

三、现实中的觉醒成长型人格

成功的确要努力奋斗，但是努力对成功的影响并不如我们想的那么大，努力也是有境界的，埋头奋斗型人格的人努力境界在"勤奋吃苦"，而觉醒成长型人格的人努力境界在于"识别机会"。

"个人文化系统"是有高低层次的，一个人的认知水平会因"个人文化系统"不同而产生高低差异，认知可以自上而下穿透，就是上面的人可以洞察下面的人，但不能自下而上穿透，下一层的人总是搞不清、看不懂上一层的人在玩什么把戏。如果您已处在这个层次，就无需在意他人是否能理解你的所作所为，因为极有可能他们的认知水平低于你太多。

现实中，大多数普通人如果到了这个层次，其实已经是很厉害了，相比前几个层次的人，他们能在更大程度上去把握自己的命运。

第四节　清醒通透型强势文化人格

如果说觉醒成长型强势文化人格是一个初入社会的青涩"年轻人"，那么清醒通透型强势文化人格就是一个有着丰富阅历的成熟"中年人"。

什么是清醒通透？

就是永远在人性之上思考，永远在规律之下做事。

这是一个人实现阶层真正飞跃需要的两个重要心法。

一、人格特征

清醒通透型强势文化人格的整体特征可以用"社会精英"这个标签来形容。社会精英普遍都比普通人表现得更为优秀，不仅仅因为他们有财富、有权力，有学识，有地位，而更多是因为这些人内在的一些特质，我来分析一下：

（一）情商高

高情商，不能简单地理解为"会说话、会办事"而已，"会说话、会办事"只是"高情商"的一个结果。

高情商是能迅速地穿透自己和他人"言行、情绪"这样的表面现象，直接抓到导致自己和他人"言行、情绪"产生的"根源"，然后在"根源"上做文章，不仅能迅速地解决问题，并且能让自己迅速"脱困"，还能让别人极其舒服。

举个我生活中遇到的例子：

有一天，我打车去火车站，因为时间比较紧，上车就催促司机师傅开快一点，这个师傅并没有接我的话，而是反问我："你几点的火车？"

司机了解了我乘坐的车次时间后跟我说，"不用着急，一定会准时把你送到。"

我心安了，没再催促。

这个司机师傅在我眼里就是个聪明人，他没有停留在我说的"开快一点"这句话上想问题，而是了解到我的真实需求是——"准时到，不要误车"。

这种人，让别人让自己都舒服。

情商高的人，在人际交往中总能占据主导地位。

（二）做事稳重

这类人说话做事极其稳重，讲话有分寸，做事有分寸，不轻易发表过激言论，也不会做出轻率的决定。

（三）善于倾听

这类人通常善于倾听他人的意见和建议，不会一意孤行，也不会固执己见，能够开放心态听取各种声音，做出更好的决策。

善于倾听不仅是个好习惯，更是一种境界。

要做到这点，得先放下自身"无知带来的傲慢"，这点在分析觉醒成长型人格的时候已经提到。

谦虚的心态才能养成"善于倾听"的好习惯，不知道就是不知道，有时候虚心请教，耐心倾听是为了做出更好的决策。

（四）洞察力强

在观察现象、看问题的时候，清醒通透型的人会比普通人深刻许多，全面许多，这是由这类人具有的强大洞察力决定的，也就是"眼力"。

换句话来说，他们比一般人更容易"透过现象看到本质"。

洞察力强的人，往往能够先知先觉；

洞察力弱的人，往往是后知后觉；

洞察力几乎没有的人，那就是不知不觉了。

在自然界，最容易被捕杀的就是后两种动物。

在社会中，最容易被淘汰的就是后两种人。

二、个人文化系统内涵

清醒通透型的人最能把这个社会看明白，最能把人性看明白。

为什么他们在做人做事的时候会和普通人有那么多的不同？

说到根子上，就是因为这些人脑子里那套思考问题、解决问题的底层"代码"和普通人不一样。

您可以换种方式理解这句话，他们信奉的规律跟普通人信奉的规律不一样。

他们信奉两种规律：人性的规律和社会真实运行的规律。

表现在两方面：

蜕变：个人成长人生哲学

（一）永远在人性之上思考问题

中西方都有自成体系的人性学说。

但人性学说太宏大，没法在这篇文章里聊清楚，我们只探讨"清醒通透"的人是怎么考虑问题的。

"清醒通透"的人信奉并遵守人性的规律，所以永远都是在人性之上思考问题。

意思是，凡事不会从自己和他人的主观意识、情绪变化、个人喜好角度出发去考虑问题，不会停留在一个人表面的"说了什么、做了什么"去思考问题，而是会超越一个人"说了什么、做了什么"的层面，从更深处去洞察对方的意图和本意。

这个过程要求做到两点：

1. 不着对方"言行"和"情绪"的相；

2. 基于人性去深入思考和推理。

做到这两点非常困难，需要长期训练。

（二）永远在规律之下做事

"清醒通透"的人早已看清社会运行的规律，早已脱离了只是埋头做事的层次，他们做什么不做什么，完全取决于社会运行的这个规律需要他们做什么，不需要他们做什么。

在本书第一章中，我写过下面的一段话：

通常情况下，在人的世界里有三种规则：

1. 明规则：人为制定的法律、政策、规章制度和要求等；

2. 暗规则：人们口头约定或是心照不宣的一些行为准则或规矩；

3. 天规则：天规则，你也可以理解为"天道"，这是万事万物遵循的各种内在客观规律的总称。

我们的世界是由自然与社会组成的。人不仅活在自然中，更重要的是活在社会中，而一个社会是由明规则和暗规则交替支配的，大部分时候，我们学到的都是明规则，而真正支配社会运行的是暗规则，暗规则没人教，只能靠我们自己去探索。

很多人尽管一把年纪了，为什么还会表现得比较"天真幼稚"？那是因为他只知道明规则的存在，而且以为社会仅仅依靠明规则在运行。

一个人要想活得清醒点、通透些，必须多学习和掌握支配社会运行的暗规则。

所以，最重要的学习不仅仅是要掌握一些基础知识，而是要更多了解、学习和掌握那些支配社会运行的暗规则。

人与人之间最大的差异不在于名、权、利的多寡，而在于对这个世界和社会真相的认识。

"清醒通透"的人在面对问题的时候，往往不动声色，这种淡定不是装出来的，而是识破这种真实的社会运转逻辑后的必然需求。

越是清醒通透的人就越精通这个原理，而越是精通这个原理的人，他就越能通过这个原理配合其他合法、合理的手段来获取社会资源。

为了把"在人性之上思考，在规律之下做事"这句话说清楚、讲明白，我来举一些例子：

例1：《教父》中新生代"教父"——麦克

麦克在逃亡过程中，看上一个姑娘并想要娶她为妻。麦克只对姑娘的父亲说了两句话，就凭这两句话立刻"搞定"上一秒还暴跳如雷，万分愤怒的父亲。

这句话是这么说的："如果他们知道我在这，你的女儿就会失去父亲，而不是得到一个丈夫。"

"清醒通透"的人永远不会用个人主观意识和情绪主导事情的走向，而总是在人性之上思考，规律之下做事。

例2：《肖申克救赎》中安迪的申诉与脱逃之路

安迪蒙冤入狱，绝望之后变得清醒，开始用监狱长和看管警察的人性做"垫脚石"，用社会运行的隐性规则来"导航"，用社会运行的显性规则来做"护身袈裟"，最终逃出黑暗，重回光明。

这样的"清醒"、"淡定"和"不动声色"，是识破人性和真实的社会运转逻辑后的必然需求。

（三）役志于富贵功名

立场决定着意识和观念。一个人的社会位置决定了他会关注什么，也决定了他的心理，更决定了他个人文化系统的局限在哪里。

尽管清醒通透型的人格有强大的社会认知能力，玩转人间规则得心应手，但是他们驾驭自己的能力并不强，所以常常陷入"役志于富贵功名、驰情于酒色财气"的漩涡里无法自拔。

说得再通俗点，尘世欲望驾驭了他们。

《道德经》中有句话："不争，故无尤。"

执迷于追逐功名利禄，本质就是在与人相"争"，只要有"争"，就一定会有弱点，就一定会带来风险，这就是这类强势文化人格的最大局限。

记住这句话：所有阻碍你向上的阻力，都来自于你执迷的东西。

三、总结

"清醒通透"，意味着真正看清了社会和人是怎么回事。

社会运行的真相和人性的真实面目，之前说到的几种典型人格的人根本无法看清，所以会表现得比较天真幼稚，但是，这类人格的人信奉且遵守的基本价值规律，恰恰是社会运行的真相和人性的真实面目，所以，拥有这层"文化属性"的人，一般都会比别人活得清醒、理智、通透，不再天真幼稚。

一方面，他们深谙人性，永远都在人性之上思考问题。这种人城府极深，你看不懂他，他却能一眼看穿你。

和这种人打交道，他能迅速"拿捏"你，而且还会让你感到很舒服，不知不觉，你就会变成一个很"听话"的人，而且还乐意和他交往，为什么会这样？

很简单，他"拿捏"的不是你这个人本身，而是你身上的"人性"，他在和你的"人性"对话。

另一方面，他们永远都在规律之下解决问题，这个地方的规律指的就是支配社会运行的真实规律。

所以这类人总能"云淡风轻"地办成大部分普通人办不了的事情，就像电影《教父》里的老教父和小教父一样。

一般情况下，拥有这类强势文化人格的人，只要他愿意去追求，基本上都能做到一个社会中的顶层人物，这个层面就是我们常说的精英阶层，而一个社会中的明规则往往就是精英阶层制定的。

四、现实中

每个人在理论上都有可能会变得"清醒而通透"。

但大部分人无法做到，是因为太容易"着各种各样的相"，让自己执迷不悟，看不清人性，看不清规律，智慧的光芒当然显现不出来。

就好像一个灯泡本身是亮的，但如果用东西把这个灯泡捂得严严实实的，你的世界一下子就黑了，就什么也看不到了。

无论是财富、文化还是权力，这类人都处在社会结构的顶端，但是他们的认知、能力、财富以及权力等资源都很难再有跨越式的变化，是因为有更高级的因素在限制。

第五节　开悟型强势文化人格

当一个人开悟后，就会停止追求常人所追求的一切，准确地说，是放弃对"名权情利"等世俗欲望的追求。

蜕变：个人成长人生哲学

与清醒通透型人格相比，开悟型人格已经不再沉迷于追逐财富、名誉、物质享受等凡人世俗之物，而是开始寻求内心的"清净自在"。

如果说"清醒通透"的人是从"飞机"视角俯瞰社会的话，那么"开悟"的人就是从"空间站"视角在俯瞰世界，这是一种精神层面的"豁然开朗"，这比"清醒通透"的层面高级太多。

一、人格特征

这样的人平常难遇；就算遇到，一般也看不出他是这类人格。

一般来说，拥有这类人格的人，早就已经脱离了低层次欲望的束缚，精神世界复杂又深刻，心里非常清楚人间正道是什么，但严酷的现实使得他们对世俗红尘有深深的蔑视感与无奈感，所以，大多开悟的人最后都会选择各种各样的方式"隐"起来，要么"小隐隐于林"，要么"大隐隐于市"。

"隐者"从某个角度来说，其实是"欲洁其身"的个人主义者，又从某种意义上来说，他们还是败北主义者，因为他们认为这个世界太肮脏、太腐坏，已经无可救药。

"隐者"的一种极端情况就是，"隐"到最后，发现仍然无法避免与世界接触，仍然无法获得终极意义上的"解脱"时，就会通过结束生命来彻底地与这个世界告别。

就像天才少年林嘉文，16岁就出版了史学著作《当道家统治中国》，但18岁那年，他却在高考前跳楼自杀。

老子在《道德经》第十八章中说："大道废，有仁义；智慧出，有大伪。六亲不和，有孝慈；国家昏乱，有忠臣。"

老子他老人家把这个社会看得明明白白的，但仍然无法改变这个社会，最终也只能无奈地选择隐去。

二、个人文化系统内涵

在个人文化系统内涵这个部分，我从"欲望层次"和"思维模式"两方面去分析这类人格。

（一）欲望层次

一个人的欲望层次，在很大程度上决定了他的个人文化系统的层次。被各种低层次欲望裹挟，人会变得蒙昧，超脱了低层次欲望，人心才会"清净"，蒙昧生愚笨，清净生智慧。

1.蒙昧生愚笨

"财色名食，声名货利"，这些东西是愚笨蒙昧之人追求的虚妄之物，使得世界变得繁华嘈杂，让人们无法感受内心深处的"清净"。

对于开悟型人格的人而言，他们追求的是内心深处的"清净"，这种"清净"需要放下那些凡人难以割舍的物质欲望。

如果把人的一生比作一场虚拟现实游戏，那么"财色名食，声名货利"就是游戏中设置的种种奖励，它不断地诱惑你继续玩下去，让你沉迷游戏中无法自拔，直至生命终结。

在游戏中，人们体验到的情绪丰富多彩，时而欢呼雀跃，时而愤怒咆哮，时而懊恼萎靡，时而斗志昂扬，这一切，仿佛就像我们人生的缩影。

游戏中的得失、快乐、痛苦，就像我们人生中的得失、快乐、痛苦一样，但是我们却无法像游戏外的人一样看待自己人生中的得失和痛苦，只因为我们已身处其中。

如果将人的身体比作一座城堡，眼、耳、鼻、舌、身就是五个城门，城门分别都有人在守卫。

这个世界的真相就是：永远有人在不断地利用 "财色名食，声明货利"这些能满足你的欲望的东西，去"贿赂"那几位守卫你眼、耳、鼻、舌、身大门的官员，以便可以快速进入你的"城堡"，去"绑架"你的"国王（真性）"，让"你"彻底失去控制自我的能力，彻底失去了"真我"，那个时候，你就不是"你"了，而是沦为欲望的奴隶，这是很可悲的。

更可悲的是，大部分人的五个"城门"根本无"人"守卫，可以进出自由。

能让你"爽"的东西也一定会"毁"了你。

《道德经》中也说过这个道理——"五色令人目盲，五音令人耳聋，五味令人口爽……圣人为腹不为目，故去彼取此。"

"天下熙熙，皆为利来；天下攘攘，皆为利往。"天底下的芸芸众生来来往往，其实都是为了自己的利益奔波忙碌，其实，我们每天看到的这么多人，大多是被欲望控制了的"机器人"。

但大部分人把欲望当成了自己，这个状态叫迷昧。

迷昧只能生出愚笨，无法生出智慧。

2. 清净生智慧

一个人的心怎么才能得到"清净"？

首先得破迷，破迷才有可能开悟，开悟后才能生智慧。

破迷功夫分两步：第一，不"着相"；第二，不停留。

——"不着相"是什么意思？

《金刚经》里说，"凡所有相，皆是虚妄"。

意思是，世间万事万物都是"相"，而"相"是不停在变化的，是虚妄的东西。

开悟的人对这句话理解是特别深的，所以，他们一般不会轻易"着相"，但他们可以让别人"着相"。

"着相"的坏处太多，一是容易生烦恼，二是看不到本质。

比方说，你喜欢一个杯子，这个杯子就是个"相"，杯子碎了，烦恼就来了，你的悲喜是因为"着相"导致的。

再举个例子：马斯克被人问，你这么有钱，为什么不买块手表戴呢？

他愣了一下之后笑着说：手机会告诉我时间，不需要手表。

手表是"相"，本质是呈现时间，马斯克还是很清醒，习惯性看本质，不"着相"。

好多事情不要"着相"，否则你就会"迷"在这个"相"上，看人看事看问题的时候一旦"着相"，当下就会失去看清事物的本质的能力。

——"不停留"是什么意思？

看过一个段子，可以解释什么叫"不停留"。

有两个老头，坐在公园里，看着来来往往的人，这时有个美女走来，老头 A 一直盯着看，直到美女走远。

老头 B 就说，"这把年纪了，还这么色，为老不尊。"

老头 A 说："美女是风景，有什么不能看的，我只是看看，入了眼养了眼，但没有入脑入心，心里又没起什么邪念。"

美女走远了，老头 A 的心没有停留（着）在"美女"（相）上。

《金刚经》里有一句话："应无所住，而生其心"，说的也是这个道理。

不停留在事物表面的"相"上，才能生出一颗"心"，这个"心"是什么心？用佛法原理来说，这颗"心"就是一个人的"真性"，"真性"显现，人才会有智慧。

这里不是劝你像个"出家人"那样去修行，而是劝你凡事不要太"着欲望的相"，劝你时刻警惕不要被欲望控制了你的思维和观念，不要沦为欲望的奴隶。

现实中，一个人从真正顿悟的那刻起，会立刻停止追求任何凡人追求的东西，因为在他的认知里，那些东西全是浮云。

但这并不代表开悟型人格是一个没有欲望的人格，只不过他们不会被肤浅的低级欲望裹挟，换句话来说，开悟型人格的欲望层次比一般人高太多，普通人理解不了而已。

就像网络上一句经典的话：低级的欲望靠释放就可以满足，而高级的欲望需要克制自己才能满足。

开悟型人格的人做什么不做什么，要什么不要什么，完全取决于外界环境需要他怎么做，而不取决于自己想不想，愿意不愿意。

如果有一天，你能真的把人生当作一场游戏来看待，以"游戏"之外的心态去玩"游戏"，那么对于深陷"游戏"中的无法自拔的人而言，你拥有的智慧就是他们无法企及的，实际上，从那一刻起，你就是开悟了的人。

（二）思维模式

高手讲思维，低手谈套路。开悟型人格的思维模式往往是超越常人的。

我在这里说到的思维并不仅仅指"术"层面的思维模式，更多是指一个人的宇宙观、世界观层面的思维模式，这个层面的思维模式实际上是由这个人的意识高度和格局视野决定的。就好像站在地上的人永远无法想象飞在空中的无人机看到的风景是怎样的，意识高度不同，格局视野不同，思维模式自然会有天壤之别。

比如，我们从小就被教育要"明辨是非与对错"，这听起来一点问题都没有，其实问题大了。因为这会让我们从小就天然地落入"二选一"的思维陷阱里。

看到一部电视剧里的人物，总会问这人是好人还是坏人？

看到有人打架，自然地会去想谁对谁错？

是好人还是坏人，谁对了，谁错了，哪有那么容易判断呢？

在一个真实的世界里，不是只有是非、对错、好坏、黑白等这样两种状态的。

仔细想想：

是非之间没有"不是不非"的状态吗？

对错之间没有"对错难论"的状态吗？

好坏之间没有"不好不坏"的状态吗？

黑白之间没有"不黑不白"的状态吗？

如果凡事都以"是与非"、"对与错"、"好与坏"、"黑与白"……等二元对立的思维来评判，那么我们势必会深陷"二元对立"的思维无法自拔，思维就会变得越来越狭窄。我们生存的世界不是一个二元对立的世界，而是一个多元融合的世界。

在《罗生门》这部电影中，每一个目击者描述的凶杀案的"真相"虽然完全不同，但每个人的描述都能做到证据充分且逻辑自洽，可是凶杀案的真相却始终无法得知。常人的思维里会天然、自发地想从这些人的描述中选择一个自己认为合理可信的解释，并且把它当作真相来看待。但越是这样，我们就越不容易看到真相。

如果把我们脑中低级的思维模式归咎于教育的错，那也不客观，甚至有点"冤枉"了教育。为什么这么说？很简单，因为这个错本质上是因为我们是人导致的，按照佛法里的说法，就是每个人都有严重的"我执"。

"我执"的存在，会让每个人几乎近于本能地以自己主观的视角来衡量判断外部的一切事物。

比如说，某个人是漂亮还是丑陋，是你自己主观的判断，只要是主观判断，一定带有你自己的偏见。你眼中的漂亮好看，也许在另一个人的眼里属于"一般般"的水平；

但是，开悟型人格基本把"我执"破除得差不多了，看人看问题不再只从自己主观角度看，而是拔高自己去俯瞰人和问题。这类人的脑袋里可以至少装入两种完全相反的意识形态或价值观，常人无法忍受这点，会崩溃的。

思维升级的问题，在后续文章中会进一步深入介绍，在此仅简要介绍，让您对开悟型人格有一些直观的认识。

三、总结

每个人拥有的境界和各种思维方式，共同作用就会形成一个人对这个世界的"解释系统"，所谓英明的决策、卓越的战略，实际上就是一个人基于自己的高级"解释系统"对外界做出的解释以及选择，我们常说某人愚笨、糊涂，其实就是这个人的解释系统差、水平低。

开悟型人格高就高在他们有一颗"不染外境"的"清净心"，这种境界普通人确实很难达到，但也正因为这样，他才能比别人看得更远，更透彻。就像王安石在《登飞来峰》中所写："不畏浮云遮望眼，自缘身在最高层。"一个人的思想境界越高，"透过现象看本质"的能力才会越强。

戒了常人戒不了的东西，人心才能"定"住，人心"定"住，真我才能当家作主，人才能拥有真正的智慧。

智慧不是靠学习增长得来，智慧靠悟，是你到了那个"位置"，自然就会有的东西。

佛法是哲学，佛教是宗教。

我这个人不信佛，不求佛，也不拜佛，这篇文章里多次引用佛法原理，只是为了解释一些道理。

但如果从佛法的标准来评判开悟型人格，他们还不算真正的开悟。他们虽然比常人更能看清楚这个世界，但无法真正融入这个世界，种种言行表现得与这个世界格格不入，只能像个"离家出走的孩子"那样"隐"到一个"无人"的角落里。

但如果从普通人仰望的视角，这类人显然已经是开悟的人。

开悟型人格的局限在于无法彻底做到带着"佛心"出世，更无法做到带着"童心"入世，究其根源，是因为仍有"我执"残留，"分别心"在作怪。就像本文在前面说的：他们对世俗红尘有深深的蔑视感与无奈感。

第六节　逍遥自由型强势文化人格

如果你能拥有上帝视角，就会发现这个世界的美好与肮脏是共存的，这是世界的真相，我们无法左右。

看清了真相却无法融入真相，开悟型人格受困于其中；而在看清真相后依然能够勇敢融入真相，就只有逍遥自由型人格才能做到。

强势文化"向内求"到极致，会选择以"微笑"的姿态与这个世界"和解"，"微笑着和解"并不是妥协之后的和平共处，而是超越其上，不在其中纠缠的顶级姿态。

"至人之用心若镜，不将不迎，应而不藏，故能胜物而不伤。"[①] 这就是我说的"顶级姿态"的极佳诠释。

人生就是一场"游戏"，既能带着"佛心"出世，又能带着"童心"入世，这就是逍遥自由。

一、人格特征

如果说开悟型人格是因为复杂又深刻不被人理解，那逍遥自由型人格不被理解的原因只有一个，那就是简单到极致。

这类人格率性而不任性，追求自由但不放纵，待人真诚但不愚蠢，所作所为完全遵从自己的内心秩序，能为自己活，活得简单，活得平淡，当放则放，当收则收，无比真实，毫不做作。可以说，这是一种很高级的活法。

因为他们在驾驭生活，而不是生活在驾驭他们。

《世说新语》中有一个故事：

> 王子猷居山阴，夜大雪，眠觉，开室，命酌酒。四望皎然，因起彷徨，咏左思《招隐》诗。忽忆戴安道。时戴在剡。即便夜乘小船就之。经宿方至，造门，不前而返。人问其故，王曰：'吾本乘兴而行，兴尽而返，何必见戴。

王子猷是晋代大书法家王羲之的儿子，在大雪之夜喝酒咏诗的时候，怀念起好友戴安道（即戴逵，安道是他的字），但当时戴安道是住在很远的剡县。即便这样，王子猷依然连夜乘船去找好朋友，一夜才到，但到了戴安道家门前却又马上转身返回。有人问他为何这样，王子猷说："我本来是乘着兴致前往，兴致已尽，自然返回，为何一定要见戴安道呢？"

---

① ［战国］庄周：《庄子》，岳麓书社2011年版。

王子猷兴起而作，兴尽而止，当放则放、当止则止，完全遵从自己内心而活，为自己而活，活得简单，活得真实，真可谓逍遥又自由。

刚才已经说过，这类人往往不能被常人理解，原因就在于他们简单到了极致。

二、个人文化系统内涵

逍遥自由型人格的灵魂晶莹剔透，清净明亮，既能入世，又能出世，来去自如，一般人确实很难达到这种境界。

我们要想深入了解这类人格，必须探索到个人文化系统的深层，我从人的根性和德性两方面来解释。

（一）根性：佛性

"佛性"就是"真如自性"，"真如自性"在佛法中又被称为佛性、法身、如来藏、实相等。"真如自性"谁都有，只不过因为人的"根器"不同，"真如自性"常常被无明蒙蔽，所以人和人之间就产生愚痴和智慧的区别。[①]

用佛法中的话来说，这类人格拥有的是"上等根器"，也就是说，这类人格比普通人更容易、更快达到这个层次。

什么是佛性？

我借用一些佛法中的原理来稍作解释：

"凡夫即佛，不悟即佛是众生，一念悟时，众生是佛。[②]

每个人其实都有一个"根性"——真如本性，只不过因为人的根器不同，大部分人的"真如本性"往往被愚笨迷昧遮住，但一旦祛除了愚笨迷昧并且开悟，"真如本性"就能立刻显现，每个人当下都能成佛。

---

① 惠能：《六祖坛经》，岳麓书社2016年版。
② 惠能：《六祖坛经》，岳麓书社2016年版。

713 年八月初三，禅宗六祖慧能大师在坐化前为弟子们留下一篇《自性真佛偈》，在这篇偈语中，第一句就是"真如自性是真佛"。

佛法认为每个人都能做到"见性成佛"，但有个前提：

那就是一个人每时每刻的"起心动念"的出发点，不是自己的"贪嗔痴"这三毒，而是来自于自己的"真如自性"，那么就算是你的六根（眼、耳、鼻、舌、身、意）能感觉到外界的种种诱惑也好、种种不足，你都能让自己的内心一尘不染，安安静静、干干净净，那你的"真如自性"就能够一直显现。

如果能做到上面说的这样，就是"见性"，见性就能成佛。

《菩萨戒经》说："若识自心见性，皆成佛道"，也是这个意思。

佛法认为：每个人的烦恼，追根溯源无外乎来自于"贪、嗔、痴"这三毒。贪：贪爱五欲；嗔：嗔恚无忍；痴：愚痴无明。

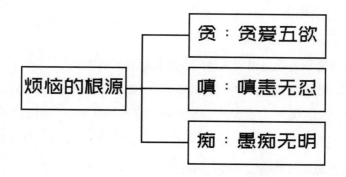

从这个角度上说，逍遥自由型人格在现实中会极其稀有，但不代表没有。因为只要是人，就一定会有"贪、嗔、痴"，只不过程度会有不同。

人要是活明白了，就一定会开始做人生的减法，所谓"减法"实际就是不断降低自己"贪嗔痴"程度的过程，这是智慧；而常人的人生是在不断做加法，所谓"加法"就是自己"贪嗔痴"的程度越来越深的过程，这是愚痴。

（二）德性：价值观

逍遥自由型人格对很多事情的选择都有别于一般人，一般人用平常的思维确实也无法理解他们的行为，我们从价值观层面深入分析一下原因：

1. 名利观——淡泊名利

普通人最在意的名和利，恰恰是这类人的淡泊之处，不代表他们不喜欢，而是说他们并不会执着于此。

刚才说过，他们在驾驭生活，而不是生活在驾驭他们。

淡泊名利的态度是一种对名利高高在上的驾驭感，而永远不会让名利财富等身外之物奴役他们的内心。

2. 友谊观——至真至纯

与朋友相处的时候，这类人在内心深处绝对不会想去索取什么回报，这是极为难得的，他们只是单纯地用真心去和朋友交往，这种至真至纯的友谊应该是"友谊"这种情感最本来、最真实的样子。

如果把"至真至纯"当作照妖镜，来对照现实中很多人之间所谓的"友谊"，不知道会照出多少"妖魔鬼怪"。

3. 爱情观——敢爱敢恨

面对爱情，逍遥自由型人格的态度就是敢爱敢恨。

遇到喜欢的人绝不端着，遇到不喜欢的人也绝不藏着，是否喜欢完全遵从自己内心的真实声音，而不是看对方是否拥有外貌、财富、权力等身外之物。但如此真诚率性的做法在现实中常常会受到家人、好友的反对，甚至嘲笑，而且会被贴上"傻"的标签。

现实中的太多人，在面对爱情选择的时候，考虑的第一类因素往往不是"喜欢不喜欢这个人？"这样的第一性问题，而是有没有房子、有没有车、有没有工作、有没有存款、对方父母有没有退休金这样一些和爱情本身毫无关系的事情，直到对方的这些条件符合自己的要求后，才去考虑跟这个人是否合得来，是不是喜欢他……更现实、可悲的是，很多人直到结婚的时候，都没有爱上过对方。

该用感情去做选择的时候用理性，该用理性去做选择的时候却用感情，这是大多数人的真实写照。

很可笑吧，明明是世人在颠倒黑白，却在耻笑那些行正道、有正念、做正事的人。

4. 成长观——独立自强

——自强：强势文化表达到最高境界，就是自强。

自强是不依托外物的一种强大精神，这种精神会衍生出"成功者思维"，这种思维会让人拥有超越他人的强大心理资本和思维资本。拥有了这种思维，会让自己的存在档次远远超越自己的处境。

我讲个故事：

> 惠子相梁，庄子往见之。或谓惠子曰："庄子来，欲代之相，"于是惠子恐，搜于国中，三日三夜。
>
> 庄子往见之，曰："南方有鸟，其名为鹓鶵，子知之乎？夫鹓鶵，发于南海，而飞于北海；非梧桐不止，非练实不食，非醴泉不饮。于是鸱得腐鼠，鹓鶵过之，仰而视之曰：'吓'！今子欲以子之梁国而吓我邪？"①

这个故事大意是这样的：

庄子前往梁国看望在那里做宰相的惠子。有人借机挑拨："庄子来梁国，是想取代你做宰相。"于是惠子恐慌下令在城内搜寻庄子，整整搜了三天三夜。

庄子见到惠子后跟他说："南方有一种鸟，名字叫鹓鶵（凤凰），你知道吗？凤凰从南海飞到北海，不是梧桐树它不会停息，不是竹子的果实它不会吃，不是甘美的泉水它不会饮用。正在这时，一只猫头鹰找到一只腐烂了的老鼠，凤凰刚巧从空中飞过，猫头鹰护食心切，对凤凰发出怒吓之声。"

庄子是在用凤凰和猫头鹰的比喻讽刺惠子，意思是谁稀罕那只死老鼠，谁又会稀罕你的宰相之位，淡泊名利的庄子怎么可能看得上贪名逐利的惠子在意的那点东西。这一点，惠子可能永远无法理解。

---

① 庄子：《庄子》，中华书局2016年版。

反过来说，庄子拥有的是超越了惠子的心理资本和思维资本，这点就让自己的存在档次远远超越自己的处境。

逍遥自由的人有时也许会混得很惨，却绝不会有失败者的心态，

就像《肖申克的救赎》里的安迪，他面对自己的处境，绝不会有"失败者心态"，而是具有"成功者思维"，他们永远不会被外部环境束缚，而是永远在驾驭环境。

——独立：用而不靠

因为自强，逍遥自由型人格的人会靠自己的努力去获取自己想要的东西，绝不会对他人产生依赖，但不代表与人彻底隔绝，不用可用的资源，这是"用而不靠"的意思。

打个比方，当你肚子饿的时候，有人给你一个面包，你吃后解决了温饱问题，这是"用"；但你下次肚子饿的时候，心中开始期待有人继续给你面包吃，这就是"等"；明知自己肚子会饿，但仍然不会准备面包，心中认为饿的时候会有人给自己面包吃，这就是"靠"；当肚子饿的时候，发现别人没有给面包，就向别人索取，这就是"要"。

强势文化是因为祛除了人性中喜欢"等、靠、要"的劣根性才变强的，但逍遥自由型人格之所以是顶级的强势文化，是因为保持了"用而不靠"的独立意识。

再说深一句，"用而不靠"是前文说到的"不将不迎、应而不藏"的经典体现，请认真感悟。

5.学习观——勤奋坚定

爱自己最好的方式就是让自己优秀起来。逍遥自由不代表任性妄为、放纵自己，恰恰相反，逍遥自由型人格对于个人精进成长有极高要求，他们特别善于学习、勤于学习，而他们学习的目的更多的是为了升级自己的"个人文化系统"。

现实中有很多人，一方面抱怨自己的不如意，一方面却又不愿意沉下心来学一两样本事，去真正提升自己，缺乏长期主义和延迟满足的精神是大部分人不能成事，只能苟活的深层原因。

6. 生死观——好好活着

生与死，是每个人相同的人生起点和终点。不同的是，每个人在生死之间的过程，以及自己赋予生命的意义。

《阿甘正传》中阿甘的母亲在弥留之际对阿甘说："死亡是生命的一部分，是注定的……"我们每个人都会死，不同的是每个人的活法不同，人生其实只有两种选择：要么死，要么好好活着。

人这一辈子，会遇到各种各样的人和事，我们不能把这些人和事当成可有可无的"过客"，他们需要我们去经历，去感受，去融洽，需要我们用自己的时间和生命去了解、去感知，去让这些不期而遇的人和事在我们的生命中留下他们应有的印记，不管这些遇见是好是坏。

就像《士兵突击》里袁朗说的那句话：

"你经历的每个地方、每个人、每件事都需要你付出时间和生命，可你从来不付出感情。你总是冷冰冰地把它们扔掉，那你的努力是为了什么？"

人生在世，过程很重要，好好活着，用真心去体验生命中的真滋味，这是真正的活法。

（三）总结

我们对逍遥自由型人格的价值观做个直观的总结，如下图：

蜕变：个人成长人生哲学

简单总结之外，有个深层次的问题仍然值得思考：为什么逍遥自由型人格的价值观和常人有如此大的差别？

要想深刻解释上面的问题，必须引用佛教中的一句格言——"凡夫畏果、菩萨畏因"。

"凡夫畏果、菩萨畏因"，它反映了佛教教义中重要的一个概念——因果报应。

佛教认为，每个人的行为都会产生相应的结果，这种结果不仅是在今生中的，还可能延续到来世的轮回中，因此每个人的行为都会对自己的未来产生影响。

普通人只关注自己的行为所带来的结果，而往往忽略了自己行为的根源。

普通人往往只看到眼前的利益和快乐，而忽略了行为背后的根本原因，他们的行为往往是出于贪欲、愤怒、嫉妒等负面情绪，这些负面情绪会导致自己的内心越来越浑浊，以至影响自己的人生。

而圣人则更注重自己的行为根源。他们深刻理解自己行为的根本原因是什么，他们的行为是出于爱、慈悲、喜乐等正面情绪而产生的，这些情绪会让他们的内心变得越来越清净，带给自己和他人更多的正能量。

逍遥自由型人格所有的行为源头，也就是我们常说的"起心动念"的地方，都是来自于自己的真实心声，而不是为了获得世俗意义上的某种结果，这在佛法中被称为"不昧因果"。

而普通人通常都易"昧因果"，"起心动念"的根源都在于自己的"贪嗔痴"，生怕自己得不到某个结果，或是生怕自己遭遇到某个结果。

大多数人做事情，都比较在意这件事情的结果是否如自己所愿，换句话来说，大部分人是为了求得一个结果或避免一个结果而去做事情，越想得到好结果，就越害怕得不到；越不想遇到坏结果，就越会害怕会遇到。

大多数人这一辈子追求的都是"财色名食，声名货利"等世俗的繁华，这是世俗的迷相，人人都迷，世间的痛苦、欢乐都因为人"执迷"这些"相"导致的，说得再直白一些，一个人的痛苦、欢乐其实都是自己的欲望层次太低造成的。

三、现实中

现实中，很多人对逍遥自由的本意有严重的误解。

逍遥自由是依照自己内心深处那个干干净净的灵魂去认真生活的一种状态，而被误解的"逍遥自由"是被一个人后天"习性"操控下的放纵人性，恣意妄为，这两个状态是有天壤之别的，完全不能相提并论。

很多人所谓的"逍遥自由"状态是以牺牲他人利益、消耗他人资源、逃避责任和道德约束为代价的，这种"逍遥自由"是"假逍遥"、"假自由"，不是我在这里说的"逍遥自由"。就好像有些人说的话——"背上背包，来一场说走就走的旅行"，听起来多么美好，于是很多人就照着做了，结果自己该担负的责任没负，甚至还要靠家人来"供养"旅费，这不是真正的"逍遥自由"，而是一种严重的"恣意妄为"。这种话实际上是典型的"心灵毒鸡汤"，因为它只是一味地鼓动你放纵自己，而从来不说你该做什么，不该做什么。

我们无法选择拥有一个美好的世界，也无法选择摒弃一个肮脏的世界，但我们可以选择以一种什么样的态度生活在这个既美好又肮脏的世界里。

我们自己的精神世界、心智模式决定着我们怎么去理解看待眼前的世界，就像莎士比亚说："世界上没有所谓的好与坏，思想使然。"

遵从自己的内心秩序，为自己活，简简单单地活着，平平淡淡才是真，这是一种很高级的活法。

诺贝尔文学奖得主罗曼·罗兰（Romain Rolland），他说过一句话："世上只有一种英雄主义，就是在认清生活真相之后依然热爱生活。"

希望每个人都能做自己生活的英雄！

第三篇

强势文化成长哲学

第五章　精神蜕变

第一节　学会做自己的主

长久以来，有一个很执拗的观念一直在我脑海里：世界上总有那么一些人，其实是"救世主"化身为人，来人间点化、拯救愚昧的众生，任务完成，即刻返回。

救世主来去自由，既能带着"童心"入世，又能带着"佛心"出世。

但现实是，人们期待的"救世主"要么是像上帝或《西游记》里"如来佛"、"观音菩萨"这样的虚幻的神化形象，要么是"隐"于现世的某些"高人"，但他们往往又是"小隐隐于林，大隐隐于市"，既然他们都"隐"起来，说明也没打算来救我们。

但一个"虚"字，一个"隐"字，都意味着他们没法真正入世，既然没法入得了我所在的这个世界，他们又怎么能救得了我？所以他们一定不是我所期待的那种救世主。

一、"救世主"在哪里？

（一）远在天边，近在眼前

"凡夫即佛，烦恼即菩提。前念迷即凡夫，后念悟即佛。"[①]

大多中国人对"佛"这个字的理解仍然停留在《西游记》的神话故事层面，总认为是有一群神通广大、法力无边的"人"在天上住着，人间的

---

① 惠能：《六祖坛经》，岳麓书社2016年版。

129

一切由他们在掌管。曾经的我是也这样认为的。

但随着人生感悟渐多，我对"佛"的理解在逐步加深：

（1）佛法是哲学，佛教是宗教，这是两回事。

（2）"佛"是一种高级思想，并不是某个具体形象。

（3）佛法是一种解决问题的思路。

这些新的理解和感悟帮助我重新审视人生，审视我的过去，请注意：我说的是"审视"，而不是简单地回忆或者看而已。

在经历了无数次生活的摔摔打打，不断地从人生的泥潭中爬出来后，"凡夫即佛，烦恼即菩提。前念迷即凡夫，后念悟即佛。"这句话对我更大的启发是：这个世界上根本就没有救世主，能救自己的人只有自己。

世上确实没有外在的救世主，救世主就是自己心中本来就有的那个"真如自性"（也叫本性），真性如果能够"当家作主"，你当下就是佛，你就是自己的"救世主"。

说它远，是因为有些人，几生几世，仍然无法让它"当家作主"。

说它近，是因为有些人，当下顿悟，你就能立刻"翻身农奴把歌唱"。

（二）被压制的"真性"

我没有资格讲佛法，我有这个自知之明。而且在前面我也说过：我不拜佛、不信佛、不求佛，也就是说我不入佛教，没有宗教思想，我只是用佛法中的哲学思想来理解我的人生，解释我的人生。

但为了说清楚之后的一些观点，还是得把我理解的"真如自性"解释一下，打个比方，让你好理解一些：

你可以把自己的这副皮囊想象成一个机器人，这是别人看到的"你"，而在这个机器人的内部（心脏位置）有个驾驶舱，在驾驶舱里还坐着一个人，就是他在操纵着这个机器人的一切言行与想法。

这副皮囊对应的就是"假我"，驾驶舱的那个人就是"真我"。这两个"我"都不能缺。缺了"假我"，"真我"没地方待了，它非得再找个"身体"待着；缺了"真我"更不行，"假我"就会变成行尸走肉。

　　"造物主"本来的设置是让"真我"来操控"假我"行走人间的，可是很无奈——"假我"居然"造反"了，它开始不听"真我"的指挥，我行我素的程度越来越严重，对此，"真我"是一点办法都没有，因为虽然它很有智慧，但其实很弱。直到有一天，"假我"做了主的时候局面就彻底"失控"了，这种"失控"的局面在佛法中被称作"众生颠倒"。

　　为什么"假我"会"造反"呢？

　　因为它会产生欲望。长在"假我"的身上"眼耳鼻舌身意"这六种"器官"（六根）产生了一种叫"感觉"的东西，而这种"感觉"是"假我"自己能感觉到的，这六种"器官"产生的"感觉"在佛法中被称作"六识"（眼识、耳识、鼻识、舌识、身识、意识）。换句话来说，本来这六种"器官"是为了让"真我"去感知外界，以便更好地操控"假我"行走人间，没想到"假我"开始贪恋起这些感觉，开始不听"真我"的话了。

　　比方说，吃到好吃的东西，"真我"说够了，但"假我"的"舌识"告诉它这个东西实在太好吃了，"假我"开始贪恋这份口舌之欲，它就会继续吃，吃到撑为止。

　　说穿了，"假我"也好、"皮囊"也好，本质就是欲望的集合体。欲望本身并没有错，如果没有欲望，人就不会吃东西，会饿死；如果没有欲望，人就看不到外界，找不到食物，感知不到危险；如果没有欲望，人就不会性交，物种就没法繁衍。欲望被满足后的那份快感，其实是对人类维持这副皮囊存续的一种"奖赏"。从这个意义上说，我们贪恋的不是欲望本身，而是欲望被满足后的那份快感。

　　更严谨地说：是"假我"在贪恋那份快感。

　　当"假我"开始贪恋这份快感时，欲望的"潘多拉盒子"就被彻底打开，人们开始疯狂追逐"财色名食、声名货利"这些能满足欲望的东西，并且表现得"乐此不疲"、"孜孜不倦"，紧接着，烦恼、痛苦、郁闷等等也会随之而来。

　　而此时此刻的"真我"无奈到只剩一声叹息。

二、被左右的心智

正因为众生皆颠倒，"假我"当了家，所以现实中，我们的心智极其容易被人左右，而心智一旦被别人控制，你就不是自己在做自己的主，而是让别人做了自己的主。

（一）我们的心智为什么能被人左右？

很简单，因为我需要解决面对的问题（矛盾）。

还记得在第一章中提到的"矛盾"么？

| 无限的欲望 | **VS** | 有限的资源 |

我们一生中都在面对这对矛盾，解决矛盾就需要"解决办法"。大部分人都喜欢跟别人要现成的"解决办法"，而不愿意回归内心深处去独立思考进而寻找"解决办法"。

当我们习惯了要现成的"解决办法"，就给了别人左右你心智的机会。

（二）我们的心智是怎样被人左右的？

这得借助第一章给出的一个思考模型：

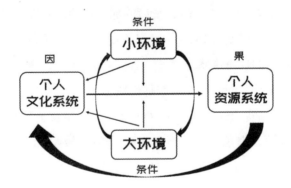

从上图中我们可以看出，"个人文化系统"决定着"个人资源系统"，而"个人资源系统"又反过来影响着"个人文化系统"的形成，但小环境又同时

影响"个人文化系统"和"个人资源系统"的形成，而小环境又被多个个体和"大环境"同时影响着。

说得简单点，我们很多时候无法自己做自己的主，有两个原因：

1. 外界通过控制我们的"个人资源系统"来直接影响我们；

2. 外界通过向我们的"个人文化系统"植入观念来间接影响我们；

我来举几个例子深入解释：

> ① 那头笨驴
>
> 在乡间道路上经常会见到这样一种现象：一位农民赶着装满货物的驴车在行走，仔细看才知道在驴头前面吊着一个草袋子，但是离驴嘴还有一段距离，驴想去吃草就得往前走，越想吃就越吃不到，于是就得不停地往前走，这样一来，这位聪明的农民就连用鞭子去抽赶这头驴的功夫都省了。

很多时候，我们就像这头驴。别人只需要拿出能满足我们欲望的资源在我们眼前晃一晃，甚至，连晃一晃都可以不用，只需要在嘴上说一说，我们就会乖乖地听别人的话，去为别人"当牛做马"。

其实，我们有时候还不如这头驴。因为这头驴毕竟也只是为那口必须吃的"粮食"而被控制，它永远不会被"豪车"、"名表"、"香包"等等它并不需要的东西控制。

只有人才分不清什么是需要，什么是想要。哪怕是并不需要的东西，也会无穷无尽地去追逐，追来追去，能否追得到不得而知，到头来却连"我"都丢掉了。

这是外界通过影响我们的"个人资源系统"来直接影响我们的一种方式。

有人说：不可能，我的人生所有选择明明都是我自己思考后做出的，何谈别人做了我的主？

别着急，我来给你讲个博弈论中"囚徒困境"的小故事：

② 囚徒困境

在一场纵火案中，警察抓了两个犯罪嫌疑人（这两人确实纵了火）并将他们隔离审问，但两人都不承认自己放了火。苦于没有证据，警察无奈之下给了他们一些政策，让他们自己做选择。

如果一个人坦白，另一个人抵赖，那么就放了坦白的人，抵赖的人判 5 年；

如果两个人都坦白，那就各判 3 年；

如果两个人都抵赖，那就各判 1 年；

现在问你：如果是你其中一位犯罪嫌疑人，你会选择坦白还是抵赖？

如果智商没有问题，经过"深思熟虑"后，绝大多数人会选择坦白，因为看起来坦白会比抵赖划算点。

是的，这两个犯罪嫌疑人也是这样想的——两个人都选择了坦白。

仔细想想，当两个犯罪嫌疑人深思熟虑之后做出坦白决定的时候，最大的赢家是谁？

当然是警察。警察不费吹灰之力就能快速让犯罪嫌疑人坦白交代，快速定罪结案。

警察厉害的地方在于制定规则的时候，就已经能预料到两个犯罪嫌疑人会怎么做选择；而两个犯罪嫌疑人在做"深思熟虑"的思考时，就已经注定了他们会做什么选择。

有人会说我也会选择坦白，但不是因为坦白会比抵赖划算，只是因为我的价值观告诉我"做人要诚实"。很好，你确实是个好孩子，你脑中秉持的价值观完全符合这个社会的主流价值观，警察们也是这样希望的。但如果这两个犯罪嫌疑人能有你这样的道德水准，估计他们也不会去靠纵火去解决问题。无论出于什么考虑，你选择了坦白，这是事实。

还有人说我不会这么笨，一定会选择抵赖到底，那我"佩服"你，但是你有没有想过另一个人可能会出卖你？你怕不怕另外一个人出卖你？如果你说，那我俩可以商量好一起抵赖，对不起，你俩是被隔离开的，没法一起商量。你能想到的空子，警察都已经堵上了。

好好悟一悟，这两个犯罪嫌疑人看似自主做出的选择真的是自己的选择么？

其实不是的，因为除了坦白之外，犯罪嫌疑人实际并没有其他的选择。基于对犯罪嫌疑人的人性和认知水平的判断，这个局从一开始就是个死局，犯罪嫌疑人一旦进入，必输无疑。

犯罪嫌疑人的心智早已被左右，但是，"沾沾自喜"的犯罪嫌疑人居然还能从中感受到一丝"自由"的气息，因为在他的视角，他是拥有选择的人——他的人生是自己决定的。

现实中的我们都是"囚徒"，很多事情看似有选择，其实没选择。因为基于你的人性和认知，选择只有一个，而其他选择的存在只是为了把某件事情包装成一个"选择题"的样子而已。

上述两个例子中，"笨驴"和"囚徒"看似都做了自己的主，实际上已经被人操控，原因就在于外界已经通过控制他们的"个人资源系统"直接影响了他们的选择行为。

而通过下面两个例子，我们会深刻地感受到外界是如何通过向我们的"个人文化系统"植入观念来间接影响我们的。

③别人家的孩子

很多中国小孩的记忆里都有一个"别人家的孩子"，这个"孩子"不是他的朋友，而是对手和榜样；这个"孩子"不住在家里，而是活在父母和老师的"嘴里"。

我们无法脱离家庭和学校，既然无法脱离，只能无奈地接受这个"别人家的孩子"和我们"形影相随"。

当父母和老师不断地向我们提起"别人家的孩子"多好多好的时候，能感觉到的是父母和老师对我们的期待，于是我们不断地努力，只为了迎合这份期待，只为了获得一份"好评"。

可是，他确实让我们活得很压抑，活得很失败，因为他总是比我们优秀能干，无论活到人生哪个阶段，"他"总是不断地跳出来"嘲笑"着我们的无能与失败。

仿佛只要活成了"别人家的孩子"的样子，我们的人生才算是成功的，很多人不确定能否活成自己想要的样子，但能确定的是至死都无法超越那个"别人家的孩子"。

我们很多时候确实把别人的评价和期待当作了自己的奋斗目标，小的时候无法自主决定也就罢了，长大后若仍然像"提线木偶"一样活着，就着实有些可悲了。

> ④天价的破石头
>
> 一小块破石头居然就能让人们心甘情愿地花大价钱去买，当无数人都这么干的时候，不知不觉就成就了卖这个破石头的商业大佬们的商业帝国。
>
> 这种破石头叫做钻石。
>
> 本质上，它就是一个透明的、看起来比较特别的石头而已。

但它为什么会这么贵呢？贵到几克拉的重量，就能价值百万、千万？

是因为极其稀有么？绝对不是！

地球上的钻石矿产资源并不稀缺，就算稀缺，人工技术合成的钻石也已经不是什么新鲜东西了。

但不知道从什么时候开始，这个玩意跟爱情扯上了关系，从这个时候起，它就开始变贵了，而且贵得极其任性。

也许是从那则家喻户晓的广告词——"钻石恒久远，一颗永流传"——开始，人们便坚定不移地相信这个玩意能代表两个人之间的爱情，拥有它就代表两个人拥有了恒久、浪漫、尊贵、有面子的爱情。

最开始你可能也不认为这玩意能说明爱情，但大家都这么干的时候，你也免不了俗。

最重要的是，浪漫高贵且永恒的爱情是你想要的，铺天盖地的广告里不断告诉你钻石就代表着"浪漫高贵且永恒的爱情"，说多了你就信了，于是你也愿意像请一尊菩萨回家为你保驾护航一样，"请"一颗钻石为你的爱情"保驾护航"。

你能意识到你已经被洗脑了吗？

谎话说一万遍，就能变成真理的样子，尤其是乌合之众们一起说的时候，人群中的后来者会毫不犹豫地把这些谎言装入脑袋里并奉为至理名言。有时候，洗脑就这么容易。

三、学会做自己的主

客观理性地说，心智被左右是一件极其正常的事情，更严谨地说，它是一种中性的客观事实，每个人小的时候都是一张白纸，不断成长，这张白纸就被不断画满痕迹，有人把这个过程形象地称为"洗脑"。

"洗脑"本身不是坏事，也不是好事。是好是坏要看"洗"入脑的东西好坏，而弱势文化的人在这个时刻是没有判断力和屏蔽力的，也就是说，不管入脑的东西是什么，就毫无选择性和批判性地全盘接收，甚至坚定不移地执行，他们轻易地丢掉了为自己"做主"的权力。

就好像有的人在被别人"PUA"的时候毫无觉知力，但有的人却能在第一时间清醒地意识到别人在"PUA"他，是否能够做到这点，全看你有没有为自己"做主"的意识。

强势文化的人对外界输入的"观念"是有强大的判断力和屏蔽力的，凡事内求，希望"自己做自己的主"的强烈自主意识会驱使他们开启独立深度思考、自主决策、愿意为自己的行为负责等等一系列的"连环操作"。

这并不代表强势文化的人对来自外界的善意关心和提醒、良好建议和意见，甚至猛烈批评会完全屏蔽或者置之不理，恰恰相反，他们会理性思考并有选择地吸收。

用我曾经提到的一个比喻来表达，意思可能会更明确：

如果将人的身体比作一座城堡，眼、耳、鼻、舌、身就是五个城门，城门分别都有人在守卫。

这个世界的真相就是：永远有人在不断地利用 "财色名食，声明货利" 这些能满足你的欲望的东西，去 "贿赂" 那几位守卫你眼、耳、鼻、舌、身大门的官员，以便可以快速进入你的 "城堡"，去 "绑架" 你的 "国王（真性）"，让 "你" 彻底失去控制自我的能力，彻底失去了 "真我"，那个时候，你就不是 "你" 了，而是沦为他人的奴隶，这是很可悲的。更可悲的是，大部分人的 5 个 "城门" 根本无 "人" 守卫，可以进出自由。

弱势文化的人的这 5 个 "城门" 大多时候确实是无 "人" 守卫的，而强势文化的人在这 5 个 "城门" 上总有 "重兵" 把守，能否进入城门不仅由 "重兵" 决定，更由 "国王" 来决定。

这就是我反复说的 "学会做自己的主" 的意思。

如果要运用强势文化来指导自己的人生，首先要做的事就是学会自己做自己的主。

四、总结

每个人都有权力定义自己的人生，不一定要活成别人的样子才叫成功，更不要把别人的标准和期待强加在自己身上，如果是这样，那么 "你" 存在的意义是什么？

人生如花，品种不同，花期也不同。

你要相信自己，相信属于自己的那朵花会有绽放的一天。

从来就没有什么救世主，也不要靠什么神仙皇帝，能救自己的永远只有自己，但你得先学会不要让别人肆意地侵犯你的精神家园，你得先学会让自己的那颗真心为自己 "当家作主"。

强势文化表达到极致就是自强，只有自强，你才能做自己的主。

第二节 榨尽苦难的价值

人心不死，道心不生。

人心往往死在苦难里，每一次从苦难中爬起，都会让一个人发生"脱胎换骨"的变化。蜕去的是曾经的幼稚愚蠢的羸弱之心，换来的是自强自立的钢筋铁骨。

强者往往从苦难中炼狱重生，而弱者往往在苦难中沉沦毁灭。

苦难本身没有意义，但若能在苦难中成长蜕变，这份苦难便有了价值。

一、苦难是这个世界的筛选机制

先说个故事：

从前有一个国王把一块巨石放在道路的正中间，完全堵住了进城的路口，因为他想要看看子民们会有什么样的反应？

有些人走在巨石面前发现路被挡住了，然后就转身离开；还有一些人尝试推了推石头，发现推不动之后也就放弃了，大家都开始抱怨起来，但是就没有一个人试图采取行动来改变现状。

国王也因此越来越失望，

几天之后有一个农民沿着进城的路走过来，在遇到巨石的时候，他并没有转身离开，而是拼了命想把巨石推开，在尝试了几种方法之后，他利用杠杆的原理用一根木棍成功撬开了巨石之后，发现国王所留下的一袋金币和一张纸条，上面写着："挡住去路的障碍，可以成为你的道路，记住每一个障碍都蕴含着一个可以改变近况的良机。"

人生遇到的每一次不幸、每一种苦难，其实都是通往美好生活道路上我们遇到的障碍。

但很多人并不知道：人生苦难，本身就是这个世界的筛选机制。

二、如何面对人生的苦难？

大多数人面对苦难时本能后退，手足无措，怨天怨地怨他人；少部分人面对苦难时沉着冷静，理性思考，设法突围脱困，这就是强者和弱者在面对苦难时思维方式上本质的不同。

面对人生中的苦难，我们该如何面对，又该如何应对？

（一）从苦难中看到机会

面对苦难，我们要看到好的一面。

"凡事有两面性，要一分为二地看"，这是我们大部分人从小就学过的一个道理。

面对苦难时，我们同样要这样想问题。就像一只手，一定有手心和手背两个面，而手心和手背都是这只手的一部分，它们只有同时存在，才能长成一只手的样子。

苦难就像一只手，一面是困难、不幸、苦难，但另一面就是机遇与机会。

就像我们耳熟能详的一句话：机遇与挑战并存。

我们希望大家在面对苦难的时候，建立的认知是：苦难与不幸不是苦难，而是机会。

要改变一个观念：人生中出现的每个苦难，不是苦难、不是不幸，而是老天爷悄悄给你的一次机会，但前提是，你得靠自己翻越。每一次成功地翻越，就意味着你迈上了一个更高的台阶。

在 20 世纪 60 年代，外号"飓风"的职业拳击手鲁宾·卡特，在职业生涯达到顶峰的时候，因为涉嫌连环杀人案被捕，遭受冤枉入狱，而且他还被判了带有种族歧视的不公平判决。

尽管不公平的判决剥夺了他身体上的自由，但他依然没有放弃自己，他的内心依然保持着自由的态度，他很清楚地知道：把自己变得愤怒，崩溃或绝望是没有任何意义的。

为了替自己找回公道，重新获得自由，他拒绝了所有法律诉讼以外的事情，他不接受探视，不参加假释听证会，不到监狱的商店里面工作换取减刑，他把自己全部的能量都用在了提起法律诉讼上，把自己大部分的时间都用来阅读法律哲学和历史书籍，让自己在争取自身权益上面可以变得更加的强大。经历了 19 年的时间，卡特终于通过了两次的审判，洗刷了自己的冤屈被释放出狱。

在面对不公平的苦难时，卡特做出了他的选择，他决定不让这一切苦难影响自己，因为除了他自己，谁也没有权利和本事能够伤害他，对于他来说：不公平的苦难并不能摧毁他的生活，他们只不过把他放在了一个"新"的地方，一个根本不应该出现，并没有打算一直待下去的地方。

由此可见，一个人的认知有着巨大的力量，它能够影响你的每一个行动，你如何看待一个苦难，是彻底的崩溃还是努力坚持，是顺从还是拒不接受，决定权都在你的身上。

就算别人可以把我们关进监牢，给我们贴上标签，剥夺我们的财产，但他们永远无法控制我们的思想态度和反应，对于你自己的认知，你有着100% 的控制权，没有人能够强迫你放弃他们或者是放弃希望，就像是卡特，虽然在监狱里面可以做的事情很有限，但他明白自己并不是完全无能为力的，他还是可以进行阅读学习，甚至在狱中写出自传《第十六回合》，重新梳理案件，不断地申请上诉，洗清了自己的嫌疑。

中国当代画家、文学家、诗人木心在 1971 年被捕入狱 18 个月。坐牢期间断了三根手指，而且痛心地得知母亲已经过世。绝望痛心的他自杀过一次，但被救起后他想通了——他要以生殉道。

他说："多少人自杀，一死了之，这是容易的，而活下去苦，我选难的。我要以'不死'殉道。"在之后的狱中岁月里，他活出了另一番样子：在用来写检查的纸上用蝇头小楷密密麻麻地写下了 65 万字的小说和散文，甚至在夜晚用画在纸上的琴键弹奏着无声的莫扎特协奏曲。

用他自己的话来说："我白天是奴隶，晚上是王子。"

过我们对事物的认知，我们可能构造出一个苦难，也可能摧毁面对的一个苦难，苦难根本就没有所谓的好与坏，只有你的认知、你诠释苦难的方式才能够决定一切，关于苦难可以很简单，有时候你所需要的仅仅只是一个想法，一个不同的认知而已。

你不需要把自己所经历过的不幸当作绊脚石，而是要感谢它，因为它让你知道不幸是长什么样的，而最终故事的结局应该由你来讲述，你不需要太过在乎他人对你的眼光，因为那是你面对的苦难，你的故事和你的结局，你是完全有决定的权利的。

我们不能白白经受苦难，一定要让苦难产生价值，一定要从苦难中发现成长的机会。

（二）做点该做的和能做的事

身处苦难之中，一定要去做点该做的、能做的事情，好让自己尽快恢复内心的秩序。哪怕微不足道的小事，也一定要主动去做。

很多人面对人生挫折、坎坷或苦难的时候，一味地任由自己沉沦，甚至沉浸在自己的苦难情绪中，这是弱势文化的人最"爱"做的事情，一边怨天尤人，一边又期望着别人能够来解救自己，唯独没想过自己救自己。

而那些具有强势文化内核的人不会任由自己沉沦下去，而会主动地拯救自己，而他们拯救自己的第一步就是去做点什么让自己恢复内心秩序，然后在行动中寻找希望。

很多事情是做了之后才有意义的。

二十几年前，我大学毕业来到了一个陌生的城市，虽然当时已经在这个城市谋得一份稳定的工作，但这份工作带给我的收入仍然不能让我快速还清读大学时欠下的债务，为了多赚钱，我就到人才市场去找兼职工作，一圈下来，没有一个公司愿意跟我多聊，招聘官们要么是拒绝兼职，要么是对我这个已有工作的人来找兼职的目的心存疑虑。

没有办法，我就对一个公司的招聘官说："我可以不要钱，就想要个机会。"

"这个人是有病吧？"我能从招聘官的眼神里感受到她心里的想法，但她很快跟我再次确认："你说的是真的吗？"我说："真的，就想要个机会。"

她让我填了一份表格，留下了我的呼机号码。

几天后，我开始在这家企业管理咨询公司当免费劳动力，要么是准备一些开会用的资料，要么是周末去打杂，甚至端茶倒水……

几个月后，在身边好心同事的建议下，老板给我发了几百块钱做酬劳，再后来，有个好心的咨询师开始带着我做项目，做项目时赚到的钱，比我几个月的工资都要多。

因为这段经历，我不仅快速还清了读大学时欠下的债务，而且有幸得以开始我的企业管理咨询生涯。

如果当初，在那么多人拒绝我的时候，我没有说出那句"我可以不要钱，就想要个机会"的话，这个机会我肯定抓不住，后面的一切更不可能会发生。

这段经历中的我并没有深陷苦难，之所以说出我的故事，是想表达遇到困境的时候一定要主动做点什么，让自己尽快进入某种有秩序的状态里，不管眼前的情况如何，马上起身开始行动，这点很重要。

如果你正在经历坎坷挫折或者苦难，那是因为苦难让条件不如你所愿，所以更加要展开行动去创造出更好的条件，扭转局势从中获益。

（三）在黑暗中保持乐观

面对苦难，我们要调整心态，用乐观和坚强武装自己。

如果说勇敢行动是我们可以有所作为时应该做的，那么乐观和坚强就是我们几乎无可为时的依赖。

强势文化的人与弱势文化的人在这点上有着巨大的差异。

当你处在一个看起来已经无法改变的不利局面时，你要学会接受，练习在黑暗的低谷中保持快乐。

一个不利的局面，也可以是一个积累经验、帮助自己成长的好机会。

此时，良好心态是我们内在唯一的力量源泉，它可以帮助我们尽可能避免受到外界不利局面的影响。

1997 年出生于巴基斯坦的玛拉拉·尤苏芙札（Malala Yousafzai）是一位努力为当地女性谋求受教育权利的女权主义者，但她的倡议受到了禁止当地女性受教育的塔利班组织的强力阻挠。她在 15 岁那年（2012 年）乘校车回家时被塔利班组织人员枪击受伤，头部和颈部中枪，伤势异常严重，幸运的是，经过抢救保住了性命。

但小小年纪的她没有被这次枪击吓倒，痊愈之后依然在为谋求女性受教育的权利奔走请愿。发生枪击事件的 9 个月后，玛拉拉勇敢地站在联合国的演讲台上发表了康复后的首次公开演讲，公开讲述被塔利班袭击的经过，并再次为女性争取平等受教育的权利而发声。

2014 年，玛拉拉获得诺贝尔和平奖，成为该奖项最年轻的得主。

现实中，如果有人遭遇这一切，一定会心怀恐惧，但玛拉拉没有被吓退，她在极其恐怖的环境中确保自己的精神世界没有垮塌，仍然用乐观和坚强武装自己，并迅速将自己的心态调整到平静理智。

这一点，很多人做不到。

我们是不可能摆脱人生中所有苦难和不幸的，因此我们都需要学会接受现实的生活，练习在苦难和不幸中找出一个更伟大的目标，并且坚定和忍耐地应对，这就是我们磨炼一个人意志的方法。

三、总结

在苦难几乎让我们瘫痪时，希望我们每一个人都能找到投注精神能量的新方向，一个不会受到外来力量影响的方向，在此基础上寻找一个有意义的新目标，围绕着这个新目标重建自我，避免让自己迷失。只有这样，我们就算是在客观环境里沦为奴隶，主观上仍然能保持自由。我们最终会发现，最美丽的希望之花总会绽放在最不堪的经历中。

第三节　处世的最佳境界

面对人生，我们总是活在两个极端里。

要么我们在很用力地生活，却总是把生活过得一团糟；要么面对生活的一团糟，我们却总是无能为力。

我们像一个上紧了发条的玩偶，用力地追逐着富贵功名，永远没有尽头。

活在两个极端里，人人都筋疲力尽，假若真正有幸福时刻来临，我们可能都无力、无心去好好享受。

人生的问题解决到什么程度才算是最佳境界？

答案是平衡状态。因为平衡才能持久，才最省力，又能最大限度满足自己。

一、失衡人生及两种后果

人生面对的问题无穷无尽，所谓的问题绕回到本质就是我们常说的那对矛盾——无限欲望与有限资源之间的矛盾。而矛盾永远都会存在，无法被消除。矛盾只能被协调，而协调就意味着将二者之间的关系保持在平衡状态上。

$$\boxed{\text{无限的欲望}} \quad \textbf{VS} \quad \boxed{\text{有限的资源}}$$

如果把上面的图看成一座天平，那么大部分人的天平一生都处在向左倾斜的失衡状态里：一生都被名、权、情、利四种欲望驾驭着。

人生失衡会带来两种极端后果：

蜕变：个人成长人生哲学

（一）陷入"欲求不满"的漩涡里

现实中，大部分积极生活的人，其实都把欲望当成了目标来追求。消极生活的人并不代表没有欲望，那只是尝试追求无果后被迫放弃的一种表现。

曾经遇到过一位年轻妈妈，年纪虽然不大，但相貌却很苍老，心情总是很不好。她说因为还房贷很辛苦，带娃很辛苦，是生活把她折磨成了这样。

他们两夫妻刚结婚的时候租房子住，眼看着其他人都住进商品房就心生羡慕，但两人都没有什么存款，于是跟亲戚朋友借了很多钱后凑够首付买了一套房子，每个月的收入还完房贷已所剩无几，但孩子又出生了，生活变得更加拮据。第一个孩子开始上小学的时候，二孩又出生了，两室一厅的房子好像不能满足家庭需求了，于是两口子又咬牙再次借钱买了一套四居室，连装修的钱也是借的，甚至还刷了信用卡。

旧债未完，新债又来。巨大的经济压力让两个人活得极其压抑，经常吵架，甚至开始埋怨对方无能。他们的生活简直是一团糟。

我问她："当初刚结婚的时候不能忍一忍再买房吗？"

她说："那怎么行呢，租房住没有安全感，我的梦想就是有一套属于自己的房子。"

我又问她："那二孩出生的时候，不能等条件好些了再买大房子么？"

她说："大儿子要做作业，需要一个安静的环境，有时候家里老人来，也没地方住，迟早要买的，还是早买好。"

听完，我也没话说了，因为听起来都挺有"道理"的，只不过她执着的是她的那个"理"。

很多人都是这样的：

没房子就买小房子，买了小房子想着买大房子；

初级职称评中级，有了中级职称再评副高，有了副高再评正高；

赚了 10 万想 20 万，赚了 20 万想 100 万，有了 100 万就会想 1000 万……

这就是大部分人"积极生活"的真实写照，追逐这些并没有错，错的是因为追逐这些让自己的人生已经失去平衡，这点，大部分人并没有悟到。

就像尼采说：“食物、住房、健康乃至金钱，这是我们生存的物质基础。然而，这些东西若是拥有过度，就会让我们逐渐变成占有欲的奴隶。”[1]

（二）无福消受

当最初的欲望被满足后，人性的驱使一定会让我们产生更大的欲望，当好不容易通过“努力”满足了新的欲望，更新的、更大的欲望又会产生……人生天平的两端不断地被加码负重，从来就没有获得平衡的时候，这座天平终将被所有的砝码压垮。

无尽地追逐欲望，却发现自己无福消受，这是最令人唏嘘的结局。

> 在生死临界点的时候，你会发现，任何的加班（长期熬夜等于慢性自杀），给自己太多的压力，买房买车的需求，这些都是浮云。如果有时间，好好陪陪你的孩子，把买车的钱给父母亲买双鞋子，不要拼命去换什么大房子，和相爱的人在一起，蜗居也温暖。[2]

这是上海复旦大学青年教师于娟说过的一段话，只不过在写下这段话的时候，身患乳腺癌晚期的她已经处在生死临界点，没过多久，33岁的她终究还是离开了人世。

她的抗癌日记中记录着在人生最后阶段里自己对人生的深刻感悟，这些感悟都被记录在她的书《此生未完成》里，各位可以去看看。

我摘抄几段，与您分享：

> 人越是长大，越是不知道自己要的是什么，越是不知道想要什么，就越是会去拼命想自己到底要什么。

[1] 李阳：《内心强大的心理学：每天读点尼采智慧》，中国纺织出版社2018年版。

[2] 于娟：《此生未完成》，湖南文艺出版社2019年版。

透过生死，你会觉得名利权情都很虚无，尤其是首当其冲的名，说穿了，无非是别人茶余饭后的谈资。即便你名声四海皆知响彻云天，也无非是一时猎奇，各种各样的人揣着各种各样的心态唾沫四溅过后，你仍然是你，其实，你一直是你，只是别人在谈论你的时候，你忘记了你自己是谁而已。

我曾经试图做个优秀的女学者。虽然我极不擅长科研，但是既然走了科研的路子就要有个样子。我曾经的野心是两三年搞个副教授来做做，于是开始玩命想发文章搞课题，虽然对实现副教授目标后该干什么，我非常茫然。当下我想，如果有哪天像我这样吊儿郎当的人都做了教授，我会对中国的教育体制感到很失落。为了一个不知道是不是自己人生目标的事情拼了命扑上去，不能不说是一个傻子干的傻事。得了病我才知道，人应该把快乐建立在可持续的长久人生目标上，而不应该只是去看短暂的名利权情。

欲望之壑永远不可能被填平，用有限的生命去满足无限的欲望是最愚蠢的事情。

二、两种文化的人生各自追求什么

强势文化的人追求的强大在于期望"个人文化系统"的强大带动"个人资源系统"的强大；而弱势文化的人追求的强大仅仅是"个人资源系统"的强大，而非"个人文化系统"的强大。

这是强势文化与弱势文化之间的一个重要区别。

"个人文化系统"是"个人资源系统"的因，"个人资源系统"是"个人文化系统"的果，而这样的因果关系又被"小环境"和"大环境"中的种种条件制约着。它们之间的关系如下图：

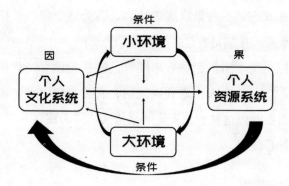

强势文化的人追求的是在"因"（个人文化系统）上做功，"果"上随缘；弱势文化的人追求的是"果"本身。

我们在人生中追求的名、权、情、利其实都属于个人资源系统，大多数人毕生追求的是"个人资源系统"的强大，因为只有"个人资源系统"强大，才会使我们面对人生各种问题（无限欲望与有限资源这对矛盾）的时候能够轻松应对。

当"个人资源系统"特别优越并远超他人的时候，世俗将其定义为"成功"，因为这种"成功"极其外显，所以也更加刺激着人们去疯狂追逐。

极少有人意识到"个人资源系统"的真正强大是因为"个人文化系统"的强大导致的，而这极少数人几乎都是强势文化拥趸。

"个人文化系统"的强大表现在心智系统的升级、认知水平的提升、性格品格的改造、道德水准的提高、气质涵养的变化等等，强势文化的人更在意的是这些方面的强大，他们并不是不追求财富名利等外在资源，而是认为那是在强大的"个人文化系统"指引下遵循客观规律做事之后的一个顺带成果而已。他们永远是在"因"上努力。

对于强势文化的人来说，掌控自己的精神世界，就意味着能够掌控自己；掌控自己就意味着能掌控命运。

三、掌控平衡的智慧

平衡是一种智慧，也是一种力量。面对人生一个个问题的时候，能够将其处理在平衡状态是一种最高级的境界，因为这个状态最持久，也能用最省力的方式来最大化满足自己。

但是，掌控平衡本质上意味着掌控自己的精神世界，意味着真正意义上让理性做主，这是一个人在遇到问题后，真正"向内求"才能找到的解决之道，所以很多时候这种智慧表现为强势文化"心法"。

我介绍三种心法：

（一）掌控节奏

做人做事永远不要用力过猛，也不要毫不用力，要让自己和事情保持在一种不快不慢、不急不躁的稳定节奏里。

在这样的节奏里做事，心力没有被过分消耗，所以才能持久发力，只有久久为功，才有可能把事做成。

举个例子：

先说背景：曾经有很长一段时间，我经常需要进入企业去做驻场审核认定工作，每次审核过程少则一两天，多则三四天，工作期间常常要查阅许多资料，弄得人很疲惫。

审核组长在入场之后的第一项工作通常是召集企业方代表开会，其中有一细项议题就是与企业方约定审核期间的工作时间。大部分时候，审核组长都会说根据企业上下班时间来审核，比如企业 8 点上班，那我们从 8 点开始审核；企业下午 2 点上班，那审核也从 2 点开始，对此企业也表示没问题，我们听起来也是没问题的。

可实际情况是每次审核完毕大家（我们和企业双方）都很累。因为我们住在酒店里，而企业往往较偏远，从企业到酒店就需要来回接送，刨去白天审核和晚上开情况通报会的时间，还有不少时间是花费在路上的，这就使得审核组的每个成员比平时要起得更早，睡得更晚，中午更不用说了，而且企业的司机也挺辛苦，除此之外，企业受审方人员也需要比平时更早到企业，因为要提前准备很多资料。

我原本以为就应该是这样的，但有一次遇到一个年长的审核组长跟企业方约定时间的时候说："审核开始时间定在你们正常上班时间一小时后开始，早上也是，下午也是。各位审核员老师届时请提高工作效率。"

就是这么一个小小的变动，让审核组以及企业人员都感觉到了一种松弛感，我明显能感觉到大家对这样的安排都挺高兴。

几天下来，所有人都感觉挺轻松愉悦，而且该干的事情一样都没落下，后来很多时候我都会主动要求和这位审核组长搭档。

现实中，有很多人做事是处在用力过猛的状态里，就如同用百米冲刺的速度去跑长跑，这种做法会提早耗尽力气，也无法把事做好，还会让人失去做事的激情和兴趣。可以说是一点好处都没有。

无论是生活还是工作，把自己保持在一种不快不慢、不急不躁的稳定节奏里，才更有可能把事做成，这是一种强势文化的智慧。

（二）懂得进退

做人做事懂得进退，是另一种掌控人生平衡的重要心法。

"事不要做满，话不要说绝"，这是对普通人来说最容易掌握和理解的一种知进退的做法。

举个商业上的例子：

在美国加利福尼亚州一个小镇的消防局车库里挂着一个灯泡，这个灯泡从 1901 年点亮，至今已经亮了 122 年，但是生产这个灯泡的 Shelby 电器公司在 1925 年就已经倒闭。

是的，你没听错，灯泡亮了 122 年，而生产灯泡的公司却倒闭了近 100 年。当年在白炽灯这个行业，欧美有好多企业都是因为产品质量太好而倒闭的，Shelby 就是其中之一。

各行各业都有自己的门道，并不是什么事情做到完美才是最好的，物极必反的道理什么时候都要记得。

中国历史上，名人名将功成身退的例子并不少见，像辅佐越王勾践的范蠡，辅佐汉高祖刘邦创立大汉王朝的张良都是急流勇退的典型例子，面对功名利禄的顶峰，不是向前一步，而是主动后退一步，给自己、给别人都留下一个空间，这一进一退之间不仅是智慧，更是一种境界。

（三）了事便休

"了事便休"，就是事情解决了，达到目的之后即刻停止。

人的欲望停下来，欲望不再无限释放，不再扩张，不再往前走就是"停"。

这就是"分寸"，这是"当止则止"的智慧。

比如，吃饭只吃七分饱就是分寸，就是"了事便休"，吃到七分饱实际上温饱问题已经解决，无需再吃，再吃就会吃撑了，长期处于吃撑的状态里，身体自然会受影响。

"了事便休"的平衡智慧背后其实是对"需要"和"想要"这两个心理状态之间界限的精准把握。

获取资源的目的是为了解决我们某种"需要"解决的问题，而不是为了满足我们纯粹"想要"的这种虚荣心理。比如，你上班地方离家很远，地铁站也很不方便，于是想买辆车作为交通工具，这是"需要"；但是在选车的时候，受到了攀比心理的影响，这就是进入了"想要"的境地里，一旦走入这个境地，就说明我们已经被欲望支配了。

四、总结

一个人是在驾驭欲望，还是被欲望驾驭着，就是一念之间的差别。这一念一边是对人性的克制，另一边是人性的释放。虽是一念之间，却是天壤之别。

强势文化的人和弱势文化的人都有可能会遇到人生天平失衡的情况，不同之处在于强势文化的人会通过克制自己的欲望来将"失衡"状态调整为"平衡"；而弱势文化的人更多是通过不断满足自己的欲望来获得所谓的"平衡"。

两种文化内核产生了两套截然不同的处事思维方式，不同的思维方式和价值观念势必会导致不同的命运分化。

一个求因导果，一个只求果不在乎因，无论后续行为是什么，仅仅是在"起心动念"的时候就已经相差了十万八千里，更无需说经历无数选择后最终的结局差异有多么巨大了。

第四节　人生六道门

在每个人的意识里都有六道门。

面对问题时，你的思维进入了哪道门，就决定了你会在哪个维度上思考问题。思考的维度不同，最终做出的选择自然会天差地别，个人命运就此开始急速分化。

思考维度的不同，不仅仅会产生强势文化和弱势文化的大分化，更会形成五个维度的强势文化。

一、第一维度：环境

弱势文化群体集中在这一层。

思维层次处在这一维度的人，习惯性的思维是将任何问题都归咎于环境（除了自己之外的人、事、物）。

心理学中，把这种心理称之为"外部归因"。

他们对这个世界的理解就是这样的，也正因为如此，当他们遇到问题时，会把所有的原因和责任都归咎于他人，并且希望别人来帮助自己解决问题，甚至认为别人应理所应当地帮助他。

这样的思考逻辑根深蒂固地存在于这些人的脑袋里，那么他们出现习惯性的"等、靠、要"行为也就不足为奇了。

二、第二维度：行动

从这一维度开始，强势文化开始抬头。

1. 思维模式在这一层次的人，进入了强势文化萌芽期。

这个思考维度的人，在面对问题时，自我反省后得出的结论常常是自我的行动力不够，

相对应的，他们的应对方法就是——行动、行动、再行动。

说得通俗点，他们的应对方法就是更努力一些，多付出一些。

他们坚信一个道理：努力付出一定会有回报。

所以一般都会表现得非常努力，非常勤奋，就像勤勤恳恳的"老黄牛"。天道酬勤，确实是人间最质朴的道理。如果贪念不深，勤奋一些，努力一点，大多数人完全可以把日子过得很好。

2. 但是，勤奋也是有境界的，低层次的勤奋虽然可以让"老黄牛"的日子越过越好，但仍然无法从根本上改变"老黄牛"已被固化的阶层命运。

人生就像开车一样，不能只会埋头"加油"，还得学会换挡。

三、第三维度：能力

1. 思考维度在能力层的人，通常会认为是因为自己能力不够，才导致了很多问题出现，

所以，这些人常用的解决问题的方式就是——"学习、学习、再学习"。思考维度在这个层面的人，通常已经脱离了做事只会傻傻"加油"的层面，他们会通过提升能力让自己拥有更多选择，从而实现人生"换挡"。

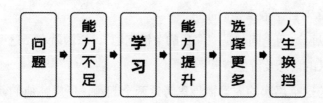

2. 能力越强，选择就越多；选择越多，生存空间就越大。

打个比方，做一份财务报表，小王只会手工录入做账；小李不仅会手工做账，而且会用 Excel 里各种眼花缭乱的公式实现高效做账；小张不仅会手工做、Excel 做，更会用 AI（人工智能）做账。

三个人的能力大小是不一样的，在面对同一个问题时，每个人拥有的选择都不同，

选择不同，最终完成挑战的速度和质量就天差地别。

如果你是老板，你会选哪个人？

但例子毕竟只是例子，对"能力"这二字的理解不能停留在例子上，

一般所谓的能力，指的都是像英文听说读写、操作电脑这样的做事技巧，但更大层面的能力是我们在面对人生问题的时候，深入分析问题、调动各种资源去解决问题的能力。

3. 更大的能力不在指尖上，而在心智中。

未来，人与人之间的竞争只会越来越激烈，能安身立命，甚至能脱颖而出的一定是那些具有终身学习能力的人。

终身学习，是应对未来不确定性的唯一方式。

四、第四维度：信念系统

思考维度在这个层次的人，遇到问题时，通常会在信念系统层次思考两个深度的关键问题。

1. 为什么做（或不做）？

2. 什么对自己最重要？

之所以说这两个问题是"深层的关键问题"，原因就在于这两个问题都涉及一个人的信念及价值观问题。

正因为这个层次的人习惯性思考这两个问题，所以，他们面对问题时主要的应对模式就是"要做正确的事情"。

这些人永远不会像个莽夫一样盲目行动，也不会像"老黄牛"一样傻傻努力，当我这样说的时候，千万不要误解成这个层次的人不懂勤奋、不会付出。

恰恰相反，这个思考维度的人同样非常勤奋，但是他们的勤奋是以"做出正确的决策"为前提的，他们永远相信"选择大于努力"这个道理。

（1）做事情的时候，想清楚、想明白后再行动，往往会得到事半功倍的效果。

现实中，常常发现一些人行动力虽然超级强，但他们在付出努力之前往往不会去想——"这个方向对不对？"——这样的问题，

到头来的结果就是：在错误的方向上狂奔，高效率地完成预定的工作，但等到发现方向错误的时候，自己的心力已被耗尽，无力"从头再来"。

（2）人如果要快速成长，应该多去做那些"困难而正确"的事，少做"容易但错误"的事。

读书，尤其是读经典，虽然难，但其不失为一种正确的提升自我的方式，可是相当多的人无法坚持下来。

但是，大部分人却能够做到天天"坚持"刷手机，沉浸在短视频、直播间、网络游戏里，这样的事情虽然容易，但对一个人的成长有何益处？

电影《风雨哈佛路》中的主角莉斯生在一个千疮百孔的贫民家庭，父母酗酒吸毒，母亲患上精神分裂症。明明有父母，但可怜的莉斯仍需要靠着乞讨才能活下去，生活的苦难对这个小女孩来说似乎无穷无尽。

莉斯知道，只有读书成才方能改变自身命运。

当她最终进入梦寐以求的哈佛时，命运之门已悄然向她打开。

每个人都会有一套自己的信念系统（BVR），包括了信念、价值观、规

条，这一层在决定着下面三层（能力层、行动层和环境层）。

（3）对于大部分人来说，信念系统经常是藏在潜意识里的，它常常是在暗中指挥你这样做、那样做，但不会让你意识到它的存在，所以，大多数时候，很多人的思考维度无法到达这个层面。

但是，如果一个人能够经常有意识地刻意训练自己在这个维度思考，那么这个人的思考力、控制自我的能力、改变自我的能力一定会大幅度提高。

五、第五维度：身份

身份就是一个人对自己在某个场合所应该扮演的角色产生的自我认知。

（1）人得时刻清楚自己是"谁"？

打个比方：

张三是个大学教师，那么他在学校里就是"教师"的身份，他的言谈举止得符合其他师生对这个角色的期望；但当他回到家里，面对自己的女儿时，身份变成了"父亲"，他就不能再用"教师"的身份和女儿"交往"了。

"父亲"和"教师"这两个身份的言谈举止风格是完全不同的。

如果张三是个经常在"身份"层次思考的人，那么他一定会很清楚该怎么做才能称为一个"好老师"，也会很清楚怎么成为一个"好父亲"。

（2）言行应该和身份匹配

一个人所在的场合变化了，身份（角色）就应该跟着变，如果不变，身份与场合不匹配，就会出问题。

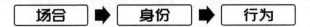

就像很多孩子在家里是"小公主"、"小皇帝"的身份，一旦离开家，就没人把他当"小公主"、"小皇帝"对待了，如果这个孩子在外面还是用家里那套"娇生惯养、唯我独尊"的风格来行事，一定会遭人厌恶和唾弃。

大部分人"身份"意识确实没有觉醒，导致这些人几乎都是用同一套言行方式来应对不同的人，为人处事挺失败不说，自己往往还觉得挺别扭。

（3）这个层次的人经常会意识到自己的身份，经常想的问题是：打算以怎样的身份去实现人生的意义。

美国电影《百万美元宝贝》中那个名叫玛吉的餐馆女服务员，尽管已经 31 岁"高龄"，但她心中从未放弃想成为一名优秀的女拳击手。

意志坚定的玛吉非常了解自己的目标并知道如何去实现它，向世人证明自己实力的强烈愿望促使她走进了法兰基的拳馆，赌上一切开始追逐自己的拳击梦。

经过一场场比赛的锤炼，玛吉所向披靡，成为知名拳手。

在一场比赛中，玛吉在占尽优势的情况下被对手偷袭，导致终身瘫痪，最终死去。

没想到，这场比赛，成了她的绝唱。

如果生命是一朵花，有的人一辈子到死，生命之花从未绽放过，庸庸碌碌的代价就是彻底丢失了自我，

玛吉为实现自己的拳击梦赌上了一切，就算早逝，她的生命之花至少绚烂地绽放过。

六、第六维度：灵性

思考维度在这个层次的人，往往关注的是"我与这个世界的关系，我如何能改变世界？"这样的顶级问题。这个思考维度太高了，在这个世界上，只有像极少数人才能到达这个层次。

这个层次的人，面对问题时，主要应对模式是——**如何改变这个世界，让它更好。**

上面的文字如果不够接地气，我换个说法：

（1）面对问题时，这个层次的人考虑的都是"做什么、怎么做才能对他人有好处，对社会有贡献"，这就已经到达了"灵性"的层次。

现实中，无论是一个温暖的助人为乐之举，还是冒着生命危险冲入火海救人的消防员战士，都是基于"灵性"层面的指引，在那一刻，人是最

简单的，也是最温暖的，更是最勇敢的。

抗战年代，那些舍身就义、宁死不屈的先烈们，不惜用生命的代价保卫革命的果实，在面对死亡的那一刻，人是最简单的，也是最坚韧的，更是最伟大的。

灵性的光芒是温暖而美丽的，因为有灵性的存在，我们生存的这个世界才不会冷冰冰的。

（2）每个人都有灵性的部分，只是灵性被深深埋藏。

黄元吉（清代道学家）说："见世人非役志于富贵功名，即驰情于酒色财气，吾心甚是怜悯，独奈何有心拔度，而彼竟不知返也。"

确实是这样，很多人一生都执着于追逐富贵功名，天天沉溺于酒色财气，人的灵性被压在欲望"暗盒"里见不得光，只有当一个人能够超越自我福祉的追求，多去追求人生的意义，去完成自己的使命，生命的潜能才会喷涌而出。

灵性与生俱来，无须培养，只需要去唤醒。

七、总结

现在以下图将本章节所分析的内容做个简单的总结。

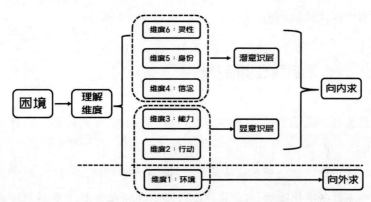

六个维度，从下到上是升维的过程，从上到下是降维的过程。

"信念系统"、"身份"和"灵性"三层存在于潜意识层，通常这三层会隐藏起来，平时一般人意识不到它的存在，但是，这三个隐形层却又是真实存在的层次，而且它们在悄悄地影响存在于显意识层的"能力层"、"行为层"和"环境层"。

普通人绝大部分时候的思考都停留在显意识层，而社会中那些高人往往会从更高维度思考来解决问题。

第五节　持续自我进化

真正厉害的人，都有持续自我进化的能力。

强势文化的精神内核有两条：内求和自胜。前几章节着重讲"内求"，后几章节主要讲"自胜"。

《道德经》中有句话："自胜者强"，自胜就是战胜自己，所谓战胜就是不断成长，不断超越自己。能够掌控自己并不断超越自己就需要具备持续自我进化的强大能力。

而真正具有强势文化的人，都有持续自我进化的强大能力。

"持续自我进化"这样的能力，往往被大多数人忽视，或者说，大多数人并不具备这样的能力。

一、什么是自我进化能力？

优胜劣汰，是自然界的基本法则，自然界中所有物种都具备自我进化的能力。

每一次进化，都是更加适应环境，延续物种的需要。

那些不具备进化能力，或者进化比较慢的物种或个体，往往被环境淘汰。

生活在社会中的每一个人，当然也逃不过这个规律的支配。

只不过，自然界中的淘汰是以个体死亡或以物种消失为终结；而社会中淘汰一个人是以丧失机会、丧失选择权，逐渐被社会边缘化为终结，因为有社会基本福利制度的兜底，我们大概率看不到以死亡为终结的淘汰方式。

简单地说，一个人的自我进化能力就是让自己不断变强的能力。

所谓的强，一方面表现为比其他人更能快速地适应环境变化，一方面表现为比其他人更能快速掌控各种局面。

就像生活在非洲的一种特别的鱼——肺鱼，这种鱼被称为"不死之鱼"，它除了能用鳃呼吸，还具有类似肺呼吸的功能。

在极度干旱的季节里，其他动植物都会因干旱而死亡，但是这种鱼能够让自己在干涸的河床泥土里继续存活，等到雨季来临，它又能让自己重新活过来。

这是肺鱼在极端恶劣的环境条件下，自我进化形成的强大生存能力，不得不说，相比其他鱼类，肺鱼的生存能力实在太强。

如果一个人能像肺鱼一样有比较强大的自我进化能力，那么无论在顺境还是逆境中，他都能快速地适应环境变化并掌控局面，这点，弱势文化的人几乎无法做到。

二、怎么才能实现自我进化?

同样是过一生，有的人会越变越强，有的人则越来越弱。

为什么强者会愈强，弱者会愈弱?

纵观人生，一个人之所以能越来越强，是因为当他处在人生三种时期时，所秉持的思维和做出的选择完全超越他人，正是在这三种人生关键时刻的选择和努力驱动着强者在不断自我进化。

我将这三种关键的人生时期称为：低谷期、平淡期、机遇期。许多人往往连第一个时刻都无法跨越。

蜕变：个人成长人生哲学

（一）低谷期

人生中，每一个人都会遇到无数个低谷期，低谷期里充满了失望、不幸、痛苦、难过、坎坷、逆境和苦难。

但在面对低谷期时，强势文化群体和弱势文化群体的做法、结局却迥然不同。

在低谷期，有的人不怨天尤人，设法快速脱困，实现急速的自我进化成为强者；而有的人被低谷期彻底击溃成为弱者。

能在低谷期中成功实现自我救赎的人，都经历过身心的双重历练。他们更加熟悉痛苦的感觉，也更懂得如何处理痛苦；他们学会了从不同的视角看待现实，明白了世界上并不存在简单的黑白分明的"好"与"坏"；他们熬过低谷期后，真切地体会到自己比想象中更强大，更相信自己是可以依靠的。

历练之后的重生，实际是一种脱胎换骨的进化。

（二）平淡期

平淡期很好过，也很难熬。

之所以好过，是因为无需太费力就能安全度过；之所以难熬，是因为少有人能守得住这份平淡，更难的是还能在平淡中成长。

平平淡淡的日子是蓄积力量的最佳时机，它能让你以最安全的方式快速成长进化，具有强势文化的人非常珍视这个时期，而弱势文化的人通常无视这个时期的价值，选择浑浑噩噩地过。

在平淡期里应做好下面三件事，抓住机会尽快成长，不断超越自己。

1. 读万卷书

平淡期里要多读书，这是快速超越他人的捷径。

读书是任何一个人在自我进化的路上性价比最高的一种方式。

小小的一本书，都是智慧的结晶，我们只需要花一点点钱就可以读到，这是极其划算的一笔"交易"。

尽管读书的苦是人世间最轻的一种苦，但如今大部分人仍然吃不了读书的苦，因为和玩手机、玩游戏、吃喝玩乐这样的事情比起来，读书实在没什么意思。

读书难，就难在需要对抗自己"急功近利"和"即时满足"两种人性的缺点。

通过读万卷书让自己进化这种手段，更适合具备"长期主义精神"和"延迟满足能力"的人。

优秀的人往往通过阅读建立足够强大的抽象思维能力，获得异于众人的思考和整合能力。而很多人读书，追求的是干货，寻求的是立刻行之有效的解决方案。其实这是一种留在舒适区的阅读方法。

而真正的阅读，应该在书中与智者同行思考，借他们的视角看到世界的多元性，提出比答案更重要的好问题，在不确定的时代中领先起跑。

2. 行万里路

"行万里路"不是让你多去旅游，而是让你多去实践、多去尝试。

古语说："吃一堑，长一智。"

在做事的过程中，不断试错，从失败中汲取教训，把上一次的教训变成下一次做事的经验，每经历一次失败，你就更厉害了一点，在这个不断重复的过程中，个人心智系统和知识系统都在不断地被升级打磨，个人能力就会得到极大的提升，自我进化的速度当然就比别人快。

但现实中，很多人要么缺乏行动力，想得多，做得少；要么做事怕做错，怕失败，总想着万无一失才去做……无论出于什么样的考虑，行动总是很少，那么就算你学到海量的知识，懂得了人世间很多的道理，却总会发现"依然过不好这一生"。

3. "名师"指路

"名师指路"，不一定非得找到现实中的一位"名师"去讨教，但得学会多和比自己厉害的人交往。

向上社交，就是主动和比自己厉害的人交往。

和比自己厉害的人多交往，并不是让你为了攫取别人拥有的资源去做攀缘附会的事情，而是让你为了个人成长多去向他人学习。

但现实中，大部分人排斥向上社交，他们更喜欢横向社交。

横向社交，意思是一个人本能地会选择和能让他感到舒服的人待在一起。

当某人和你有相同的兴趣爱好，或相似的经历，又或者有共同的话题时，都能让我们在与他交往中感到舒服，和"同类"在一起，我们自然比较容易感受到开心、愉悦和满足。

横向社交，本质上是彼此能以较低的成本获得更大的情绪满足。

通俗点说，因为"同频"，所以能"共振"。

在横向社交中，因为是和同类交往，所以无需压抑自己，也无需费劲提升自己，只需要做自己，尽情释放就可以得到很大的情绪满足。

比方说，几个喜欢玩游戏的朋友在一起，很容易"同频"就"共振"了。

向上社交的过程，并不能带来横向社交极其容易得到的那份精神愉悦感和满足感，相反，可能更容易受到精神打击或折磨。

为什么会这样？

因为向上社交就意味着你与那个人并不"同频"，既然不"同频"，就不会有"共振"，不能"共振"，自然就不会有舒服的感觉，反而双方都会觉得别扭。

再说得通俗点，向上社交的过程中，他说的话你并不一定能听得懂，他的想法你也不一定能够理解，你会因为听不懂、不能理解对方说的话而难受，对方也会因为你听不懂他在说什么而难受。他如果要让你听懂是很费劲的事情，你想要弄明白他在说什么也是很费劲的事情，这对双方来说都挺痛苦的。

在不同频的情况下，还要保持交往，只有两个选择：一是去除傲慢，压制自己，以便呈现出极低的谦逊姿态；二是提升自己，达到和对方一样的高度。

但是，第二个选择需要时间，需要很长的时间。

所以，第一个选择就成了首选。

其实，当选择了第一个办法之后，你俩的社交关系本质上就变成了"师生"关系。

"师生"关系，是社会中常见的一种"非横向社交"关系，这种关系最常见的场景出现在学校里，但在社会中，极少有人能够做到时时刻刻将自己摆在"学生"的谦卑心态上去与每个人交往，因为真正的谦卑心态的获得，是以翻越"自身傲慢"为前提的，但是觉知并且翻越"自身的傲慢"本身就是一件很难的事情。

尽管很难，但如果想实现真正意义上的成长，在现实中遇到了"厉害的人"之后，还是希望你能够主动地去"向上社交"，因为在你混沌不开化的时候，他的一句指点往往能够让你茅塞顿开，豁然开朗。

（三）机遇期

机遇是被创造的，而不是等来的。

弱势文化人群最喜欢——"嗑着瓜子、坐在门前晒着暖洋洋的太阳，不断地向外张望"——被动地等待机遇的到来，而强势文化的人一定不会被动地等机遇，而是会主动地做点什么，让别人发现自己，这样机遇才会来。

互联网上有个网红叫"陆仙人"，他是一位 20 岁出头的小伙子，来自广西横县。他自小就有个模特梦，特别爱看模特走秀的电视和视频，上学路上都会模仿模特走猫步。

2019 年 2 月，他辞掉餐厅服务员的工作从广东回到横县，开始努力实现自己的梦想。他自己化妆并且用树叶和塑料布等材料制作成服饰，在楼道和田野等空旷之地走秀，拍成视频上传到网络上。因为他的"扮相"大多是女性，而且总是穿着"高跟鞋"，所以遭受到很多人的非议和不理解，甚至谩骂侮辱。

但他的视频在网络上却引起了很多业内人士的关注，甚至火到国外。机遇终于降临在这个小伙子身上，2021 年春夏中国国际时装周，他一共受邀为 4 个品牌走了秀，成为秀场上最繁忙的模特儿之一。后来他又登上了巴黎时装周的 T 台，惊艳了不少外国人。

现在的他拥有了自己的团队、品牌与公司，实现了人生的逆袭。

机遇如何被创造？

这需要我们改变自己对待时间和精力这两项最重要的资源的态度。弱势文化群体对待时间和精力的态度是打发和消耗；而强势文化群体的态度则是利用和创造。这背后是截然不同的两种价值观。

比如说：

我们看到一篇优秀的文章，花时间去认真阅读好像就已经不错了，但有多少人想过按照这篇文章的结构和手法自己也写一篇呢？

当我们看到一部精彩的电影时，会享受其中的精彩情节和发人深省的场景、台词，但又有多少人认真想过站在更深的角度或导演视角去探究这部电影深层的意义并把它解读给别人听呢？

写一篇新文章，解读一部电影，甚至总结游戏中的攻略将其分享出去，都是对时间的充分利用，在利用时间去进行一种创造，就像"陆仙人"一样，他利用时间自己琢磨怎么用废旧材料做好看的走秀服饰，琢磨怎样把视频拍得更好看，然后把它上传到网上，这都是利用时间进行的一种新的创造。

创造是有价值的。

创造是一个需要调动深度思考能力和执行能力的过程，这也是厉害的人和普通人的思维和行动模式的差别。

机遇来到你身边，一定是因为你创造了拥有新价值的与众不同的事物，而不是仅仅因为听到了你的"呼唤"。

三、自我进化，更重要的是持续进化

"间歇性努力，持续性放纵"，是现实中大部分人的真实写照。

很多人不能成事，缺的不是"自我进化"的能力，而是"持续自我进化"的能力。

"持续自我进化"最大的一个障碍就是"终点式思维"。

终点思维（Terminus thinking）：指在诸多选择与进程中始终相信存

在某个已被穷尽的终点，并认为在达成这个终点后能够一劳永逸，高枕无忧。

我举个例子：

"等你考上大学就轻松了"，这句话，我相信很多人都听过，尽管说这些话的人本意是为了鼓励高考学子努力加油，不要放弃，但客观上，无意中却传递了"终点思维"。

"考上大学"成为一个预设的"终点"，"就轻松了"就暗示着"终点"后可以一劳永逸。

比起这句话的激励效果，它的害处可能更大，更持久。

我的一位大学室友，就带着这样的思维，用疯狂玩电脑游戏的方式极其"轻松地"度过了大学生活，等到毕业那天，全班只有他一个人没有拿到毕业证，毕业两年后，他还在学校里补修课程，去完成那早该完成的学业，而他的父母还傻傻以为他已经在这个城市里参加工作了。

可当初，他可是以极高的分数考入大学的人，却在毕业时连毕业证都没有拿到，"终点思维"真的害人不浅。

现实中，有终点式思维的人常常有以下这些表现：

（1）大学毕业以后就几乎不再阅读学习。

（2）找到一份稳定工作以后就安于现状，不愿意跳出舒适圈。

（3）结婚后就不愿意花心思关爱另一半……

在我眼里，这些人都是已经放弃了自我的人，他们很难找到持续自我进化的动力了。

很多人生命仍在继续，但思想已经死亡。

面对人生，只有进化者才能不断破局，止步者只会出局。

人生路，处处是关，处处是难，永远没有能让你一劳永逸的"终点"。唯有持续自我进化，才能保证我们持续生存和持续发展。

如何能做到持续自我进化，本章最后一篇文章会给您方法。

第六节　我们被谁"操控"着

这篇文章从大家熟知的范蠡开始说起。

范蠡是春秋时代的奇人，他辅佐越王勾践实现了伟大的"越国梦"，在被越王勾践封功行赏之时，他却选择功成身退，隐姓埋名到异国经商。

在他临走时，给他的恩师兼同僚文仲留了封信，信中告诉文仲："蜚（飞）鸟尽，良弓藏；狡兔死，走狗烹。越王为人长颈鸟喙，可与共患难，不可与共乐。子何不去？"[①] 意思就是提醒文仲该走了，否则就会有危险。

文仲接到信后，虽然也感到了危机存在，但实在舍不下到手的名利，干脆就"称病不朝"，结果有小人在越王勾践面前告他黑状，最终被勾践赐死。

文仲死时，范蠡已经是富甲一方的商人。

面对同样的境况，两人两种态度。两种态度，高下立判，结局不同。

但本章节并不是要来着重学习范蠡的人生智慧，而是要以他为例，来探讨两个问题：

决定一个人态度背后的原理和机制到底是什么？

我们能不能通过调整态度背后的机制，来改变我们的处事态度？

一、ABC 理论

如果要说清楚上面的两个问题，就得从心理学入手。

心理学家艾利斯有个理论，叫做 ABC 理论。如下图：

---

① 袁堂欣，谢志强主编：《史记》，华艺出版社2010年版。

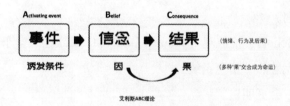

艾利斯ABC理论

这个理论里：

（1）是指诱发性事件（Activating event）；

（2）是指个体在遇到诱发性事件后产生的信念（Belief），即他对这一事件的看法、解释和评价；

（3）是指特定情景下，个体的情绪及行为的后果。

艾利斯认为：不同的人之所以面对不同的事情会有不同的反应，不是因为这个事情本身，而是因为他对这个事情的看法，"看法"在这个理论中称为"信念"。

换句话来说，信念会决定一个人怎么看问题，也就是态度。

态度就是信念的外壳，要改变态度，得先改变信念。

我打个比方来解释一下：

比方说你丢了钱，本来是挺郁闷的事情，但是如果你相信"破财会消灾"，那你可能就没那么郁闷了。

这个例子里，"破财会消灾"就是你的信念（看法），因为这个信念的存在，当你丢了钱之后，你本来挺郁闷的情绪就会减少或消失。

二、每个人都有一个"信念系统"

（一）什么是信念系统？

无论男女老少，每个人心智里都有一个叫做"信念系统"的东西，在这个系统里装着数以百万计的信念，这些信念都是由潜意识来管理和编写的，而且是处在不断扩大和改变的状态里。

"信念系统"里，不仅仅装着无数个信念，而且还有另外两类东西：

价值观和规则。

信念（Belief）、价值观（Value）和规则(Rule)这三样东西加在一起，才是一个人完整的"信念系统"。

看下图，会更明白。

信念系统的组成	内容	例子
信念　Belief	事情的原因	猫是会捉老鼠的
价值观Value	事情的意义	会捉老鼠的才是好猫
规则Rule	取得价值的安排/方法	不管是黑猫还是白猫，捉到老鼠的就是好猫

你可以把"信念系统"理解为心智中的"档案柜"，这个"档案柜"中存放着很多"信念卡片"，每一张"信念卡片"上都标注着你"坚定"的"信念"、认可的"价值观"以及你会遵循的"规则"这三样东西。

因为没有一个适用于任何情况的信念卡片，所以当遇到某一个问题的时候，我们就会从这个"档案柜"里找出最适合的一张或几张"信念卡片"，用来解释这个问题或现象，并用它来指挥我们的情绪和行为，它会帮助我们进一步生成我们的态度。

（二）信念系统人人不同

因为每个人的信念系统里装着的信念卡片不一样，所以面对相同的事情或问题时，人和人之间产生的态度是有差别的，甚至有的时候，会截然相反。

就像范蠡和文仲面对"功成身退"的抉择时，一个选择隐退，一个选择留守。

（三）信念系统隐藏极深

很多时候，信念系统深藏在潜意识里，根本意识不到它的存在，非得经过深刻的思考才会浮现。

比方说，一个人花几百块吃一顿饭不觉得贵，但是花两百块去听一堂课就会觉得很贵，为什么？

也许会得到很多理由，但大多是浅层的、牵强的借口，真正的原因是深藏在潜意识中的某种信念在决定着。（心理学中有更系统的解释，有兴趣的朋友可以去查查"心理账户"这个概念）

（四）信念系统排斥变化

信念系统在受到挑战或冒犯时，就会"跳"出来"保护"我们，通常"负面情绪"也会跟着出现。

接着用上面的那个例子，当你强烈建议一个从来不愿意主动学习的人去花钱听课的时候，说多了，他会生气的，他会觉得你很讨厌，因为他的"信念系统"受到了"挑战"和"冒犯"。

信念系统就是这么厉害，它深藏于心智深处，从不"露面"，但却处处操控着我们，它就是暗中操纵每一个人心智的"指挥官"。

信念系统在内，态度在外；信念系统是因，态度是果。

如果想要改变自己，就必须从"信念系统（BVR）"层面去改变。

三、为什么性格决定命运？

还是说个范蠡的故事，准确地说是他儿子的故事，来感受一下"性格决定命运"这个规律的威力。

范蠡有三个儿子。

二儿子脾气不好，在楚地经商的时候与人起了争执，打死了人，被定为死罪。为了救孩子，范蠡派小儿子带钱去疏通关系，但大儿子觉得自己被忽视，非要自己去，甚至以死要挟，范蠡没办法，只好改派大儿子去。

去之前，范蠡写了一封信，让大儿子连信带钱一起交给自己的老朋友庄生，并交代一定要听从庄生安排。

庄生收到钱和信后，就让大儿子赶快回国，但大儿子没听话，而是悄悄留下来观察事态发展。

庄生是个牛人，可以直接跟楚王对话，一番劝导后，楚王下令实行仁政，赦免罪犯。结果大儿子听说楚王下令赦免罪犯后，心生不悦。他认为既然楚王打算赦免罪犯，弟弟肯定就能得救，那么多钱给了庄生太不划算，随后居然跑到庄生那里把钱给要回来了。

本来庄生就没打算要这个钱，但大儿子的做法让他感觉很受侮辱，于是二次求见楚王，一番言辞后，楚王下令斩了范蠡的二儿子。

愚蠢的大儿子只能带着弟弟的尸体回了家。

而这个结局，早已被范蠡料到。[1]

这个故事摘自《史记·越王勾践世家》，有兴趣的读者可以去详细了解。

这个故事里，大儿子的性格不仅决定了自己"成事不足，败事有余"的命，甚至还"害"了自己弟弟的命。

我们常说"性格决定命运"这样的话，但是性格到底为什么会决定命运，这点倒是很少有人说清楚过。

但现在我们有了上面"信念系统"的知识铺垫，理解性格是什么就容易了。看下图：

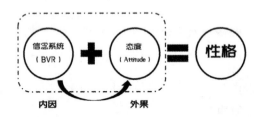

一个人的性格，实际上就是"信念系统（BVR）"和由它产生的"态度（A）"共同组成的一个整体。

仔细思考后您会意识到这样一个链条的存在：因为信念系统导致态度不同，进而导致选择不同，再进而导致命运不同。

"信念系统"是一个人"个人文化系统"中的非常重要的组成部分，

---

[1]　袁堂欣，谢志强主编：《史记》，华艺出版社2010年版

它在很大程度上决定着我们的认知水平。

四、要不断升级进化自己的"信念系统"

"信念系统"无需刻意去建立，因为每一个人在慢慢长大的过程中，都会自觉不自觉地往这个系统里去装东西，只不过有很多信念是什么时候装进去的、被谁装进去的，连你自己都说不清楚。

总的来说，一个人的信念系统里装的信念有这么四个来源：

1. 自己的经验。

2. 别人的经验。

3. 自己信任的人教的东西。

4. 凭自己的思考而得出的东西。

关键的问题是，要不断地去升级、进化自己的"信念系统"，要保证这个"信念系统"像你的电脑操作系统一样经常更新。

没有一个人的"信念系统"是完美的，我说了，关键的问题是你要不断地去升级更新它，这也就是厉害的人之所以厉害的一个很重要的原因。

但令人遗憾的是：大部分人的"信念系统"从来不会更新。

我在上一章节提到过"进化能力"的问题，一个人自我进化的一项重要工作就是"信念系统"的升级。

网络上有句话是这么说的："当时代抛弃你的时候，连招呼都不会打。"

时代会抛弃哪些人？抛弃的首先一定是没有自我进化能力的人，尤其是"信念系统"不升级的人，为什么？

原因很简单，时代车轮滚滚向前的时候，别说你的脚步能否跟上，你连思想都跟不上，不抛弃你抛弃谁呢？

怎么才能让自己的"信念系统"持续升级更新？

很简单，抛弃陈旧信念，装入崭新信念。

有些人说，这简直是一句废话，跟没说一样。恰恰相反，这句话就是一个信念，你首先要把它装入自己的"信念系统"里并且常年"置顶"，因为它是"信念系统"最顶层的建设原则。

在这个顶层建设原则基础上破除以下障碍，慢慢地做，逐步地将自己的"信念系统"拉入"升级改造"的常态管理中。

（一）不做情绪的奴隶，要做情绪的主人

情绪是"信念系统"升级改造过程中的一大障碍，前文说到，当一个人已有的"信念系统"受到挑战或冒犯时，伴随产生的就是情绪，情绪出现的"本意"是为了"保护"自己。

情绪在"保护"什么？保护自己不要处在变化、不稳定的状态。换句话来说，"情绪"会阻碍一个人去改变自己，不要自己离开"舒适区"。

举个例子：

当一个有"我没有语言天赋"这个信念的人，另一个人向他传递"只要下功夫，任何人都学得会任何东西"这种信念时，他就会反驳，如果对方坚持，他就会生气，本质上就是拒绝"新信念"进入大脑。

所以，要升级改造"信念系统"，首先要破除的就是"情绪"障碍，也就是"嗔恚心"。

当情绪升起的时候，不要被情绪拿捏，而是要去驾驭情绪，才能破除这一个障碍。

（二）保持谦逊心态，向每个人去学习

这条说起来容易，做起来难，谦逊心态的对立面就是傲慢心态，傲慢的心态大多数人都有，而且越无知的人越傲慢。

能力欠缺的人往往有一种虚幻的自我优越感，错误地认为自己比真实情况更加优秀。

这种"高估自己"、"过度自信"的心理现象会严重阻碍一个人去提升自己的认知水平，但更严重的问题是，有这种问题的人，压根就意识不到这个障碍的存在。

所以，要升级改造"信念系统"，第二要破除的就是"傲慢"的障碍。

（三）培养成长性思维，打破固定性思维

美国斯坦福大学心理学教授，卡罗·杜维克（Carol S. Dweck）教授在她的著作《心态致胜：全新成功心理学》中提出：

拥有"固定性思维"的人往往认为自己的素质和能力是不能改变的，所以这类人会在自己熟悉的领域里持续努力，以便能在熟悉的领域内得到更大的成就。

而"成长性思维"的人往往认为自己的素质和能力是可以改变的，改变的方式就是通过不断的学习，所以这类人通常不会给自己设限，他们喜欢拥抱各种变化，更喜欢挑战，当然，他们获得成功的概率也会更高。

在升级改造"信念系统"的问题上，具有"成长性思维"的人当然更有优势，他会更容易把"新信念"装进自己的意识里，而"固定性思维"的人往往拒绝改变，当然更不会轻易地去更新自己的"信念系统"了。

五、总结

"信念系统（BVR）"的"先进"程度决定了一个人的自我进化速度，这个系统越差劲，往往表现得越能"自洽"。

如果一个人要保有持续生存和发展的能力，就必须持续、主动地升级自己的"信念系统"。

而升级"信念系统"的第一步就是要祛除"信念系统"中的限制性信念。

第七节　破除精神枷锁

房间需要经常打扫，精神世界也是。

打扫精神世界的时候，有一类"有害物"需要及时清除，它经常藏在

蜕变：个人成长人生哲学

我们很容易忽视的意识深处，而且它的存在往往限制着我们的成长和发展，它就像"精神枷锁"一样束缚着我们的心智，但我们对此常常毫无知觉，这种"有害物"叫做限制性信念。

一个人如果想要实现真正意义上的成长或变化，需要认真审视自己的信念系统，找到那些深藏于你意识深处的限制性信念，并且把它清除掉。

一、限制性信念

"限制性信念"一词并没有一个确切的起源者，它是在心理学和个人发展领域中逐渐形成和发展的概念。然而，这个概念在心理学和自我发展文献中被广泛讨论和使用。

限制性信念是"个人文化系统"中的一个重要组成部分，每个人都会有，但人人不同。

（一）概念

限制性信念是对个人能力、价值或未来可能性的一种负面或限制性看法。这种信念源自过去的经历、内在自我对话或外部环境，阻碍个人充分发挥潜力，并导致消极行为模式。

通俗地说，我们把暗藏在心智深处的这种根深蒂固的错误看法称为"限制性信念"。

比如一个人在小的时候频繁遭受他人的贬低，被戴上"差孩子"、"失败的人"这样的"帽子"，这在很大程度上会导致他对自己的能力产生严重怀疑和自我否定，进而会影响他进入社会后的职业发展和人际关系。

（二）影响

限制性信念能够塑造我们的行为模式和选择，但它们并不总是有益的。它们可能限制我们的潜力和成长，阻碍个人发展，并导致固化的观念，容易让人陷入故步自封的状态。

有的限制性信念只是部分错误，而有的限制性信念则是彻头彻尾的错误，这些信念有的时候是你根据自己的经验形成，而有的时候是别人有意灌输给你的，但你却不自知。

限制性信念的坏处就是：你在做重要决策的时候，它会误导你，让你做出错误的判断和决定，最终得到错误的结果。

我举一些限制性信念的例子：

"我从小数学不太好。"这就是典型的限制性信念，我在很多人的嘴里听到过这句话，很多人在下意识排斥和数字相关的一些工作任务或选择时，经常会将这样的话当作一种"合理化的借口"。

"我没有商业头脑，只能老老实实打工。"我的学生、朋友里有很多人都有这样的限制性信念，在这样的信念"指引"下，他们一般都会"坚定"地选择老老实实打工这条路。

很多时候，我们做出的判断或决定都受到限制性信念的左右，它经常藏在暗处指挥我们，但我们却意识不到是它在影响着我们。

二、限制性信念从何而来？

笼统地说，限制性信念是来自于"小环境"和"大环境"。细分地说，是来自于个人的经历、社会环境、家庭教育等多个方面。这些来源塑造了我们对自己和世界的看法，影响了我们的行为模式和决策。

一般来说，限制性信念主要有八种来源：

（一）个人经历

个人经历、尤其是曾经的挫折和失败，对塑造限制性信念具有深远的影响。

比如某人曾经因为一次公开发言失败而深感尴尬，可能就会形成"我不擅长演讲"的信念。这种信念可能会导致他对未来的公开表达或演讲机会产生恐惧，甚至回避类似的场景。

个人经历中形成的经验往往成为限制性信念的重要来源。

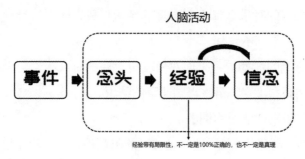

中国老话说："吃一堑，长一智。"

我们做一些事情总会产生一些结果，不管结果好与坏，我们总会从"行为—结果"里总结出一些经验或教训（教训也是经验的一种形式，因为这次的教训是下次的经验），供以后遇到类似事情的时候使用。

比方说，张三第一次创业失败，总结出的一些经验或教训，可以用来指导下一次创业。

但是，大部分人总结经验的时候往往比较狭隘，容易犯"仅从自我角度出发"去总结经验的毛病，往往会忽视除了自我视角之外的其他各种因素，这样一来，大多数时候，大多数人总结出的经验往往狭隘且偏执，用处就不大，甚至有时候还会误事。

就如李叔同说："人生最不幸处，是偶一失言而祸不及，偶一失谋而事幸成，偶一恣行而获小利，后乃视为常故，而恬不为意，则莫大之患，由此生矣。"

但有时候，经验不一定只来自于个人亲身经历，也可能来自于他人。

比方说，张三对你说某家餐厅的饭菜很好吃，这种经验是来自于他人，但是出于"降低试错成本"的心理，大部分人会很轻易地把这些他人经验装进自己的脑袋里。

（二）家庭环境

家庭是孩子成长过程中最重要的"小环境"之一，家庭教育和环境中的言传身教可以对个体形成深刻的影响。

每个家长都是希望自己的孩子未来是美好的，于是在教育的过程中就会将自己的所知（所有信念、所谓的人生经验）全部装入孩子的脑袋里，但在这个过程中，那些存于家长心智中的限制性信念也会一并进入孩子脑袋里。

大多数父母都是在意孩子成绩的，换句话来说，"好孩子的重要评价指标之一就是成绩"这个限制性信念经常会左右父母对孩子的态度。

孩子考好了，老师夸了，父母笑了；孩子考差了，老师批评，家长难过。

很多家长几乎是近于"本能"地在"好孩子"和"好成绩"之间画上等号。

学习并不是生命的全部，工作也不是生命的全部，爱情也不是生命的全部，家庭也不是生命的全部……但这些都组成了我们生命的一部分，我们不要把部分当全部，永远不要因为一个人某方面有不足就全盘否定这个人，这是不合理的，也是不客观的。

如果孩子们脑袋里装着家长的限制性信念长大，他们不仅大概率会经历与家长同样的悲欢喜乐，而且还会在无意识的情况下继续将这些限制性信念往下传递。

（三）社会文化

社会中的文化、价值观以及文化传统对个人信念的形成有重要影响，因为它们塑造了一个人成长所在的社会背景。

比如我们经常听到这样一种说法：女孩富养，男孩穷养。这种对性别角色的差异养育态度可能会导致女性弱势文化的泛滥和男性对家庭亲情关系的淡漠感。

我曾经在电视上看到一对父女，父亲就受到"女孩要富养"观念的影响，对女儿极其宠溺，物质和精神上总是无底线满足，结果等到女儿稍大的时候，就出现了对父母的语言暴力行为，甚至动不动就会对父亲扇耳光。某种意义上说，父亲与女儿都是这种限制性信念的受害者。

（四）社交圈子

每个人都会有自己的一个或多个社交圈子，在这个社交圈子里传播的观念、信息及各种对个人的评价都有可能会影响到一个人限制性信念的形成。

就像刚才提到的父母，父母会因为孩子上学而形成"家长圈"，这个圈子里传播的观念、信息等等对父母限制性信念的形成影响巨大。

比如——"兴趣班"：竞争意识的产物

很多人会让自己的孩子上各种兴趣班，书法、演讲、钢琴、画画、拉丁舞等等，虽然叫做"兴趣班"，但父母的内心深处可没把这个当成"兴趣"来培养，大多数父母的内心想法要么是"我不能让我的孩子输在起跑线上"、要么是"反正多学点，长大以后总用得着"，甚至还有"别人的孩子都在学，我的孩子也要去学"这样的想法。

如果是孩子真心有某方面的兴趣，上兴趣班是有好处的，兴趣班就产生了真正价值。

但一个孩子未来的成功或优秀并不是由这些兴趣班决定的，兴趣班和未来的成功之间并没有很直接的因果关系，最多，我是说最多，这二者之间最多有那么一丁点的相关性，但是就为了这么一点相关性，家长和孩子得付出那么多的金钱、精力和时间，真是可怜父母心，可怜这些孩子们。

这种错误的"成长"逻辑，已经成了大多数父母的限制性信念。

（五）学校环境

教育制度和学校环境对于塑造个人信念也有重要作用。学校中的教育方式和学业压力可能影响个体对自己能力的认知。

一些教育体制可能注重竞争，对学生施加高压力，这可能导致学生形成"我不够优秀"或"我无法应对学业压力"的信念。这种信念可能会影响他们对学业和未来的看法，限制了他们的成长和发展。

（六）媒体网络

现代社会中，媒体和社交网络对个人信念的形成也有重要影响，而且这种影响呈现出扩大化的趋势。

网络中，充斥着"滤镜美女"，"百万富豪"和"权威公知"等形形色色的人，长期浸泡在网络信息中，就极其容易受到这些人言行的影响，形成负面的、不良的价值观，进而形成一些限制性信念。

比如网络中的某些"网红"在直播镜头前搔首弄姿、搞怪作贱一番，就能换来多人打赏，短期内就实现"暴富"，这给看这些画面的人们，尤其是青少年带来许多不利影响，极易形成例如"金钱至上"、"学习无用"等等限制性信念。

（七）宗教信仰

宗教和信仰体系也能够对个人信念产生深远影响。宗教信仰中的教义和价值观可能对个体塑造出不同的信念。

例如，《你当像鸟飞往你的山》中塔拉的父亲深受"摩门教"的影响，对学校、医院都持怀疑态度，这导致家中的孩子失去了很多受教育的机会和权利。

（八）生理和心理因素

个人的生理和心理因素也可能对个体的信念产生影响。一些心理障碍、焦虑或抑郁可能加剧或导致负面信念的形成。

例如，有很多时候，我们为了给自己的不作为或者失败找借口，就会形成"自我说服式"的限制性信念。

反过来说也是一样的，借口用多了，就成为一个限制性信念。

这是一种自欺欺人的做法，但自己骗自己久了，自己也就相信了。

就像有句话说的："谎话说一万遍，就变成了真理。"

经常劝一些人多看书、多提升自己，那些人就会说："我年纪大了，上有老下有小，没有那么多时间啊，太难了……"我也只能笑笑作罢，还能说什么呢？

我只能说，命由己造，您喜欢就行。

再比如，人与生俱来的恐惧感，除了能保护我们，还能用来"调教"我们。准确来说，恐惧感是一把双刃剑。

一方面，面对危险时，本能中自发产生的恐惧感会让你远离危险，从而保护自己免受伤害。

另一方面，恐惧感会让你形成一些限制性信念。

比方说：

在学校里，一个极富活力且有独立思考能力的孩子，和更喜欢"服从、听话"孩子的老师在一起，就极有可能遭受打压，这种打压就会让这个孩子感到恐惧，慢慢的，这样的孩子就会变得沉默寡言，眼里就没有光了。

在社会中，某一次创业失败，会让人产生恐惧感，就没有勇气去进行下一次创业了。

恐惧感如果能够帮助我们祛除或压制人性恶的一面，那么它的存在也有正向意义；可是恐惧感如果让我们变得越来越弱，越来越被束缚，那么就需要积极反思了。

将这八种来源画个图作为总结：

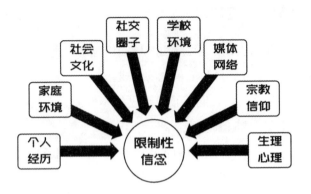

人是环境的产物。如此复杂且多样的限制性信念来源在不断地塑造着我们每一个人的精神世界，如果希望真正意义上能做自己的主人，那么就

需要各位留心限制性信念的这些来源渠道，而提升判断力和屏蔽力是一个重要的本领。

但有一件事情是紧迫的，必须放在优先位置去做，那就是从现在开始要尽快摆脱已有限制性信念的束缚。

三、如何摆脱限制性信念的束缚

限制性信念对一个人的成长变化影响是巨大的，准确来说，束缚是巨大的。它会指挥我们不去做该做的事情，甚至会让我们去做错误的事情。

解除限制性信念是一个深入自我认知并积极改变思维模式的过程，虽然很难，但是极有必要，下面是方法：

（一）自我观察

通过自我观察，意识到自己的限制性信念是关键的第一步。

每日三省吾身，大部分人做不到，但我希望您能这样做。

年纪越大，阅历越深，每个人存储在心智中的限制性信念就会越多。就像我们的手机一样，用得越久，存放的文件资料就会越多，时间久了，手机运行速度就会越来越慢，越来越卡顿。

手机需要及时清理垃圾文件，人的心智系统也需要经常清理"垃圾文件"，限制性信念就是我们心智系统中的一种常见的"垃圾文件"。

自我观察就是反省自查，就是要求我们得经常性地反省自己、自查心智系统中的限制性信念，把那些无效的限制性信念及时丢弃，不完善的及时完善，把那些缺失的及时补上。

（二）认知重建

一旦识别出限制性信念，要做的就是重建这些信念。

这比较难，难就难在这会对你曾经"深信不疑"的想法的合理性和准确性提出巨大的挑战，而且你还得为此寻找证据去支持新的、更积极的信念。

比如说，你一直都坚信自己"不是做生意的料"，那就需要认真回溯一下，问问自己到底是因为自己的哪些表现做出了这样的判断，或是曾经某人对你做出过类似的评价。

接下来要做的就是去看看一个"会做生意"的人跟你有什么区别，无论是思维方式，还是言行方式都认真去作对比分析，思考之后告诉自己，有差距的这些地方好像并不是你无法逾越的障碍，只是你还不掌握这些思维和能力而已。

（三）积极自我对话

培养积极的自我对话是改变限制性信念的关键。

通过在头脑中建立积极的对话，鼓励自己尝试新的思考模式和行为；同时要培养乐观、积极和自信的心态，鼓励自己接受挑战并从中学习，很多时候，信心其实是自己给自己的。

就像刚才举的例子，当你查找出你和"会做生意"的人之间的一些差别后，就积极鼓励自己去尝试学习并应用，时间久了，就算你并没有去做生意，但你会发现，面对同样的一种情况，你也许会做出和哪些"会做生意"的人同样的判断，甚至会比他们做得更好。

这个时候，你的自信就会逐渐建立。

（四）寻求支持

如果仅仅靠自己仍然无法实现突破，那么勇敢地向外界寻求支持或者专业帮助也是一种非常有效的办法。

比如可以与朋友或家人分享自己的感受和目标，因为他们可以为你带来重要的支持和鼓励；也可以寻求专业人士的帮助，因为他们可以提供更深入的指导和支持，帮助识别、理解和克服限制性信念。

就像电影《心灵捕手》中的威尔一样，尽管他在学习方面有着过人的天赋，但是心防极重，在人际关系中攻击性非常强，在心理学教授西恩的帮助下，最终卸下心防，走出了孤独的阴影，找回了自我。

解除限制性信念摘脑与路径

四、总结

信念系统就像电脑中的操作系统一样，需要经常补漏洞、做更新。如不经常更新，就会导致我们在解决新问题的时候仍然沿用陈旧信念或不合适的信念，那样的话，事情就很难做成。

很多人成功是因为有运转良好的信念系统在支撑，而很多人失败也是因为信念系统已经老化腐朽，没有及时更新导致的。

如果要让自己的人生真正意义上被自己掌控，就得学会时常更新信念系统，而更新信念系统的第一步就是要解除以前的限制性信念。这是强势文化人生哲学中必须学会的本领。

第八节　提升格局与境界

"谋大事者，首重格局"。这是曾国藩在《冰鉴》中说过的一句话。

格局不是停留在嘴上标榜自己的一个标签，而是实实在在的一种宏观视野。格局小的人，短视且小家子气，往往在蝇头小利上斤斤计较，这样的人不可能看得到事情的全貌，当然更不可能看到更远的未来。

无论是想成就一番事业，还是想真正掌控人生，都得学习如何提升自己的格局和境界。

蜕变：个人成长人生哲学

一、"高人"高在哪？

大格局和高境界并非仅体现在做大事的时候，它也体现在生活的方方面面，哪怕是一件很小的事情，都会看出一个人的格局大小和境界高低。

我们生活中常说的"高人"并不是高在他们所做的事业有多大，或者多么成功，而是他们在面对问题的时候具有的超越普通人的视野和思维。

说几个小故事：

（一）一位老人买了一双价格不菲的手套，不料，在搭车的时候，掉落了一只，因为车已经开动了，来不及捡回来。周围的乘客都为此感到惋惜，没想到，老人想也不想地把另一只手套也扔了下去，大家都很吃惊，纷纷问他为什么要这样做？老人笑着解释说："尽管这双手套的价格很贵，但丢了一只，对我就没什么用了，不如把剩下的一只也扔出去，这样一来，捡到的人，就能发挥它的作用了。"

这则故事流传于网络中，已经无从考证出处了，但考证出处已经没多大意义，就算是虚构的，我们也能从中感觉到"格局和境界"为何物。

（二）大作家马克·吐温去参加一场高级聚会时，遇到了一位女士。出于礼貌，马克·吐温夸这位女士："您真漂亮！"哪知道这位女士却根本不领情，她高昂着脖子，用眼睛斜视着马克·吐温说："谢谢，不过，我却没有办法用同样的话来赞美你！"

马克·吐温笑了笑，说道："其实很简单，你完全可以像我一样，说一句谎话就够了。"那位女士听了之后，羞愧得无地自容。

这个故事很多人都听过，这番争辩里马克·吐温的回答为什么能"一剑封喉"？也是因为马克·吐温的思维所在的位置高于这位女士，很容易看到这位女士表达的漏洞所在，当然就容易找到"攻击点"。

（三）一位老板跟随旅行团去旅游，到了某购物点，尽管导游并没有像新闻中看到的那样"强制购买"，但他还是去大包小包地买特产，这个时候，有人就好心提醒他这里的东西很贵，别买了。

但是这位老板说，导游主要是靠回扣和小费吃饭，他带来我们来这里，如果大家都不买东西，他肯定不开心的，如果导游不开心，未来几天都得跟着他玩，那我们能玩得开心吗？

我在这里买点东西，导游开心了，未来几天我们全团朋友都会玩得开心，回家后，这些特产又可以送给亲朋好友，他们也开心，这样一来，所有人都开心，那我现在多花的这一点钱就很值得了。[1]

在很多人眼里这个老板挺傻的，但实际上他就是一个格局和境界比较高的人。

有些人会说了，我要是这么有钱，我也会这么做的。

那可不一定，有钱的人多了，格局和境界高的人有几个呢？

换句话来说，格局的大小和境界的高低并不是由钱多钱少来决定的。

现实中，很多财大气粗的人遇到这种情况，说不定也会争得面红耳赤。

第三个故事中的老板同样只是做了一些小事，但我们也能从他的行为中感受到"格局和境界"的存在。

二、影响格局与境界的深层因素

解释格局与境界的方法论其实挺多的，不同的学者有不同的角度，在本章节选择用一种简单、易懂的方式向您做介绍。

个体意识水准有多高，格局就有多大，境界就有多高。而意识水准的高低是由个体面对某个问题时意识所处的"身位"、"时间位"以及"理解位"共同决定的。所以，分析影响个体格局和境界的深层因素，我们可以从"身位"、"时间位"和"理解位"三个维度进行探讨。

（一）身位

身位有三种：我位、你位、他位。

---

[1] 黄启团：《图层突破：如何打破人生的壁垒》，民主与建设出版社2018年版。

面对问题时，选择站在哪个"身位"思考问题并对自己提出要求，看到的"景象"和得出的结论是截然不同的。

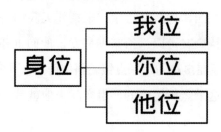

（1）我位：从自己的角度出发看问题

从这个角度看问题是人的一种本能，无需学习，天生自带，佛法中把这个叫做"我执"。

习惯用"我位"或是只会从"我位"去看问题，会让我们产生世界是以"我"为中心的"错觉"。

从"我位"出发看问题的人，虽然会表现出看似"有主见"、"有坚定立场"的"优点"，但也会表现出"凡事以自我为中心"、苛责他人，甚至蛮不讲理的缺点。

如果按照佛家的话来说，凡事习惯从"我位"出发考虑问题的，就是"我执"很重，"贪嗔痴"的根源就在于"我执"太重，"我执"太重，烦恼就多。

如果用更为通俗的语言来解释"我位"，那就是一句话——人总是太把自己当回事了。

日常生活中，人与人之间为什么会有那么多矛盾，根本的原因还是太多人考虑问题时总是习惯于只考虑自己，也就是习惯从"我位"出发。

（2）你位：从对方角度看问题

"你位"就是站在某事中对方的角度出发来看问题，如果能做到这点，就会产生"同理心"，这就是我们常说的"换位思考"。

比方说，两夫妻吵架，如果其中任何一人能率先从"你位"出发来看待这次吵架，可能更会理解对方的心理和情绪了，如果双方都能这样，夫妻之间的矛盾会少很多。

家风家教很好的家庭，从小就会教孩子从"你位"出发去管理自己的言谈举止，去学会待人接物。

比如，向别人递一把剪刀，习惯出于"你位"考虑问题的人，伸手将剪刀递给别人的时候会将"剪刀尖"朝向自己，而习惯从"我位"出发考虑问题的人，会用"握住剪刀尾部，剪刀尖朝向别人"的方式递剪刀。

这种小小的细节，表面可以看作是一个人的礼貌问题，但本质是一个人的"意识站位"问题。

在为人处事的过程中，多站在"你位"来看待问题、思考问题，会得到更多不同的视角和更多有用的信息。

（3）他位：置身事外看问题

"他位"就是自己明明在局中，但仍然能时刻做到将自己抽离事情本身，从外部视角来看问题并对局中的自己提出要求。这里提及的"外部视角"就是"他位"视角。

一旦做到这点，面对任何局面或问题，你就总能保持十足的清醒和理智，也就是我们常说的"当局者迷，旁观者清"。

一旦能做到将意识放在这种身位来思考问题，情绪这种玩意立马就会消失得无影无踪。没有情绪，人就是冷静且清醒的，而一旦人开始变得清醒，智慧必然就会比别人高出一大截。

但是，值得一提的是，这里的"他位"其实是一个很广泛的概念，它不仅仅是指代一个狭隘的"个体他"，更有可能是指代"家庭""家族""民族""国家"等非个体的角度。

比如一对父母培养孩子，可以选择站在为家族育才的高度培养孩子，也可以选择站在为国家育才的高度培养。无论是"为家族育才"，还是"为国家育才"，都是站在了"他位"去考虑教育问题。

意识站位不同，培养孩子的目标和方式就会不同，格局与境界就更会有天壤之别了。

（二）时间位：过去、现在和未来

时间有三种状态：过去、现在和未来。

相对应的，在思考问题时，意识站位在时间维度上也有三个选择：过去位、现在位和未来位。

把意识放在不同时间位上思考，看到的问题、产生的心态和得出的结论也会截然不同，这种种的截然不同必然会造成一个人格局和境界的不同，进而会导致做人做事的效果差别很大。

在"时间位"的问题上，我们的意识容易"站错位"，常犯的错误有以下几种：

（1）沉浸在过去无法自拔

无论回忆是美好的或是悲惨的，沉浸在过去的回忆中无法自拔都是不妥的，这会使我们忽视眼前的现实，容易导致当下面临的局面整体失控，损失就会更大。

请注意，我说的是"沉浸"、"无法自拔"，这和"缅怀"、"忆苦思甜"、"以史为鉴"等是两个不同的状态。

比如，我们做某件事情失败了，情绪消沉很久很久，以至于没有勇气再开始，甚至影响到了现在的生活，这种状态的存在就说明意识站在了"过去位"上，也就是意识"站错了位"。

身已处于现在，但意识仍站在过去，这是不妥的，也是对未来不利的。过去的事就应该让它过去。

无论过去美好或悲惨，都不应沉浸其中，更不能受其影响，但要明白的是，现在的自己一定是过去的经历造就的。

（2）做人做事只考虑眼前利益

做人做事只考虑眼前利益，是一种很短视的行为，这会立刻"拉低"你思考的格局和境界。

眼前利益是一种无限趋近于"现在"的"未来利益"，过分贪图眼前利益会蒙蔽人的双眼，一方面会损失更多未来利益，另一方面也会让人忽视潜在的风险。

比方说，做生意过分贪图眼前利益就会想挣"快钱"，喜欢缺斤少两的小摊贩就是这种人，他们的生意几乎不会有太多回头客，而且因为他们的行为已经触碰了法律底线，最终可能连生意都做不成。

做人也是一样，过分贪图眼前利益，会损失很多未来的大好发展机会。

说来说去就一句话，做人做事眼光要长远一些。

（3）做人做事永远不会反思

所谓反思，无外乎就是要你学会用"过去"指导"现在"和"未来"。

学会从过去的经历中学习，是一种本事，很多厉害的人都有这种本事。过去的经历可以是自己的，也可以是别人的，总之，只要能为自己所用，都可以拿来用。

我经常对孩子和身边的人说："人不怕犯错，就怕同样的错误犯两次。"是的，谁不会犯错呢？人就是在一次次错误中成长的，但聪明的人绝对不会让同样的错误犯两次，想要做到这点，必须学会反思、学会复盘。

一方面，我们要善于从自己犯过的错误中吸取教训，总结成功经验，放入自己的脑袋里，下一次遇到同样的事情就拿出来用，这样就会把事情做得更好一些，如此一来，犯过的错便有了极大的价值。

另一方面，我们要学会从别人的经历中获取"营养"，要做到这点，最好最快的方式就是读历史，琢磨历史，因为读史可以使人明智。

（三）理解位：六层理解境界

面对同样的状况，不同的人理解问题的层次是不同的，这是因为个体心智中信念系统有所不同，您可以简单地理解为三观不同，请注意，我说的是三观（世界观、人生观、价值观），而不单指价值观。

理解层次的不同，造就了不同的理解境界，这就是这个部分所说的"理解位"。

下面这张图中展示了"环境"、"行动"、"能力"、"信念"、"身份"和"灵性"六个理解维度，这说明人面对问题时，意识能站立的"理解位"至少有六个选项。

我将这六个维度简要阐述一下：

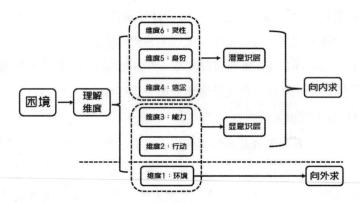

（1）环境层

理解层次在环境层的人，习惯将遇到的所有问题都归咎于外部环境，他们常有的表达方式是"抱怨"、"等、靠、要"等。

（2）行动层

理解层次在行动层的人，常常认为遇到的问题是因为自己行动力不够，通俗地说就是他们认为自己不够努力。

（3）能力层

理解层次在能力层的人，通常会认为是自己能力不够，才导致出现了很多问题，所以出于这个原因，他们会通过提升能力让自己拥有更多选择。

（4）信念层

理解层次在信念层的人，往往会在付出努力前，仔细审视脑中的观念是否正确，所以经常会问自己"为什么做？""什么对自己最重要？"这两个问题，他们往往是想清楚再行动的这类人。

（5）身份层

理解层次在身份层的人经常想的问题是：打算以怎样的身份去实现人生的意义？

（6）灵性层

理解层次在灵性层次的人想问题一般都会直接拔高到"我如何改变这个世界，让它更好？"的层面。

不同的人面对相同的问题时，会站在不同的理解层次上，进而会产生不同的境界。

这个部分不再举例说明，因为在本书第五章中的《人生六道门》一文中已经详细阐述过。

三、什么是格局？什么是境界？

格局和境界并不是一种神秘不可得的东西，更不是所谓某些"高人"的专属，它只是表明不同的人面对同样问题时，意识所处的位置不同。

换句话来说，每个人都会有自己的格局和境界，只不过格局有大有小，境界有高有低而已。

（一）什么是格局？

当我们把"身位"和"时间位"两个变量放在一起考虑的时候，就形成了下面这张图。

格　局		时间位		
		过去位	现在位	将来位
身位	我位			
	你位			
	他位			

有了这张图的帮助，"什么是格局？"这个问题的答案就不言而喻了。

在这张图中，我们可以看到有 9 个空格，不同的格子就代表"身位"和"时

间位"不同的组合。这就意味着面对问题时，我们的意识站位至少有 9 个
选择，不同的选择就反映着不同的格局。

比方说，某人在追求个人成长方面，更多时候是着眼于未来在考虑，
而不是总在关注眼前利益，那么他的"格局"就比"只会关注眼前利益"
的那些人要大一些。

再比方说，一个老板如果眼光长远，着眼于未来，看重顾客和员工利益，
秉承诚信经营的理念，就永远不会靠着"短斤少两"、"以次充好"这样卑
鄙的小伎俩来做"一锤子买卖"，如果能把顾客"当人"，把员工"当人"，
回头客一定越来越多，员工也一定会越来越忠诚，这样的生意一定会好，
别的不说，顾客和员工都不会"允许"这样的商家倒闭。

例子太多，不胜枚举，读者可以自行思考，这里总结两句：

格局最大的人，往往同时站在"他位"和"将来位"上考虑问题，

格局最小的人，往往同时站在"我位"和"过去位"上考虑问题。

（二）什么是境界？

如果用身位、时间位、理解位三个维度构建出一个三维的空间 ①，您就
很清楚什么是境界了。如下图：

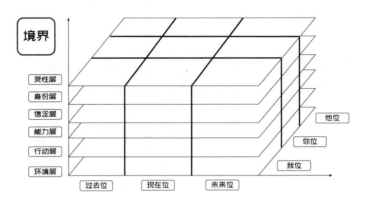

在这张图中，我们可以清楚地看到，原来的二维空间变成了三维空间，

---

① 黄启团：《图层突破：如何打破人生的壁垒》，民主与建设出版社2018年版

意识站位的选择项从上图的 9 个变成了 54 个。

面对问题时，"理解位"越高，就说明境界越高；"理解位"越低，就说明境界越低。有了"理解位"维度的帮助，所谓"境界"就容易理解了。

华为公司的掌舵人任正非是一个境界极高的人。在带领华为发展的过程中，他始终是站在国家战略、民族命运的高度来制定华为的发展战略。他将华为的使命与国家和民族的命运捆绑在一起，与某些公司比较，这个境界确实了不起。

多年前，美国还没有制裁华为的时候，华为内部就已经做过"极限生存的假设"——假设某一天美国如果全方位"断供"，华为要如何才能保证产品的稳定供应，保证企业继续活着？

出于这样的战略考虑，"海思"备胎计划开始实施。

2019 年 5 月 17 日，当美国终于砍下那致命制裁一刀的时候，当了 14 年"备胎"的"海思"一夜之间全部"转正"，也正因为此举，华为并没有在美国制裁的大棒面前倒下……

什么是格局？什么是境界？已经无需多说了。

四、怎么提升自己的格局和境界？

刚才说了，格局和境界并不是某些"高人"的专属，也并不是只有在做大事的时候才体现的，格局和境界往往就藏在一言一行、一茶一饭中。

如果刻意地为了提升格局和境界而去提升格局和境界，这就"着相"了，如果真的这样做，那就无异于东施效颦。

格局和境界并不神秘，它就是一个人思考问题、做出决策时意识站位的选择，选择不同的意识站位，根本目的只有一个——把事做好，把人做好。

所以，提升格局和境界只是手段，并不是目的。

如何提升自己的格局和境界，我给三点建议：

蜕变：个人成长人生哲学

（一）站在局外看局内

遇到任何事，尽量试着用"上帝视角"去看"局中"的自己，去看"局中"的其他人，就好像孙悟空一样，把自己的"肉身"定在那里，让"灵魂"抽身于事外去观察。如果能做到这样，"身位"就从"我位"变成了"他位"。

"身位"转变的这一瞬间，你会惊喜地发现"奴役"你的那些小情绪，那些原本斤斤计较的小利益，统统变得无足轻重了，它们瞬间失去了控制你的能力。

转变"身位"，才可能会拥有缜密深刻的思维和直指人心的洞察力，对事物和人的判断才可能正在点子上，才可能拥有超出局中人的智慧。

（二）站在未来看现在

站在未来看现在，意思就是要学会做一个"穿越"的人，要训练自己养成"穿越"思维。所谓"穿越"思维，就是时常要让未来的自己来指导现在的自己。

这点，实际上就是要学会把自己意识的"时间位"尽量调整成"未来位"。

事实上，会布局的人都有这个思维。

永远站在未来看现在，让自己的眼光保持长远，才能抓住现在该抓住的，忽略该忽略的，放弃该放弃的。

（三）站在"山顶"看自己

只有站在"山顶"，才能知道自己的人生真正该去的方向。

所谓"山顶"，其实指的是你精神世界的最高点，这个最高点就是一个人离"本我"最近的位置。

用内心最真实的自己去引导自我，去做该做的事，去经历该经历的人，去完成此生来到这个世界上该完成的那件大事。

一切经历，都在为遇到真正的自己做着准备。

第九节　自我救赎之路

世间劫难千千万万，人生之路曲折艰辛。无数挫折与失败随时可能打倒我们，面对困境与逆境，唯有自救才是正解。

一、第一步：塑造

现在的我们，是被过去塑造而成的。

了解是什么塑造了我们，是重获新生之路的第一步。

（一）人是环境的产物

水质会因为流过的环境而变得好或坏，人也会因为出生、成长的环境而有巨大差异。

塑造一个人的环境中，原生家庭环境是很重要的。

无论是家庭秉承的理念、家庭结构、家庭文化，还是家庭的财富程度，有些原生家庭某方面整体优于其他家庭，那么孩子从小受到的教育当然是会更好一些。可是这东西没法选择，所以只能说投胎是个技术活儿，这句话当然是一句开玩笑的话。我更想表达的是虽然我们没法去选择自己的原生家庭，但是它对一个人的塑造和影响深刻而巨大。

家庭环境中发生的一切，就如空气一样"包裹"着我们，是好是坏都无法拒绝，因为它是我们赖以"生存"的基础，它又无时无刻不在塑造着我们的身心，因为我们无时无刻不在呼吸。

深究其中，我们不难发现：真正塑造我们身心的是人，而不是客观环境。换句话来说，是家庭中的其他成员如父母、兄弟姐妹等的思想观念、言谈举止在不知不觉中塑造着我们，而不是住房、财富等物质基础。

在父母、兄弟姐妹等家庭成员的影响下，逐渐就会形成我们生而为人最初的思想观念、思维方式、教养、性格、气质等要素，而这些统统都在为我们自身的"个人文化系统"添砖加瓦。

自我救赎之路最难、最重要的、最首要的一个任务就是"摒弃原生家庭对你的不良影响"。

在一个人的心智信念系统中，有大约60%以上的限制性信念来自原生家庭。随着时间推移，这些限制性信念会在潜意识层中潜藏得越来越深，深到你往往无法察觉它的存在，无法察觉的东西对一个人的影响通常是具有决定性的。

每个人都会受到原生家庭的影响，但要意识到原生家庭又会受到你的故乡环境的影响，当然，故乡环境也会受到国家环境的影响，说这句话，无非是不希望你孤立地看待一个问题。

摒弃原生家庭的不良影响，不是去否定父母和兄弟姐妹，而是要找出那些他们在无意中装入你心智的限制性信念，这就是"自我救赎"的第一步。

能够克服，或是至少清楚地意识到原生家庭的不足以及原生家庭带来的不良影响，就已经是值得称道的智慧了。

另外，请别忘记，作为父母，我们同样是孩子的原生环境，你改造自己，就是在塑造孩子！

除此之外，学校的环境、职场环境、朋友圈子的环境也会影响我们的身心，学校的教育制度、老师的教学方法、朋友圈子里传播的观念和习惯等等都有可能变成我们身心的一部分，甚至会跟随我们一辈子，而我们自己却无法察觉。

在成长之路上曾经经历的一切，都在不停地塑造着我们，对此每个人都需要有清醒的认知，只有意识到这点，才有可能真正意义上改变自己。

（二）环境中发生的一切很难用简单的"是非对错"去判断，也不应该简单地用"是非对错"去衡量

因为对同一件事，每个曾经与你共处同一个环境中的其他成员感受到

的东西是不一样的，因为每个人秉持的角度不同。

就如《你当像鸟飞往你的山》的作者塔拉的眼里，她的家庭环境总是呈现出晦暗沉闷的一种氛围，但是在她哥哥泰勒的眼里好像不是这样的，在他爸爸的眼里更不是。

比如，塔拉在废料场帮他爸爸干活的时候，他父亲不断地将分拣好的东西朝她站的位置扔过来，但这种"粗暴鲁莽"的"扔法"导致她在躲避的时候受了伤。从塔拉的视角来看，会对父亲产生埋怨和愤怒，埋怨父亲不会"怜香惜玉"，愤怒于父亲让自己受伤，于是很容易为父亲贴上冷漠无情、重男轻女的标签。

但她的父亲真的是因为很讨厌他的女儿，或者是很漠视他女儿的安全才这么做的吗？显然不是的。

这只是从塔拉的视角看到的样子，如果从他父亲的视角看，事实也许会变个样。

有没有这样一种可能性：他的父亲一旦进入工作状态的时候，就极其容易投入其中，只关注了自己要做的事情，根本就没有想到别的，所以也没留意到他扔东西的那个位置还有人站在那里。

塔拉认为父亲很冷漠，漠视她的安危，我们能够理解这样的看法为什么会产生，但是它可能不是真相。这是重点。

更重要的，一旦我们习惯性地用简单的"是非对错"去衡量环境中发生的一切，就很容易陷入偏执和狭隘当中，人心容易因此而扭曲变形，我们眼里的世界当然也会跟着扭曲变形。

（三）环境和你是两回事，不要刻意、频繁地在这二者建立因果关系

虽然每个人都会受到原生家庭的影响和塑造，这也是真真切切的事实，但不要把自己当下遭遇的一切不期望产生的"恶果"的"账"全都算在原生家庭的身上。

如果刻意、频繁地在现在和过去之间建立因果关系，这会让我们陷入

蜕变：个人成长人生哲学

弗洛伊德"决定论"的思维里，强势文化的人会主动将当下的自己与原生家庭"分离"。[①] 原生家庭就是原生家庭，我是我，即便这二者之间曾经彼此影响过，但现在我们需要勇敢地斩断原生家庭带给我们的不良影响（假若有的话）。

而弱势文化的人非常喜欢"善于"去刻意地、频繁地把自己的现在和过去的环境建立某一种因果关系，以便能找到一些原因来解释"我为什么是现在这个样子？"这是一种典型的为自身行为找一个合理化借口的方式。这实在是太"弱"了，自己没做好就没做好，当下的自己有不足就是不足，努力去改善现状才是正道。

就算自己正在经历的痛苦或挫折确实是他人导致的，也无需纠结在"这到底是谁的错？"这样的问题上，更不要把痛苦和受到挫折的原因归咎于过去，不要把责任归咎于他人，这样的做法对解决当下的问题毫无意义。我们应该着眼未来，活在当下，积极掌控，改善现状；而不是陷入回忆，活在过去，消极沉沦，任由恶化。

打个比方：男生失恋了。分手之后的日子里一想到两人曾经爱得死去活来，男生就很痛苦。男生每天借酒浇愁，把自己灌得大醉，饭也不吃，澡也不洗，家里也不收拾……连续几天甚至几个月长期地陷入这种状态里，任由自己的精神秩序、生活秩序陷入混乱当中，还要自顾自地可怜自己，一再对着自己说："我好可怜！"

感觉自己很"悲壮"是吗？这样做是为了"感动"自我，还是为了"感动"那个离开你的人？这个"混乱"的样子，是在做给谁看呢？

这是你自己的生活，和分了手的人之间是有关系，但不要建立如此强烈的因果关系。即便分了手，即便被他人伤害，你依然有权利选择让自己过好一点。

说句不留情面的话：弱势文化的人最喜欢干这种事情。

---

① 岸见一郎，古贺史健：《被讨厌的勇气："自我启发之父"阿德勒的哲学课》，机械工业出版社2017年版。

要学会用强势文化的思维去做人做事，要学会掌控自己的生活和命运。无论过往有多么的不堪，无论对过去有多么大的怨气，但从当下的这一刻开始，往后的所有的人生都是自己的，为什么要让自己以后的人生非得沉沦失控呢？

（四）环境中发生的一切都是财富

无论好的经历、还是不好的经历，都不必成为我们身心的一个又一个"标签"，无需过分否定自己，也无需过分肯定自己，那都是已经过去的事情，如果要让自己的曾经变得有价值，就要用客观理性的态度去看待，要从中去挖掘正向的价值为己所用。

举几个例子：

（1）如果印象中父母经常吵架，家庭并不和睦，现在的自己就有必要仔细想想他们为什么会这样，深层原因是什么，如果自己身为丈夫或妻子，以后应该如何避免？

（2）如果经常被人欺负，除了痛苦难过之外，真的要认真想想为什么自己总会被人欺负？为什么别人面对自己会那么容易就生出欺凌之心？自己到底弱在什么地方？我要做些什么，才能让自己以后不被欺负？

请原谅我，这些问题是如此的"冷漠无情"，但是只有把问题想到这些层面，才能彻底切断被人欺负的因果链接。

（3）如果很容易受人欺骗，就需要认真地想想自己为什么这么容易受骗？别人为什么不容易受骗？为什么自己会如此地轻信他人？

我们每个人都需要从成长经历中去疯狂地榨取价值，否则过去的经历就变得一文不值。

二、第二步：觉醒

（一）觉醒的前提，是要有环境的刺激，而且是强烈的刺激

对普通人而言，只有环境中的刺激强烈到一定程度之后，才可能让普通人觉醒。曾经吃过的亏、受过的苦、经历过的坎坷磨难，甚至生离死别都是环境的一种刺激。很多人的真正蜕变成长，都来自成长路上的一些刺激性事件。

但是，有另一种情况必须得说：有些人不需要强烈的刺激也会觉醒。这种人对于环境中发生的一切有着比较敏锐的感知能力和深刻的洞察能力，在环境中弥漫着"不祥"的味道时，他们能立刻觉知并积极调整自己或更换环境。

就像自然界的动物一样，洞察力强的动物，往往能够先知先觉逃避危险；洞察力弱的动物，往往是后知后觉被动躲避危险；而几乎没有洞察力的动物，往往在不知不觉中被死亡吞噬。

在自然界，最容易被捕杀的就是后两种动物。

在社会中，最容易被淘汰的就是后两种人。

先知先觉的人往往有两个地方超越常人，一是悟性、二是智慧。

但是对于大部分普通人来讲，人生中第一次觉醒，第二次觉醒总是通过环境刺激带来的，而且是强烈的环境刺激。

就如电影《风雨哈佛路》中的主人公莉斯一样，悲惨的家庭环境并未让她彻底觉醒，因为尽管悲惨，但父母的存在仍然让她觉得自己的精神有所依靠，这份精神依靠在母亲离世的那一刻轰然倒塌，无比痛心又让人无比绝望的事实给了她最沉痛的一击，也因为这一击，让她自我救赎的意识开始真正觉醒，趴在母亲的棺材上做完最后的告别，莉斯清醒坚定地走上了自我救赎之路。

（二）总是处在舒适区的人很难真正觉醒

总是处在舒适区的人缺少环境带来的负面刺激，或者说总是刻意避免环境带来负面刺激，真正觉醒的那一刻就很难到来。

处在舒适区大致有两种情况导致：

第一，总有人为你兜底，让你感到舒适。

比如在很多家庭里，父母非常宠爱孩子，总希望为孩子创造一个很好的成长环境，这样的环境不仅能在物质上极尽可能地满足孩子，而且能在精神上护其"周全"，殊不知，良好的成长环境并不等于温室一样的舒适区，这是两个不同的概念。

孩子犯了错，家长在善后；孩子受了挫折，家长在强力扭转局面；在这些过程中，孩子做了什么呢？没有，什么也没有，他们永远在享受舒适，享受有别人为他"兜底"的那种舒适感。

良好的成长环境不仅有"阳光雨露"，也有"风"有"雨"，在这样的环境中成长起来的孩子往往健康坚强，清醒独立，懂珍惜但不自私，善良但不愚蠢；而在温室环境里长大的孩子脆弱无能、自私自利、依赖性极强，一点"风雨"就能将他们打垮。

我并不是说非得把孩子推到苦难里去，而是说不要刻意地制造一些环境让孩子活得过于舒适，顺其自然就好，不要太刻意了。

第二，总在避重就轻，择易避难。

人会趋利避害，这是本能。

这种本能会让我们在做事的时候自然地选择去做一些容易的事情，而不是选择做正确的事情。

这样的选择看起来合情合理，实际上就是在为自己营造舒适区。总在做一些自己会的事情，总在做自己觉得容易的事情，根本就不愿意去尝试新事物，不去努力做一些困难但正确的事情，人怎么能成长呢？

这个简单的道理说出来谁都懂，但问题在于真正面对的时候，大多数人又会"臣服"于自己人性深处的那点劣根性。

这是我反复提及的强势文化与弱势文化的一种深层次区别，那就是弱势文化的人总在做着顺自己人性的事情，而强势文化的人总是在努力地克服自己的人性。

（三）觉醒是对苦难的一种奖赏

请一定相信我：觉醒就是对苦难的一种奖赏。

这点，我愿意用我的人格和人生经历做保证。

人的一生中，没有不幸也许就是最大的不幸。因为遭受苦难，遭受挫折，遭受不如意是迟早的事情。每个人的人生不会永远顺顺利利的。如果在你年轻的时候，成长的过程当中，一路都是一帆风顺的，永远有人在给你兜底，那你到了无人给你兜底的时候，一个小小的"风浪"都有可能把你打倒。

中国老话说：吃一堑，长一智。我们要学会用最小的成本快速地成长。所谓的"堑"指的是什么呢？吃过的亏、受过的教训、跌过的跤都算，而苦难只是最严重的一种。如果你在吃了一次小亏之后就能觉醒，那么你真是一个有福报的人。你的福报太大了，才能以如此小的成本快速地成长，大幅度的成长。一次"小亏小难"就能让人快速成长，这难道不是一种奖赏吗？

三、第三步：剥离

剥离什么？

（一）要剥离的是这四样东西：思想的束缚，意识的束缚，思维方式的束缚，还有习惯的束缚

这些都是曾经或正在塑造我们身心的环境带给我们的限制性信念。这些环境不仅仅指的是家庭、学校、朋友圈子等环境，也指你所处的地域环境，你的民族以及你信仰的宗教等。

但请注意，我说的"束缚"，指的是限制性信念，如果期望精神真正脱

胎换骨，重获新生，就需要剥离这些束缚我们的限制性信念。

（二）我们需要学会去剥离束缚，那怎么去剥离？

需要具备两个条件：第一,你要感觉到它的存在；第二,你需要点勇气。

这里面最难的不在于是否拥有勇气，而在于是否能感觉到束缚的存在。就如我们要去解决问题的第一步，就是需要先发现问题一样。

感觉"束缚"之所以难，是因为长期"浸泡"在塑造我们的环境中，束缚我们的那些东西会逐渐"下沉"至潜意识深处,这些东西总会在暗中"操控"我们，但我们很难察觉到它在"操控"我们。

就好像人每时每刻都在呼吸，但我们总会忘记自己在呼吸，可是一旦不呼吸我们就会受不了一样。

那为什么还需要勇气？有三个原因：

（1）允许破裂的发生需要勇气。

当你主动剥离头脑心智中已有的一些观念、思维等束缚时，实际上就意味着你开始和曾经塑造过你的环境中某些成员不再是"观念共同体"，甚至有时会站在对立面，这很容易导致你们之间关系产生裂缝，甚至敌对。这时的你需要有勇气接受这个事实，否则你没法往前走。

（2）承受自我分裂的痛苦需要勇气。

注意：这个地方说的是"分裂"，它指的是自我分裂。

在尝试剥离的过程中，一个自我里面有可能会同时存在两套对立的观念，一套是旧的，一套是新的，此时这两套观念有时是不和谐的，有时甚至是完全冲突的。

当新旧两套观念"打架"的时候,你的自我就处在"分裂"的痛苦状态中。只有品尝到这种痛苦的时候，你才可能会真正意义上实现脱胎换骨的变化。

当一个受惯了欺辱的老实人在拿起武器杀人之前就会经历这种自我分裂的痛苦。

一个人只有毁掉原来的自己才能去追求新的自己。

毁掉原来的自己意味着对原来的自己进行本质上的否定，这种否定实际上就是抛弃原来的自己，"杀死"原来的自己，是一种从根处摧毁自己曾经无比坚定的三观、思维、习惯的过程，其中的过程尽管痛苦，但即将迎来崭新自我的那份喜悦着实令人无比期待。

（3）融入新环境需要勇气。

新的观念来自新的环境，这意味着你需要接触新的人、新的事，但同时也意味着会面临陌生感和对未知的恐惧，这个过程也许会让人觉得迷茫且不知所措，没关系，此时此刻需要做的就是勇敢地以敞开的怀抱来迎接新观念、新事物和新朋友，努力去学习你未知的那些东西，并积极融入新环境，这是强势文化的人面对新环境该有的精神姿态。

例如：当我们年少时离开家去上大学，会进入完全陌生的一个城市，遇到完全不同的一批人，接触到全新的观念和思维方式，这些新事物于我们来说当然充满吸引力，但是强烈的陌生感和对未知的恐惧又很容易让人感到迷茫。很多人不仅无法快速适应大学生活，甚至可能会产生退学的念头，这个时候，唯有不断给自己加油打气，鼓励自己勇敢前行。

四、第四步：重塑

重塑是什么意思？

重塑就是更换一整套全新的信念系统，把自己变成一个新的自己。

在经历了前述塑造、觉醒、剥离三步之后，一个人该怎样才能真正意义上重塑自我？

（一）坚守终身学习之道

终身学习之道分两步：

（1）主动持续学习

学习方式有四种：读万卷书，行万里路，阅人无数，名师指路。

这点在本书前文中已经谈过，在此不赘述了。

在这里，我更想强调的是"主动"二字。

主动意味着敞开心智积极拥抱新观念、新事物，并且将有利于自己成长发展的观念装入脑袋里。这个过程一定要学会把关。对所有可能进入心智中的一切要有辨别能力，要学会取其精华、弃其糟粕。

（2）持续践行

学到了新东西，就要持续地去践行。

很多人说："懂了很多道理，却还是过不好这一生。"

为什么呢？

就是因为缺了"持续践行"这一条。不去持续践行，再好的观念也不会成为你的思维习惯和行为习惯。当你做某事的时候，还会沿用以前的旧观念、旧思维，全然忘记了学到的新观念和新思维。总是这样，当然会出现"懂了很多道理，却还是过不好这一生"这种状态。

（二）强大学习能力的支撑

学习能力是一种可转移的能力，是一种可以持续领悟新知的能力。在个人成长的路上，学习能力实在是太重要。

学习能力不是指能看多少书，看书的速度有多快，而是指能从所有入眼、入耳、入脑的信息里榨取价值并且将这份价值入心的能力。

知识改变命运，很多人都听过这一句话。但实际上，知识本身不能改变命运，上学本身也不能改变命运，之所以人们认为这两样东西能够改变命运，是因为通过它们你改变了自己，是你自己改变了自己的命运。

不要以为自己学了一点知识就能改变命运，不要以为自己上了学就会改变命运。如果真正的自我没有发生变化、没有通过知识来重塑自己，你的命运仍然是无法改变的。

很多人脑子里面装了很多知识，嘴上也能说得天花乱坠的，甚至也能引经据典、侃侃而谈，但如果仅仅停留在这个形式的层面，那又有什么用呢？

我在第一章中曾经指出："个人资源系统"是命运的下限，而"个人文化系统"是命运的上限。

真正自我的改变是"个人文化系统"的重塑，而不是"个人资源系统"

的变化。只有不断突破"个人文化系统"的天花板，人才有可能彻底改变自己的命运。

五、第五步：新生

新生意味着什么？

意味着新的环境塑造了一个新的自己，自己收获了一个新的自己。当一个人重塑了自我，他就立刻获得了新生。

重获新生之后，我们就可以用全新的视角去看待人生和人生的意义。你会发现你的思维在升级，认知在升级；你看问题的视角层面完全不一样了；你会发现这个世界绝不是非黑即白的，而是五彩斑斓的。

五彩斑斓的世界充满无限的可能，五彩斑斓的人生充满无限的可能。我曾经在很多年前跟自己的伙伴、同事们分享过一种观点——我总是对"明天"无比的期待，因为我不知道"明天"会发生什么事，"明天"会遇到什么人。

"明天"也许会更好，也许会更坏；也许会撞大运，也许会遭受磨难；重要的是：正因为"明天"有无限可能，"明天"才值得去追求、才值得去期待。

可是现实当中的很多人却努力地让自己的人生活在一种或几种有限的可能里，这是非常令人遗憾的。

就如每年到了毕业季，总有很多学生告诉我他们打算考公务员、考事业编岗位，这些都是非常稳定的职业去向，尤其是经历过三年新冠疫情之后，人们对于"稳定"的需求变得更加渴望，我很能理解这点。

如果人到中年，上有老下有小的生活重担容不得太多的折腾和变化，渴望一份"稳定"是极其现实的需求，但是当一个20岁出头的孩子在刚刚开启人生旅程的时候就在考虑如何追求人生稳定，我会感到非常惋惜，尽管这是他们的自由，但仍然无法降低我内心深处的这份"惋惜感"。我在"惋惜"他们描绘人生的颜料板上缺少了很多颜色。

谁都有权利自主决定自己的人生路，所以我不会简单地用"对错"来描述这样的选择，但是人生只有一次，该折腾的时候就得折腾，该奋斗的时候就得奋斗，该经历的时候就得去经历……很多时候，我们不是后悔做了什么，而是后悔没做什么。

比利时《老人》杂志曾经对一批60岁以上的老实人做过问卷调查，询问他们最后悔的事情是什么，调查的结果显示：

92%的人后悔年轻时努力不够导致一事无成。

73%的人后悔在年轻的时候选错了职业。

62%的人后悔对子女教育不当。

57%的人后悔没有好好珍惜自己的伴侣。

45%的人后悔没有善待自己的身体。

要掌控人生，就需要让自己的人生多几种可能，而不是人为地减少可能性。

大部分人喜欢让自己的人生处在一种预设的可能里，本质上是在努力地让自己的人生进入舒适区。

尼采说："每一个不曾起舞的日子，都是对生命的辜负。"弱势文化的人特别注重"趋利避害"，渴望无限的"安全感"。受到这样的动机驱使，会让本来五彩斑斓的人生变成一种单一的色彩，从某个角度来讲，这确实是对生命的不尊重。

六、总结

画一张图，将这五步做个总结：

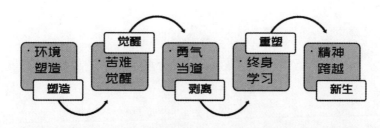

每一次成功的自我救赎都需要经历上面五个步骤。获得"新生"的那

蜕变：个人成长人生哲学

一刻就代表着你站在了更高的一座山顶，而每一次自我救赎后获得的"新生"又是下一次自我救赎的起点。

人生不会只有一次自我救赎，每一次成功救赎都意味着你遇见了一个新的自己。

在自我救赎的路上，我们总是需要不断地告别过去的自己，迎接未来的自己，不经历"迎来送往"，人生无法成长；在"迎来送往"的过程中，我们总是会不断地失去些什么，然后又获得些什么，无论你是否喜欢、是否愿意，都必须接受这个现实。

在《你当像鸟飞往你的山》中提到一句歌词："将自己从精神奴役中解放出来，只有我们自己才能解放我们的思想。"

这句话说得很到位，困住自己的永远是自己的精神世界，而不是现实中的客观世界，只有我们自己才能解救自己，人生中没有任何一样东西比充满无限可能的人生更值得去追求。

背叛曾经，追寻自己；要有收获，必有失去；

割裂过往，勇敢追求；自我进化，新生涌现；

无人能救，唯有自救；星辰大海，尽情遨游。

这是我人生自我救赎之路的感悟，与您分享，与您共勉！

第六章 蓄能成才

改变命运的办法首先就是改变自己。上一章主要探讨的是如何改变自己的软件——"个人文化系统",这一章主要来探讨如何改变自己的硬件——"个人资源系统"。

在"个人资源系统"中,有五种资本会在很大程度上影响人的命运,分别是:政治资本、经济资本、人脉资本、健康资本、能力资本。这五种资本在社会中并不会平均分配,所以会造成人与人之间的差别,其中优质的政治资本、经济资本和人脉资本更是集中在社会上层,普通人无法轻易获得。因此,大多数普通人或普通人家庭的孩子如果期望改变自己或家庭的命运,能依靠的只有健康资本和能力资本。

能力资本很特别,它具有比较大的变化空间,大多数普通人的命运就是靠提升个人能力改变的;但更有意思的是,个人能力的提升也会带来其他几种资本的提升,因此它对个人命运的影响就变得至关重要,甚至可以说是"核心"资本。

如何应用强势文化思维来提升个人能力,这就是本章要谈的话题。

能力的提升无外乎两种方式:一是学习,二是做事。看起来非常容易理解的两点,在强势文化思维和弱势文化思维下,却会产生截然不同的学习之道和做事之道。

第一节　人生第一要务

成长永远是人生第一要务，但面对成长问题，强者有一种有别于弱者的思维，这种思维特征更是被一些像微软这样的国际巨头作为雇佣高级管理人员和高级系统工程师的标准，这种思维叫做成长性思维。

这个概念是由斯坦福大学的卡罗尔·德维克教授提出，她提出人的思维模式分为两种：一种是成长性思维，另一种则是固定性思维。[①]

一、两份测试

先来看看两份简单的测试，看看自己是哪种思维？

（一）成长性思维还是固定性思维？

□智力是一个人的基本素质，无法有多大改变。

□你能够学习新的东西，但实际上无法改变你的智力水平。

□不论你的智力水平如何，你总是能够多少改变它。

□你总是能够明显改变你的智力水平。

你是否同意上述四个观点？

（二）关于性格和特质

□你是某种类型的人，而且很难改变。

□不论你是哪种类型的人，总是能够明显改变。

---

① 　[美]卡罗尔·德韦克：《终身成长：重新定义成功的思维模式》，江西人民出版社2017年版。

□你能够用不同方法做事，但关于你个人的重要特质，是无法真正改变的。

□你总是能改变你自己的基本特质。

你是否同意上述四个观点？

以上两份测试问题是卡罗尔·德维克教授在其著作《心态致胜：全新成功心理学》中设计的问题，目的在于测试自己是成长性思维还是固定性思维。

第一份测试中，前两个问题在测试是否是固定性思维，后两个问题在测试是否是成长性思维。

前两个问题的答案如果是肯定的，就说明你具有固定性思维；如果是否定的，就说明具有成长性思维。后两个问题的答案如果是肯定的，那么就说明你具有成长性思维；如果是否定的，那么就说明你具有固定性思维。

第二份测试中，第一和第三个问题在测试是否是固定性思维，第二和第四个问题在测试是否是成长性思维。

第一和第三个问题的答案如果是肯定的，那么说明你具有固定性思维；如果是否定的，那么说明你具有成长性思维。第二和第四个问题的答案如果是肯定的，那么说明你具有成长性思维；如果是否定的，那么就说明你具有固定性思维。

当然，也有人是混合型，但大多数人的思维是具有倾向性的，也就是说，要么是固定性思维，要么是成长性思维。

二、两种思维对比

（一）固定性思维

拥有固定性思维的人认为：人的特质和素质是天生的，后天无法改变。这种思维会让人一味地去急于证明自己。

在现实中，往往有这样的表现：

（1）喜欢用"聪明"、"智商高"等这样的标签去定义一个人；

（2）总在努力地向每个人证明自己是个聪明的人；

（3）非常在意别人的评价，而不是享受努力的过程。

（二）成长性思维

而拥有成长性思维的人认为：无论任何领域的能力或智慧，都可以通过努力、方法策略和别人的帮助而得到，他们乐于接受挑战，并能积极地拓展自己的能力。

除此之外，还有一些延伸的观念：

（1）相信自己是可以改变的，现有的素质和条件只代表现在。

（2）人是可以通过努力、积累经验而改变成长的。

（3）尽管努力不一定会有回报，但始终相信一个人的真实潜能是未知的，而且无法确定未来一定会发生什么？

（三）两种思维对比

两种思维之间的差异是巨大的，但根本区别在于遇到问题时固定性思维习惯性地向外求，而成长性思维习惯性向内求，会从自身找问题寻办法。

我用面对失败时两种思维的不同反应来解释这种区别，看下表：

对比	固定性思维	成长性思维
面对情绪	情绪奴隶： 任由负面情绪控制自己自暴自弃、暗自神伤。	驯服情绪： 情绪也会有，但不会任由情绪影响自己。
面对自我	自我否定 会给自己加很多负面标签	自我反思：不会轻易给自己加标签 （认定自己是动态变化的）
本质原因	向外求得太多，在意外界	向内求成为第一反应，会自我反思
面对问题	任由其烂下去， 破罐子破摔，等待救世主	冷静思考，积极解决问题
底层逻辑链	情绪奴隶+自我否定	驯服情绪+自我反思+找原因+解决问题

我相信细心的读者已经从上表中看出了两种思维的本质区别到底是什

么了？不难发现：成长性思维的内核实际是强势文化，而固定性思维的内核实际是弱势文化。

在面对成长问题时，强者为什么会秉持成长性思维也就不难理解了。

三、为什么我们更需要成长性思维？

其实每个人的心智里，都会同时存在成长性思维和固定性思维。

面对某类问题，我们可能会用成长性思维思考做事；面对另一类问题，我们又可能用固定性思维去思考做事。

而这两种思维在每个人心智中的比例是不同的，有的人成长性思维多一点，有的人固定性思维多一点。

（一）成长性思维会让我们看到更积极的世界

在成长性思维的精神世界里，个体的生活态度要积极得多。因为这种思维会让我们相信——人的各种基本素质都可以通过努力得到改善。简单地说，具有成长性思维的人相信自己可以通过努力来改变自己。

根据杜维克教授的研究发现：在学校考试中名列前茅的20%的学生，通常都拥有成长性思维；而排名倒数的20%的学生，大概率都是固定性思维的学生。

拥有成长性思维的人会更具备抗压变形能力和复原能力，因为他们面对挑战时会表现得更积极，更充满力量，在他们的观念里并没有"成王败寇"的概念，而是认为有挑战是一件好事，可以帮助人学习和成长。

挑战失败不意味着"我是个失败的人"，而是"我还有成长的空间"，而挑战越大，潜能发挥的空间越大。

（二）固定性思维的人往往害怕失败，担心别人说自己不聪明或者比较笨而拒绝接受挑战

面对困难的时候，他们很容易受到限制，就会表现出下面的行为：

1. 只愿意做自己擅长的事情；

2. 习惯性地回避挑战；

3. 遭遇到阻力时容易放弃。

他们特别害怕失败，所以他们很坚信可以通过一场"考试"来断定自己到底有没有某种能力，比方说，张三的高等数学没有及格，他很容易会得出一个结论——我不是学数学的料；但他的英语考了 90 分，他也会很容易得出一个结论——我有语言天赋。

这种思维方式背后潜藏着一种比较可怕的观念——轻视努力的价值。

为什么这么说？

因为他们认为一个人的基本素质和能力是不能轻易改变的，所以自己强的地方不用怎么努力就可以做得比较好，而那些不强的地方就算努力也不能做好，所以，没有必要去努力了。

看到了吗？他们意识中的"重点"在于最后那句话——没有必要去努力。"没有必要去努力"背后的真正心态，其实是害怕面对"努力之后依然失败"的结果。

（三）打个比方来说明

有两个创业者，一个拥有成长性思维，另一个则拥有固定性思维，他们同时开始了他们的创业过程，在创业过程中两个人都遇到了不同的困难，这时候他们必须决定是否继续坚持下去，还是选择放弃。

固定性思维的创业者会认为他遇到的这些困难都在提醒他一件事——也许创业这条路根本不适合他，在经过一番"深思熟虑"后，他会非常"顺理成章"地得出"我不是创业的料"这样一个结论，然后选择放弃。

而成长性思维的创业者会认为遇到的困难都在提醒自己——你还有某些能力或知识并没有掌握，他会把这些困难当成是他的导师，不断去学习摸索，然后不断地改变自己，不断往自己身上"添砖加瓦"，最终，创业也许会成功，也许不会成功，但是，这个过程中，他个人的成长可能更有价值。

四、怎样才能拥有成长性思维？

从上面的文字中我们可以看到拥有成长性思维的重要性，那我们怎样才能拥有成长性思维？

（一）接受"大脑可塑"的观念

我们的大脑和肌肉一样，可塑性是很强的，也就是说可以改变。

一个人是否聪明，是由大脑中两样东西影响：一是"突触"，二是"灰质"，这两样东西都可以通过后天刺激和学习不断改变。

对"突触"和"灰质"，我在这里做一个小科普：

大脑中神经元之间负责传递信号的"突触"，会根据环境的刺激和学习经验不断改变。当我们每一次去学习新知识、迎接新挑战的时候，大脑就会产生新的"突触"，大脑中的神经元就会形成新的强而有力的连接，当我们在复习已有的知识时，突触的连接就会更加巩固，而"灰质"就是从这些新的突触中所形成的。

举个例子来说明"突触"和"灰质"的变化过程：

一份来自美国国家生物技术中心的报告显示：经过多年的驾驶经验，公交司机大脑会发展出大量的灰质，让他们更自如有效地穿梭在城市各个角落里。比起公交司机，出租车司机大脑产生的灰质含量会更多，这是因为公交司机总是驾驶同样的路线，而出租车司机每天都需要把不同乘客送到不同的目的地。

同时，灰质含量和出租车司机的工作年龄更有关系，工作越多年，大脑里的灰质就越多，这说明了驾驶出租车的行为触发了大脑的改变，让出租车司机们在工作上更有效率。

大脑的可塑性可以持续终身，也就是说我们的思维模式、才智等永远可以通过训练而塑造和培养。

（二）关注过程而非结果

在一个人的成长过程中，最重要、最直接影响成长的因素就是他人的评价性语言。

这点，一定要重视！

在现实生活中，我们经常会听到这样的评价：

"你学得真快，太聪明了！"

"你好棒，真是个天才。"

"你根本不是学数学的料。"

"你很有才华，只是不善言辞。"

各位，您觉得这些评价有什么问题吗？

看起来很正常对吗？实际上，这样的评价方式很有问题。

因为这些评价都是过分关注了"能力"（结果）而做出的评价，如果一个孩子或成年人经常被这样评价，那么他之后的行为往往会呈现出固定性思维的特征。

因为这样评价，相当于就是在鼓励他们把自己和"结果"挂钩，如果努力过后而得不到好的"结果"，固定性思维的人就会回避自己不擅长领域的挑战，尽量避免失败。

但是当评价性语言更关注"过程"之后，受到"过程评价"的人更容易形成成长性思维。

比方说，我们夸赞他人"你做事很专心""能主动负责任务""你能善始善终""你总是能积极地想办法解决问题"等等，这样的评价方式很轻易就能做到将一个人和他努力的"过程"挂钩。

当一个人更关注过程而非结果时，就不太会害怕失败、害怕犯错，更不会掉入固定性思维的陷阱里。

（三）多尝试有挑战性的事

为了能够强化我们的成长性思维，主动跳出舒适区，多尝试有挑战性的事是一种极其有效的方式。

某件事情很难，而且自己又从来没做过，没关系的，你只需要告诉自己或孩子一句话——"做不成没有关系，去努力试一试就好"，内心那种"害怕失败"的焦虑情绪瞬间就会消失。

"去试一试"，请把这句话放在自己心里，说在自己嘴上，不断告诉自己，告诉他人，时间久了，你真的会发现，自己其实能做很多难的事情。

当一个人尝试了很多有挑战性的事情之后，这个人的思维方式就已经逐渐转变为成长性思维了。

五、总结

成长性思维是强势文化的产物，固定性思维是弱势文化的产物。

它们各自都在努力地证明自己拥有某一种能力。具有成长性思维的人在努力地证明自己拥有强大的自我进化能力；而具有固定性思维的人在努力地证明自己拥有某种别人看得到的定型的能力。

具有固定性思维的人只能通过学习成绩、职位高低、财富状况等外界的东西来证明自己，他们的眼睛只会盯着"外界"，极其渴望外界的肯定与赞美，一旦得不到，要么抱怨，要么放弃，永远处在被动"等、靠、要"的状态里。

而具有成长性思维的人会努力地通过自身的成长变化来证明自己拥有某种能力，但他们更多是在向自己证明，于是他们会变得越来越强，越来越自信。

应用强势文化指导人生成长，必须拥有成长性思维。

第二节　你会努力吗

这个世界是公平的，又是极其不公平的。

有人辛辛苦苦却只能维持温饱，有人轻轻松松就能衣食无忧。

有人打拼半生却始终在底层摸爬滚打，有人稍稍努力就能做到"人上人"。

有人会说，那些轻轻松松就能享受富贵功名的人背后都有一个好家庭在支撑，这是典型的弱势文化思维，并不是所有的成功都是靠"拼爹"带来的，人与人之间的命运差别更多还是和努力的层次有关系，社会中努力的人很多，但是会努力的人并不多。

努力也分层次，大部分人只在第一层努力，而少部分人会在第二、第三层努力。

努力的层次不同，成长的速度也会不同。

一、层次一：努力靠付出劳动力

劳动力包括自己的体力和脑力。

大多数人的努力层次就是不断地投入自己的体力和脑力。这种做法并没有错，只是相较于第二、第三层次而言就会比较低效。

这个层次的努力是以消耗自己宝贵资源为代价的。

有这样一个寓言故事：

有个穷人在佛祖面前痛哭流涕，诉说生活的不公平，他问："为什么有些人天天悠闲自在，而我就要天天吃苦受累呢？"

佛祖问："要怎么样你才会觉得公平？"

穷人说："让别人和我一样穷，然后和我干一样的活。"

佛祖满足了他的要求，把一位富人变成了和穷人一样穷的人。同时，佛祖给了他们每人一座煤山，挖出来的煤可以卖掉，限期一个月之内挖完。

穷人干惯了粗活，很快挖了一车煤，拉到集市上卖了钱后，买了很多好吃的带回家给老婆孩子解馋。

富人没干过苦活累活，挖了一会就累得满头大汗，到了晚上才勉强挖了一车拉到集市去卖，但他只是用换来的钱买了几个硬馒头，其余的钱都留了起来。

第二天，穷人早早起来继续挖煤，但富人却跑到集市上去了。过了一会，富人雇来了两个穷人替他挖煤，一上午的功夫，富人就挖出去几车煤，富人用换来的钱继续雇了几个苦力，一天下来，刨除工钱，富人反倒赚了很多钱。

可想而知，一个月之后富人不仅挖完煤山，而且还拿赚来的钱做起其他买卖，而穷人不仅没有挖完煤山，钱也没剩几个，他仍然是穷人。

试着问问自己：你平时做事的时候像故事中的穷人，还是富人？

犹太人奉为圭臬的《塔木德》中有这样一句话："仅仅知道不停地干活显然是不够的。"

大部分的人努力的方式就像故事中的"穷人"一样，只知道不断地投入自己的劳动力，但这种努力是很低效的。

在本书第五章《人生六道门》这篇文章中曾经说过，强势文化中最底层的思考维度是行动层，所以这个思考层次的人通常会把能否达成目标的关键因素归咎为"自己是否努力"，他们的内在思考逻辑是下面这样的：

在这个思考层次的人心里，努力就等于不断投入体力和脑力，认为这样努力就一定会有回报。

确实，回报一定会有，但是不大，这是重点。

在现实生活中，有相当一部分看起来特别努力的人就是这样想问题的，这已经成为他们内心坚信的一个价值观。

很多人，包括我在内，从小被学校、家庭教育灌输的一个正向价值观就是"努力就一定会有回报"，但是没人告诉过我们不要在低层次上努力。

用开车来打比方，解释什么是低层次的努力。在这个努力层次的人，在做事的时候只知道傻乎乎地"加油"，开过车的朋友们都知道，油门踩到一定程度，就得换挡；换挡之后，你会发现速度更快，油耗反而比低挡位时还低，但如果只踩油门不换挡，发动机不仅会"累"到崩溃，而且速度还提不上去。

"只知道加油"就是低层次的努力，这种努力得到的回报很少，努力不仅仅要学会"加油"，还得学会在合适的时机"换挡"。

二、层次二：努力找方法

学会换挡，就是努力的第二层境界——靠方法。

从这个层次开始，努力的重点开始从"消耗自己"向"为自己赋能"转变。

做任何事都有方法。好的方法让努力事半功倍，不好的方法让努力事倍功半。这个道理其实谁都懂，但在真正面对问题的时候，很多人却不会先花时间去找好的方法，而是一下就"扎"到事情里"勤奋"地开始干起来。

好方法，尽管这仍然是在"术"的层面，但这就是一种信息差，就是一种认知优势。当别人不知道还有某个好方法的时候，你已经知道了；当别人才刚刚了解的时候，你已经在熟练运用了，这就是先见之明，这就是一种认知优势。如果运用好认知优势，就会带来效率提升，成长速度当然会更快。

方法论指代的范围比较广，不要狭义地理解为工具，工具是方法的一个组成部分。

学习有学习的方法论和工具，工作有工作的方法论和工具，商业有商业的方法论和工具，各行各业都有各自的方法论和工具。

行行有门道，事事有方法，在做一件事情之前，一定要优先花点时间去摸清楚做这个事情需要的有效方法和工具，这样的话，你做事的效率和成功的概率都会高很多。

记住，方法要走在付出的前面。

三、层次三：努力找目标

人生就像在开车出行，低层次的努力是踩油门，中层次的努力是换挡，那么高层次的努力就是把握方向盘。

方向盘的作用，就是在做选择，选择走哪条路，选择去往哪里。

对我们每个人的人生来说，选择是要选什么呢？

选择指的是选择目标！

凡事习惯在这个层面思考问题的人，眼光一般都会放得比较长远，不会太在意眼前的利益。

他们努力的发力点是在思考和选择目标的层面，而不仅仅是停留在前两个层次的努力上。

哈佛大学曾经开展过一项长达 25 年的精英人生轨迹实验：

在 1970 年，哈佛大学研究团队对即将毕业的学生做了一番目标意愿调查，调查显示：

3% 的人，有清晰且长期的目标；

10% 的人，有清晰但比较短期的目标；

60% 的人，目标模糊；

27% 的人，没有目标。

在 25 年后，也就是 1995 年，研究团队对这些调查对象进行现状回访，发现惊人的一些规律：

3% 有清晰且长期目标的人：25 年后，他们都成了社会各界的顶尖成功人士，他们中不乏白手创业者、行业领袖、社会精英。

10%有清晰但比较短期目标的人：大多生活在社会上层，生活状态稳步上升，成为各行各业不可或缺的专业人才，比方说医生、律师、工程师、高级主管等。

60%目标模糊的人：几乎都生活在社会的中下层，过着安稳的生活，有着稳定的工作，没有什么特别的成绩，平平淡淡地生活着。

剩下27%从来没有目标的人：几乎都生活在社会最低层，生活过得很不如意，常常失业，靠社会救济，并且常常抱怨他人、抱怨社会、抱怨世界。

哈佛大学精英人生轨迹实验

比例	1970年	1995年
27%	没有目标	生活不如意、常在抱怨
60%	目标模糊	中下层、安稳、不突出
10%	清晰但短期的目标	中上层、专业人士
3%	清晰且长远	成功人士、行业领袖、社会精英
差别：目标对人生有巨大的导向性作用		

我们从这个"精英人生轨迹实验"中，足以感受到目标对人生是有巨大的导向性作用的。这也就是我刚才说过的，这些人努力的发力点是在思考并选择目标，而不仅仅停留在低层次的努力上。

人生目标的选择，一定要走在方法和付出的前面。

四、改变命运，三种努力都需要

人世间的道理有很多，我们但凡能坚持做到一两条，日子都不会过得太差。但若想彻底改变命运，三个层次都要做到极致努力。

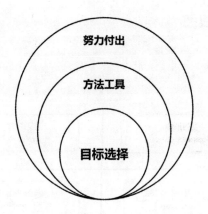

上面这张图能清晰表达我的意思：这三层是一个整体，如果希望让自己真正成长变强，想从真正意义上改变自己的命运，这三层的努力一个都不能少。

这才是"天道酬勤"的真正本意。

第三节　财富分配给四种人

上文说到选择目标要走在方法和付出的前面，选择确实大于努力，但每个人的人生追求是不同的，所以从本章节开始，我将用三个章节介绍三种人生目标的选择思路，以便帮助我们在付出实际行动去改变命运之前做出适合自己的选择。

本章节的观念来自著名财商作者罗伯特·清崎的《富爸爸财务自由之路》一书，全文引用了他的财富四象限的思考框架，如果对这部分已经很熟悉，可以略过。

通过一张人生财富象限图，你可以了解：这个社会财富是怎么分配的？你处在哪个位置？如果你想多赚钱，你得做些什么？

我不是理财课程的老师，更不会贩卖理财课程，我只是希望帮你弄明白这几个问题后，你能够少一些迷茫，多一些正确的努力。

蜕变：个人成长人生哲学

一、人生象限图

我们来看一张图：

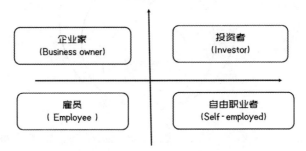

社会财富分配四象限图（四类人群）

这是罗伯特·清崎提出的一个观点，他把社会中获取收入的人群分为了以上四种人：

雇员（Employee）

自由职业者（Self-employed）

企业家（Business owner）

投资者（Investor）。

这四类人的基本特征是这样的：

（1）E类人——为别人工作的人。

社会中60%的人都在这个象限里。

这类人为了赚钱而去为别人工作，为你提供工作的人决定了你的生活水平，因为你的命运掌握在为你提供工作的人手里，所以这类人永远不可能变成有钱人，你唯一的希望就是按照这个组织内部设定的规则玩命地往上爬，以此希望能获得更高一点的收入。

工人、职员、公务员、教师、医生等等这些职业上的人都属于这类人，我也是这一类人。

（2）S类人——为自己工作的人。

社会中大约30%的人在这个象限里。

这类人也会为了赚钱而去工作，和 E 类人不同的是，提供工作的人是自己，比如专业教师开培训班，医生开诊所，厨师开餐馆，开个小超市，私企的小老板……这类人自己做了自己的老板，在某种程度上拥有了"自由"，赚到的钱也许会比 E 类人多一些，但是他们在时间上没有自由，只能喘息，不能休息。

说得通俗点：这群人如果停止工作，就没有收入了。

（3）B 类人——让别人为他工作。

这类人只占到大约 5%。

这类人是让别人为他工作，比如工厂的老板，上一点规模的企业老板等等。

这类人是为了建立某个系统（企业）而去工作的，你可以把他们称为企业家。他们努力工作是为了建立一个能够自主运转的系统，然后雇佣一些人在这个系统中担任固定的职责，总体目的是能够让这个系统正常运转起来，在这个系统中，一群人（E 类人）都在为这个（B 类）人工作，而这个人恰好就是为一群人提供工作的人。

B 类人和 S 类人的区别就是：即使他们不干活，企业也会自己转，收入也会持续进账。

（4）I 类人——让钱为他工作的人。

这类人的比例也是大约 5%。

这类人是典型的让钱为他工作的人。这些人用自己拥有的财富不断地创造着新的财富，比如投资股票、房产、债券、基金、优质创业项目等等。

如果简单用富人和穷人的说法来区分这四类人的话，E 和 S 就是穷人，B 和 I 基本都是富人，而且仔细观察，社会现实也是这样。

二、社会财富为什么会这么分配？

如果把整个社会比作一个大型机器，这个机器要正常运转，就需要这四类人共同参与。

显而易见，B 和 I 类人拿走了大部分的财富，剩下的那一点点才到了 E 和 S 手中。

（一）E和S拿的少

E 和 S 类的人在这个机器当中扮演的角色就是"螺丝钉"或一个小零件的角色，这样的角色虽不可缺，对这个机器的运转也有作用，但却不是致命性的影响，更重要的是，替代性非常强。

如果零件坏了，修复成本很低，换一个新的就好了，这个大机器照样可以运转。如果是这样的话，那么作为"螺丝钉"的 E 和 S 类人对这部大机器的正常运转贡献的价值其实就很小，所以他们获取的收入就会排在社会底层，这个逻辑很正常，也很合理。

举一些例子：

在一所学校里的任何一个岗位，无论是校长、还是普通老师，又或者是门卫保安，都是"机器"中的一个零件而已，不合适就换掉，既然很容易被替代，那说明价值感就低，收入自然就低。

一个街边小餐馆的老板，在市场经济中产生的价值极其容易被替代，也就是说，当客人打算去吃饭时，你可能只是别人脑子里的一个选项而已，甚至你连选项都不是，这种情况并不一定是你个人努力不够造成的，而是选择的这份事业所处的社会位置决定了你挣不了大钱。

换句话说，得多得少，不是你决定的，而是别人决定的。

（二）B和I类人拿走了大多数

B 和 I 类人在这个机器中扮演的角色就比较重要，所以他们拿走了大部分的钱。

假如我们把整个社会这部大型机器看成一部汽车，就会发现有很多个系统，比如说发动机（系统）、电力系统、传动系统……这些系统的打造工作都是由 B 类人承担的，打个粗糙的比方：动力系统由 B_1 打造，动力传输系统由 B_2 打造、控制系统由 B_3 打造、信息系统由 B_4 打造……

而我们大部分人，一生都在努力，就是为了成为这部机器某个系统中的一个螺丝钉。虽然成为"螺丝钉"并没有什么不好，但不得不承认，在遇到某些问题的时候，"螺丝钉"的局限性会严重地降低你生命的幸福感。

尤其是当你自己或你的家人生了大病住院，导致将自己积蓄掏空，甚至可能付不起看病的钱时；

当你拿大部分积蓄付了房子首付，然后又用每个月的大部分收入去付房贷，导致生活拮据时；

当你想让孩子获得更好的教育，但没钱付得起学费时……

这个时候，大部分人估计仍然只会埋怨自己没本事，要么就发发牢骚，咒骂不景气的经济以及社会的不公。

但是，极少有人在这个时候能意识到：这种结局在你铁了心当一颗"螺丝钉"的时候，就已经注定了。

换句话来说，这是迟早的事。

这些系统和子系统是否能够正常运转决定了这部大机器是否正常运转，所以它们产生的价值非常大，打造这些系统的企业家或投资人获取的财富也会非常多。

I 类人在这个系统中扮演的角色可能就是提供了所有或部分零部件生产制造、系统建立等等所需要的资金，理所应当的，这部大机器正常运转产生收益里的大部分当然应该分配给 I 类人。

四种财富分配方式指标对比

获取财富手段	E	S	B	I
	出卖劳动力	出卖劳动力	打造赚钱系统	寻找赚钱系统
积累财富速度	慢	较慢	快	很快
优点	稳定、有安全感	相对自由 小有风险	自由 财富增速快 财富无上限	非常自由 财富指数级增长
缺点	失去自由 不可能致富 永不停休	看似自由 不可能致富 永不停休	风险加大	风险加大 需完成资本积累
代表人群	拿工资的人	自由职业者	企业老板	投资人
跃迁途径	1. 追求高薪 2. 变成B类人	变成B类人	变成I类人	
跃迁方式	学习并实践	学习并实践	学习并实践	

三、普通人该怎么办?

在上面的分析中，我们很容易看得到，在一个资本社会中，90% 的人掉在了中产和穷人的圈子里，为什么会这样?

原因很简单，因为大部分人的思维都还停留在工业时代（包括我们的父辈、母辈）。

在工业时代，生产力（工业机器、动力技术等）极速发展，产生了太多的工作岗位，这些工作岗位有些是纯体力劳动（简单培训即可上岗），有些是技术岗位（需要专业知识和技术支撑），这些大量的岗位就产生了大量的人才需求，进而产生了大力开展国民系列教育的需求。

在这样一个大背景下，"从小接受教育，好好学些科学文化知识，考一个好大学，找到一份好工作"，就是一个普通人此生能够"安身立命"的好途径。

但我们现在已经进入了 21 世纪，这是一个信息时代，工业时代的思维和理念已经不符合人才培养的实际需要。

在信息时代里，"考个好大学，找个好工作"的思想已经逐渐变得没有用处，更好的建议是不以专业来学习，而是读好书，提升自己的能力（可转移的能力），学会打造一个系统（不要简单地理解为生意），然后再成为一个成功的投资者。

第四节　IKIGAI：生命的意义

怎样寻找快乐的人生，怎样才能找到自己人生的意义？

本章节会向您介绍一个很神秘的概念——IKIGAI（概念来自《日本人的生活哲学》[日]三桥由香里　著），它会教你走出迷茫人生，找出自己的人生价值，让你的生活变得更加快乐，更加精彩。

一、神秘的 IKIGAI 概念 [①]

"IKIGAI"概念源自于日本，我们可以读作"衣 K 盖"，这是日语单词"生き甲斐"的英文音译。

IKIGAI 的英文可以解读为 the reason for living，中文就是"生命的意义"，作者把它通俗地表达为"每天起床的理由"，我觉得也挺合适。

根据日本劳动部的资料显示，冲绳岛的居民平均可以活到82岁，岛上的100多万居民中百岁老人竟有600多位，远远高于世界的其他地区，更有研究发现，实行 IKIGAI 的人，即使有吸烟、酗酒等不良行为，仍比其他人多活7年。

其中一个主要的原因就是 IKIGAI 这个概念贯穿了他们每一个人的思想，使他们每一天都感觉到自己的生活充满了意义。

用这个概念去指导自己的人生，往往能更容易地找到简单且快乐的生

---

① [日]三桥由香里：《日本人的生活哲学：IKIGAI让你每天充满意义和喜悦》，机械工业出版社2020年版。

活，换句话来说，它能帮我们从日复一日的生活里找到生命的意义。

二、IKIGAI 概念中的四件事

IKIGAI 概念把我们活在这个世界上要做的事情梳理成了四种，用比较通俗简单的逻辑向人们去揭示每个人所处现状背后的原因，非常值得一看。

下面的内容会用图向您展示这个概念，方便理解。

（一）你热爱的事

①你热爱的事

你热爱的事情，也就是你喜欢做的事情是什么？你的兴趣是什么？

有的人痴迷钓鱼，有的人喜欢书法，有的人喜欢编程，还有的人喜欢种花养草……

每个人都会有自己热爱的东西，如果做的是自己热爱的事情，能量就会源源不绝，工作效率也会更高。

好好想一想是什么事情，让你在做的当下，会感受到快乐、愉悦、成就感，甚至感觉不到时间在快速飞逝。

我曾经问过很多身边的人"你热爱什么？"这个问题，但遗憾的是，大多成年人思索良久都无法找到答案。

我知道，他们已经失去自己很久了。

为了生存，我们不得不去做着自己并不喜欢的事情。短期之内，虽然我们无法改变工作性质，但我们可以从兴趣入手去尝试找回自己。

如果你喜欢制作美食，可以很轻易在网上找到学习的视频和资料，或者加入一些相关的讨论群，结交一些"臭味相投"的朋友，在闲暇时间就可以开始研究新厨艺。

我们可能不会很快就找到真正热爱的事情，但不断尝试，至少会知道什么是你不想要的，去掉一件件事，继续寻找，就会更接近自己心中的热爱了。

（二）世界需要的事

这点很好理解，世界需要的事情就意味着你做的事情对他人、对社会，甚至对人类是有价值的。

世界（人类、社会、他人）需要的事，不一定非得是例如"改善贫穷"、"改善气候变化"等这样的世界大事，它也可以是你身边的小事，比方说：

（1）你有某些方面的知识或能力，想传播给更多的人，让他们的生活变得更好；

（2）或是你是卖螺蛳粉的，你想要把最好吃、最正宗的螺蛳粉送到更多人面前，这也可以；

（3）又或者，你很认可中医养生理念并从中受益，你想推广这种理念让更多人受益，这当然也算；

（4）甚至你只是想单纯地改善家庭状况，让家人过上更好的生活。

一切只要是为了别人去做的事情都可以，因为这些事会让你感觉到自己的重要性和价值，它能让你并更有动力地生活下去。

（三）别人付钱给你做的事

①你热爱的事
②世界需要的事
③别人付钱请你做的事

绝大多数人工作的目的就是为了获取收入，这就意味别人在付钱请你做事。

但有意思的是，尽管大多数人去工作的目的就是为了赚钱，但骨子里却认为钱不是个好东西，进而喜欢给那些有钱的人贴上负面的标签。这些想法其实是从小到大被教育、洗脑的结果。

财富是中性的，它只是一种资源和手段，并无好坏之分。

有一个很扎心的事实是：有钱不一定买到快乐，但没钱一定不会很快乐。试想一下，如果今天你的亲人突然病倒了，需要一大笔的手术费，你没钱支付，你还会很快乐吗？

如果今天你突然被炒鱿鱼了，没钱支付房贷、车贷，年老父母的伙食费，小孩的奶粉钱，你还会快乐吗？

一分钱都会难倒英雄汉，更何况是我们这些普通人。

如果一个人一直为了生存而烦恼，怎样还能有快乐的生活，所以在IKIGAI 概念里，赚钱的事情也是很重要的一件事。

（四）你擅长的事

一个人擅长的事，并不是狭隘地指你在某个特定领域的能力，而是指可以转移的技能。

可转移的技能，指的在不同工作中都可以用得上的技能，而且可以不断累积，让你变得越来越厉害。

比方说，一个人篮球水平很高，这只是在篮球运动领域的能力，而不是可转移的技能。

但是，像学习能力、沟通能力、书写能力、分析能力、深度思考能力、抗压能力、领导能力等等，都是可转移的技能。

一个人的能力结构往往由这些可转移的能力组成，但现在的教育（学校、家庭）往往忽略了这方面，但这恰恰是最重要的。

举个例子，再说透一些：

比方说，一个人学习成绩很好，化学、物理、英语等考试都是 100 分，这只能证明他在这几门考试中成绩很高，但并不能证明他的学习能力很强，因为他的高分也许是靠"死记硬背"获得的,但真正可转移的是"学习能力"，学习能力强的人，不管学什么，都能学得好、学得快。

《道德经》中说："知人者智，自知者明。"

很多人对自己并不了解，挺大年纪了，也不清楚自己擅长什么，浑浑噩噩的，这点其实挺危险的。

试想一下，如果你突然失去了现在的工作，你能靠什么维持生存，或者维持家庭开支呢？

网上有很多能力测试，可以去试试看，也可以问问身边的家人和朋友，相信他们会比你更了解你自己，毕竟"旁观者清"。

三、 IKIGAI 的现实投射

现实中，我们做的事情不大可能只是以上四件事中的一种，而往往是两到三件事的叠加，不同的叠加会产生不同的现实投射效果，我们来解读一下：

（1）如果你现在做的事是你热爱的并且是世界需要的，那这就会让一个人很容易产生使命感。

（2）如果你现在做的事是世界需要的并且别人愿意为你付钱，那这件事就是你的职业。

（3）如果你现在做的事是别人付钱请你做的事，并且是你擅长的，那这件事就是你的专业。

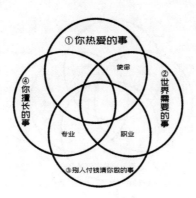

（4）如果你现在做的事是你擅长且热爱的事，那这件事就是你的激情所在。

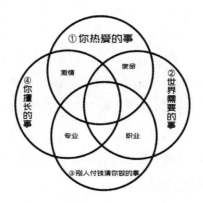

四、从 IKIGAI 模式中发现自己的困境

IKIGAI 模式特别之处就在于，它可以让你知道自己目前是处在一个什么样的处境，并告诉你在你身上有哪一个部分是必须做出改变的。

（一）困境一

如果你现在做的事情是你热爱和世界需要的事，尽管你可能会觉得自己很有使命感，内心也会感到满足和被需要的感觉，但却很少有人会支持你，而且经济上并不富裕。

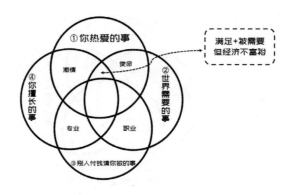

就好像致力于推广中医治疗和养生理念的有志之士，秉承着用最简单、最便宜、最有效的办法治病救人的理念去帮助更多病患，让"看病"这件事回到了"本来该有"的样子。

他们一心想要让社会变得更好，但很无奈的是，这些做法一方面一定会侵犯到某些群体的既得利益，会给自己招来攻击和打压。

另一方面真正良心的中医是挣不了大钱的，但他们的生活也需要金钱来支撑，如果身处类似的困境，您就需要意识到您需要金钱来实现您的使命。

您要做的并不是一直告诉身边的人，告诉社会你有多大的理想，而是做到以下几件事让自己脱离困境：

（1）深耕这方面的技能和知识；

（2）尽快成为该领域中的专家并获得话语权；

（3）寻找方法说服别人付钱支持你做这一件事；

（4）说服别人加入你。

（二）困境二

如果你做的事是这个世界需要的和别人付钱给你做的事的话，你可能会很有成就感，但总是时不时会感到力不从心，偶尔还会感到迷茫。

比如你是个工程师，世界需要你，别人也愿意付钱给你，但你水平的增长速度远远赶不上别人对你的要求，你做这些事的时候就会感觉非常的吃力，就会觉得压力很大，而且经常需要加班，久而久之，你就不会很喜欢这份工作。

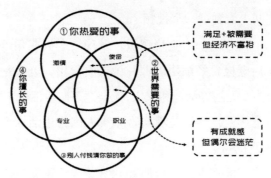

这种情况，是大多数人在职场中的真实写照。

如果身处这种困境，您可以做以下几件事让自己快速脱困：

（1）放弃这个领域开始新的方向，重新寻找适合自己的工作；

（2）或者不断地去快速提升自己的能力，扩展自己的知识结构，让工作越来越轻松。

除此之外，别无他法。

（三）困境三

如果你做的事是自己擅长而且别人又愿意付钱给你做的话，那这个就是你的专业。

这种情况下你可能会觉得很舒服，但总是会感觉到空虚和遗憾。

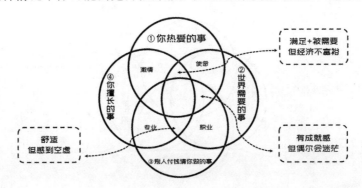

原因很简单，因为这并不是你热爱的事业。

不是自己热爱的事业，当然无法持续投注精力和时间去做，久而久之，就会感到空虚和遗憾。

我在网上看到过一个视频：

有一个食客在小店吃烧鸭饭，发现店老板在角落里投入地弹琴，墙壁上挂满了店老板曾经演出的照片……看得出，老板是个热爱音乐的人，只不过这份热爱无法养活他和家人，无奈之下向生活低下头，开起了小饮食店。

一边是热爱，一边是现实，多少人因为生活放弃了曾经的理想，直到再也找不回来。

但这位老板至少让我佩服和欣赏，因为不管生活多艰难，他仍然愿意在生活的狭缝里为自己的热爱保留一个容身之地。

如果，他能忍住当下，努力挣钱，未来开一家音乐餐厅，把餐厅当成自己的演出舞台，一边赚钱，一边弹琴唱歌，他的生活将会是另一番感受和景象。

如果您身处这个困境，唯一的脱困之道就是努力将现实与热爱结合。把眼下的事情当作手段，不断地获取更多资源，进而支撑自己去做自己热爱的事业。

（四）困境四

如果你现在做的事是你热爱并擅长的话，你可能就会很有满足感，但总是会感觉到自己不是很重要，可有可无，感觉不到自己的价值。

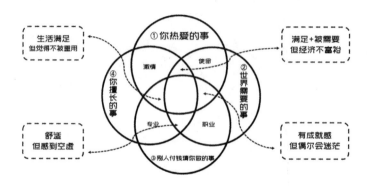

为什么会这样？

原因很简单，你做了自己喜欢的事，而没有做别人需要的事情。

我把这种状态叫做"自嗨"。

其实，"自嗨"也没有问题，只要自己喜欢就行，

但更现实的是，纯"自嗨"行为是无法养活自己的，当遭遇了经济压力的时候，你又怎么能开心得起来？

就像喜欢拍视频的网络博主一样，你喜欢拍视频，也擅长剪辑视频，但是你拍的东西就是没有人看，赚不到钱，你能开心多久？

脱离这种困境的唯一办法就是要学习如何在相关的行业赚钱，学习如何推销自己，让更多的人认识自己。

五、总结：IKIGAI 模式全貌

如果你想要让你的人生充满意义，真正找到自己专属的幸福和快乐，你要做的事必须同时满足本章节提及的四件事。

换句话来说，你要做的事必须是你热爱的＋越来越擅长的事情＋可以赚钱的事＋世界需要的事。看下图，会理解得更清楚：

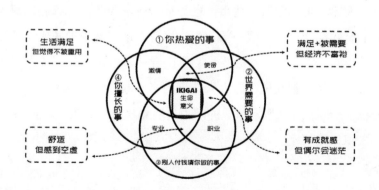

这张图中心的位置，也就是四个圈全部重叠的位置，就是 IKIGAI——生命的意义。

IKIGAI 概念就像是一个生命的指南针，将会引导我们活出充满意义的人生。

第五节　工职、人职和天职

前两章节分别从财富角度和快乐人生角度探讨了人生选择思路，本章节尝试从事业的角度来探讨人生的另一种选择思路。

一、何谓"事业"？

在《易传·文言》中有一句话："美在其中，而畅于四支，发于事业，美之至也。"

唐代易学家孔颖达[①]对上文中的"事业"二字做了精准诠释，个人认为他的这番解释简洁有力，经典到位。他是这样诠释的："所营谓之事，事成谓之业。"

通俗表达：努力用心做的叫做"事"，做成之后的结果叫做"业"。

每个人这一生都会做一些事，也都有一些事要做，等我们走到人生最后阶段的时候都会回头"望一望"——想看看这一辈子到底成就了哪些事业？

但每个人每天都在做事，人人做事内容不同，目的也不同，最终成就的事业也会不同。我从驱动事业的动力角度划分出三层次"事业"：分别是工职、人职和天职。

---

① 孔颖达（574—648）：唐初十八学士之一，经学家、大儒、经学家、易学家。

二、事业第一层次：工职

（一）工职由"身"驱动

工职由"身"驱动，更严谨地说是被"身体欲望"驱动。

再扩展一点表达：在工职层面做事，可能只是顺着人的本能欲望或社会、家庭传递给他的固有意识习惯在做事。

（1）比如以生存为目的

生存是生命的第一命题，从这个角度说，工职的存在变得极其重要且不可撼动。人们去做工职的首要目的是为了生存，只有通过从事工职才能换来工作报酬，而这份报酬就能满足自己甚至是一家人的吃喝拉撒需求。

（2）比如以改善生活为目的

当一个人的"吃饱穿暖"这样的基本需求被满足后，就会产生更多其他的欲望。这种变化从马斯洛需求层次理论的角度来说就是从"生理需求"的层次升级为"安全需求"、"社交需求"等需求层次的过程；从佛法角度说就是"贪嗔痴"逐渐升起的过程。

比如，"粗茶淡饭"升级为"大鱼大肉"；"朴素着装"升级为"名牌服饰"；"温馨小屋"升级为"大房豪宅"。

（3）比如以人前显贵为目的

很多人工作的目的不在于把工作本身做好，而在于追求"人前显贵"的效果，而能让人"人前显贵"的东西只有三种：名、权、利。

追逐"名、权、利"已经超越"生存"和"改善生活"的目的，但它仍然属于身体欲望的一部分。

（4）工职意识的代际传递

"好好学习，考个好大学，毕业之后找一份好工作，我们就放心了。"这句话想必大家会很熟悉，这是中国家庭中很多父母会经常对孩子的说的一番话。

能让父母放心的工作更多指的是一份拥有稳定且高收入的工作，这样的一份工作不仅能解决孩子的"生存"问题，还能"改善生活"，如果还能够"人前显贵"那就更好了，父母不仅更放心，而且会感到骄傲。

这不能说有错，只能说太局限，局限在于工作除了追求这些目的之外，人们不知道还能追求些什么。

（二）工职意义

这个层面做事只是一种满足个人本能需求或习惯性行为，并不关心所做的事本身对自己有多大意义，更不会关心此事对他人、对社会有多大意义。

（三）觉知层次

从事工职的人，对自己所做的事其实并没有太多的觉知力，意思是并没有深度地思考过做事的深层目的和意义，仿佛从事工职就是一种先天设置的"程序"——到了某个阶段，某个观念或行为就被自然"触发"，就像自然界的动物们外出觅食、筑巢、冬眠、产崽、育幼一样，完全是一种本能欲望驱使。

人们对本能驱使下的行为是不会有太多觉知力的。

（四）失去"自我"

既然工职是被低层次欲望驱动的，那么在工作过程中失去自我几乎是必然的事。

为了生存，你必须干自己不愿意干的事，必须听你不喜欢的人的话；为了追名逐利，你必须接受别人对你的评价，必须看别人的脸色行事，必要的时候还需要去讨好别人，以求获得自己想要的那点"结果"。

"拿人手短、吃人嘴软"，在工职环境中，人得学会当"儿子"，因为你得面对很多个"衣食父母"；更得学会当"孙子"，因为有很多个"爷"能左右你的"命运"。

三、事业第二层次：人职

（一）人职由"心"驱动

当一个人开始觉知到"自我"的存在，并开始为"自我"做事的时候，就进入了"人职"的层次。人职由"心"驱动，指的是为了满足自己内心的兴趣和热爱而去工作。

在人职层面做事仍然带有强烈"功利"的目的，但这并不意味着这个人很不道德，因为在这个层面做事有可能动机是利己的，但结果却是利他的。授受双方各取所需，皆大欢喜。

人生若能尽情地去做自己喜欢做的事情，不仅仅是一件令人感到幸福的事；更是对自己只能拥有一次的人生最大的尊重。

人生而为人，应该有权利去做自己喜欢的、热爱的工作，这是我将这类工作称为"人职"的原因。

有些人会说，我自己也有很多兴趣爱好，比如唱歌、跳舞、打篮球或搞发明创造等等，在做这些事情的时候，我不就是在做"人职"工作吗？

我说的是"事业"，事业是一个人的有所成就的主业，主业也许不一定是你的主要收入来源，但它一定是你投入时间和精力最多的且有所成就的地方。

所以，对于大部分人来说，兴趣爱好只是业余生活的调剂，而非自己的事业，因为靠兴趣和爱好根本不能养活自己。

（二）由"心"驱动不是放纵，而是坚持

因为自己的热爱无法养活自己，所以很多人逐渐就放弃了这份热爱，等到长大的时候，这份热爱已经沉入心海深处，再也看不见它的"光芒"。

但世界上还有一些人不会因为"自己的热爱无法养活自己"就放弃了自己的热爱，他们选择了另一种方式——坚持。

我来讲个故事：

20 世纪 80 年代的某一天，一位名叫达琳·洛夫的女性清洁工一边跪

在富人豪宅的浴室地板上做清洁，一边听着收音机里传来的《圣诞节》的歌曲，而这首曲子中的美妙的女声伴唱居然就是她本人。

达琳·洛夫从小就热爱歌唱，16岁的时候进入一个三重唱组合里担任专业演唱，而这个组合经常为其他知名乐队进行伴唱，可是作为一名非裔女性，她在白人音乐圈中并没有得到基本的尊重，她被制作人强迫签订极其不平等的合同，以至于她的声音完全不属于自己，所以她的伴唱作品经常被随意地使用到其他人的作品中，而她却得不到任何的回报。

在难熬又屈辱的岁月里，她一边继续追逐着自己的音乐梦，一边不得不做清洁工来维持生计，在富豪的浴室里擦地板的那一刻，她决心为自己的梦想拼一把，尽管在那个年代还没有非裔女性独唱歌手成功的先例。

她用尽一切办法来助力自己，先是在一档知名节目中演唱《圣诞节》，获得了一次露脸的机会；然后在电影《致命武器》中客串一个小角色，为了持续曝光自己，后来又与知名歌手联袂二重唱，同时还发行了几张专辑。

终于在一个晚上，她站在了美国摇滚乐名人堂舞台的最中央，在聚光灯的照耀下自信高亢地面对大厅里的所有人放声歌唱，唱罢之后收获了她从未经历过的最热烈的掌声。就在这一晚，她也正式地入选了名人堂。

而在这一晚，达琳·洛夫已经70岁了。[①]

从伴唱到主唱的逆袭，达琳·洛夫用了一辈子。

世界上，为自己的热爱坚持如一的人不在少数。

其实这句话应该反过来说：几乎所有的坚持都是因为热爱。

就像村上春树曾经说："人生本来如此：喜欢的事自然可以坚持，不喜欢的怎么也长久不了。"

（三）工职可以转化为人职

很多时候，热爱可能并不在遥远的梦想里，它可能就藏在你每一天所

---

① [匈牙利]艾伯特-拉斯洛·巴拉巴西：《巴拉巴西成功定律》，天津科学技术出版社2019年版。

做的小事里。

电影《白日梦想家》里的主角沃特·密提是一名在《生活》杂志工作了 16 年的胶片洗印经理，他每天最爱做的事情就是做各种各样的白日梦，经常幻想自己变身英雄去拯救他人，幻想自己和暗恋的女人风趣畅谈，幻想自己和讨厌的上司大打出手，……

可现实中的他却是一个平淡无奇、中规中矩，甚至有些懦弱的人。更现实的是：公司已被收购，他面临即将被裁员的风险。

此时签约的大牌摄影师尚恩寄来了最后一组底片，指定第 25 号底片为最后一期《生活》杂志的封面，但沃特怎么找也找不到这张底片。

为了挽救自己的职业生涯，他只能放下一切去找满世界捕捉风景的尚恩询问底片下落，在经历了无数跌宕起伏而又疯狂刺激的旅程后，终于在白雪皑皑的喜马拉雅山顶见到了尚恩，但却被告知那张底片就藏在尚恩寄给自己的钱包里。

当最后一期《生活》杂志出版发行后，沃特发现那张底片的主角居然是自己——那是他认真工作的样子。

在尚恩的眼里，这是他捕捉到的最好的一个瞬间。

有时候，认认真真地对待自己工职中该做的每一件事情，把它们做到极致，兴许你能从中发现自己的独到兴趣和热爱。

央视大型励志挑战节目《挑战不可能》首期节目中，一位来自吉林省松原市公安局的女警董艳珍的表现让人叹为观止。仅仅通过对一个足迹的分析，便能从 30 位体貌相当的模特中准确辨认出足迹的主人，可这是原本需要 6 位专家一星期才能完成的工作量。

高难度的挑战让华人神探李昌钰当场放话："我一生从来没有过这么难的挑战，我一辈子都没有看到过这样的挑战"。

这需要多么精进的功夫才能做到，小事不小，做到极致全是大事。

四、事业第三层次：天职

如果说工职觉知不到为谁做事，人职觉知到是为"我"做事，那么天职觉知到的就是为"社会"做事，为"人类"做事。

（一）天职由"灵"驱动

天职指的是完全超越"利己"动机，全心"利他"的工作。

这样的工作就像在完成上天"布置"的任务，不由个体的低层次欲望驱动，也不由个体的兴趣和热爱驱动，而是由这个人的"灵魂"或"天性"驱动。

天职体现的是一个人的使命担当，主动担当这份使命在很多时候与个人利益毫无关系。天职可以是悲悯天下苍生的责任与担当；可以是救人于水火之中的那份无畏；有时天职也许仅仅是一个人"生而为人"的那份社会良心。

（二）两种天职

1. 为社会做事

当一个人觉知到自己是"社会的一员"时，才有可能为了社会的利益去做一些事情，而他也能因此获得丰厚的回报——道德的满足感和充实感。

就如云南华坪女子高中的校长张桂梅，当看到许多大山里贫困家庭的女孩子们因为贫穷和家庭"重男轻女"的思想无奈辍学时，作为一名教师，她心中升起的是满满的社会责任感，她希望自己能做点什么，来帮助这些女孩子们走出大山，能够真正改变自己的命运。

2008 年，华坪女子高中成立，这是全国第一所免费的女子高级中学，她把所有学生当成自己的孩子，精心照顾、严格要求，无论是生活，还是学习，她都会 24 小时陪伴着这些孩子，生怕不小心就让一个孩子"掉队"了。

时至 2021 年，她就已经帮助 1600 多名贫困女生走出大山圆了大学梦，让她们彻底改变自己的命运。

在这个过程中，张桂梅校长付出了极大的心血，尽管她的事迹已广为人知，但其背后的艰辛常人尽管能了解，但只有她一人才能体会。

这是一份怎样的社会责任感与使命感才能激励张桂梅校长如此坚持去做这一件事，如果其中但凡有一丝一毫的利己之心，这件事都无法做成。

是不是只有做如此伟大的事情，才算是为社会做了贡献？才算是承担了天职？

当然不是，天职无大小，贡献更无大小，关键是起心动念的那一刻——你是为了谁？

每个人身上也都有天职，身为父母，身为人子人女，都是天职。每一个家庭的稳定、和睦与顺遂都是在为社会做贡献。做好父母该做的事，尽心抚养教育孩子，为社会培养有用之才，就是天职；做好子女该做的事，尽心赡养老人，让人老有所依，这也是为社会做贡献，这也是天职。

在我母亲身体日渐衰弱，甚至卧床不起的十几年里，为了让其他兄弟姐妹安心工作，二姐承担了绝大部分照料母亲的重担，为此她放弃了外出工作，自我谋生的基本需求，不仅如此，因为丈夫常年不在身边，她还得独自抚养年幼的儿子。

一边是作为母亲的责任，一边是作为女儿的责任。十几年里，为照料母亲和孩子，她几乎没有睡过一个完整的觉，艰辛程度可想而知，有时母亲病重抢救，她得彻底陪在床边；有时孩子生病，她得彻夜照顾；甚至有时在自己刚动完手术的情况下，还得坚持着去照顾年迈卧床的母亲和年幼的孩子。

十几年的无私付出换来的是母亲安享晚年、含笑离世的那份清福，换来的是孩子的金榜题名和现在的奋发努力。

我常对二姐说，这辈子你值了，"老天爷"交给你的两份事业——"妈妈"和"女儿"——完成得都极其出色。

这就是天职，属于老百姓的平凡天职。

对她，我心生敬佩；对我，则愧疚遗憾。

2.为人类做事

当一个人能觉知到自己是"人类的一员"这份崇高使命时，他就会为人类整体的利益去做一些事情。此时他的回报是超道德的价值①。

我们常说的"圣人"都是在这个层面做事。"圣人"是道的领悟者、体现者与实践者，它们追求的是真理的价值。

从小就立志成为"圣人"的王阳明，尽管经历无数人生的大起大落，中间虽经百死千难，此志却坚不可摧，圣人的信念支撑起了他全部的生命大厦，最终集"心学"之大成，创立了独特的心学哲学体系。

王阳明去世之后，他的学说不胫而走，不仅遍满宇内，而且流播域外，对日本、韩国等地都产生了重要影响，王阳明也因此而成为具有世界影响力的哲学家。

他的学说为人类留下了一份极为珍贵的思想文化遗产。

五、总结

工职、人职和天职虽无好坏优劣之分，但境界有高有低，是高是低则取决于"起心动念"的时刻意识出发点在哪个层次。

简单画张图做个总结：

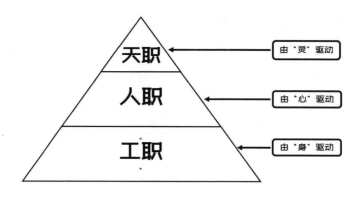

---

① 冯友兰：《中国哲学简史》，北京大学出版社2013年版。

财富人生、快乐人生和事业人生是人生选择的三种思路，三个章节的存在意义是帮助我们能从更高的视角规划人生，无论选择哪种思路来指导人生，都要记得选择大于努力。

第六节　未来最成功的人

未来，到底什么样的人才能成为掌控自己命运的人？

想要掌控命运，唯一的策略就是你要变成终身学习者。未来世界将不再需要单一的技能型人才，而是需要具备完善的知识结构、极强逻辑思考力和高感知力的复合型人才。

强势文化的人更愿意主动探索新知识，更注重自我成长和适应变化，而弱势文化的人可能更倾向于保持现状或因恐惧而不愿意尝试新事物。这两种思维造成的态度差异可能会导致两者在未来产生巨大的命运差别。

一、"未来最成功的人是终身学习者"

"未来最成功的人是终身学习者，跟有没有上过大学没有太大的关系。"这是经济学者何帆在他的著作《变量》一书中说过的一句话。

我很赞同这句话。

作为经济学者，何帆教授是从"未来的收入将如何分配"这个角度解释为什么"未来最成功的人是终身学习者"的。

他在书中有过这样一段论述："未来的收入分配是一条 N 形的波浪曲线。在未来，仅仅靠出卖自己的劳动力，干脏活和累活的劳动者收入会越来越高，受过专业训练的熟练劳动者收入更高，这是第一个小波峰。随后，收入水平会急剧下降。刚刚毕业的大学生收入水平是最低的，这是个波谷。

最后，那些最具有创造力的天才人物收入水平最高，这是最高的波峰。"[①]

我将这段话画成下面的图：

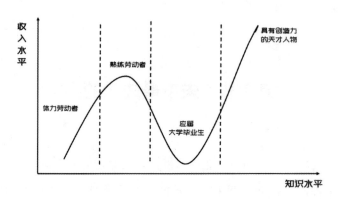

在这条曲线中提及的"最具有创造力的天才人物"都具有一个共同的重要特征——都是终身学习者。

这些人能成功是因为他们知道如何成为终身学习者，他们总能保持自己的兴趣和热爱，不断在自己热爱的领域中学习创造，那么在未来他们就极有可能成为发明家和创新者，而时代的潮流总是被发明家和创新者引领的，他们的收入一定是最高的。

很多知名的大企业，比如苹果、谷歌、美国银行、希尔顿集团等都已经表示不再设置学历门槛，他们更为看重的是求职者的能力，而不是学历。

确实，能力时代已经到来。

二、什么是终身学习?

（一）概念

在《科普中国·科学百科》中，对终身学习有这样一个解释："终身学习是指社会每个成员为适应社会发展和实现个体发展的需要，贯穿于人的一生的，持续的学习过程。"

[①] 何帆：《变量：看见中国社会小趋势》，中信出版社2019年版。

按照本书的语言体系，这句话可以表达为：终身学习是不断升级"个人文化系统"、筑强"个人资源系统"以期更好适应"大环境"和"小环境"发展需要并实现个人发展目标的持续一生的过程。

（二）内容

终身学习学的是新知识、新技能和新认知。

（1）新知识

学海无涯，多掌握一分知识就能对事物多一分驾驭能力，如果希望自己面对未来时保持主动选择姿态，在知识储备上超越他人是一项基本功。

（2）新技能

时代变化会带来工具的极速更新换代，使用工具的熟练水平决定了技能水平的高低。有每个行业都需要的基础技能，也有各行各业专属的"独家"技能，更有个人生活所需的丰富技能，我们虽然无法掌握所有技能也无需掌握所有技能，但是保持主动姿态积极学习未来发展所学要的新技能是很有必要的。

例如，AI逐渐在各行各业展示出了强大的适应力，它的存在会在极大程度上提升效率，虽然还有很多地方无法取代人类，但是学会熟练使用AI工具这项新技能必定会在未来成为一个职场人士的重要生存技能。

（3）新认知

认知局限会阻碍个人成长，也会限制命运提升。相比学习新知识和新技能，学习新认知是最为重要的。

三、终身学习的方法

终身学习的方法多种多样，每个人偏好也不同，我列举三种最为常见的方法。

蜕变：个人成长人生哲学

（一）学习课程

无论线上还是线下，我们都可以很轻易地找到各种学习资源，我们可以去线下或线上参与课程、听讲座、参加培训等，借此来学习新知识和新技能。这种方式对于个人来说比较省力，但我个人更推荐后两种。

（二）阅读

阅读不同领域的书籍能够在比较短的时间大幅度提升自己，但是这种方式对有些人来说是挺"痛苦"的事情，所以大多数人不愿意选择，但终身学习者没有一个不坚持阅读的。

查理·芒格说过一句话："我这辈子遇到的聪明人（来自各行各业的聪明人）没有不每天阅读的——没有，一个都没有。巴菲特读书之多，我读书之多，可能会让你感到吃惊。孩子们都笑话我。他们觉得我是一本长了两条腿的书。"

优秀的人往往通过阅读建立足够强人的抽象思维能力，获得异于众人的思考和整合能力；而很多人读书，追求的是干货，寻求的是立刻行之有效的解决方案。其实这是一种留在舒适区的阅读方法。在这个充满不确定性的年代，答案不会简单地出现在书里，因为生活根本就没有标准确切的答案，你也不能期望过去的经验能解决未来的问题。

而真正的阅读，应该在书中与智者同行思考，借他们的视角看到世界的多元性，提出比答案更重要的好问题，在不确定的时代中领先起跑。

世界上很多厉害的人其实都是深度阅读者。像 Paypal 黑帮[①]的每个成员、乔布斯等人都是特别爱阅读的人。

在马斯克的自传《硅谷钢铁侠》一书中，有1/3的内容是在介绍马斯克超强的学习能力。

[①] 美国创业项目Paypal自2002年出售给eBay之后，PayPal的大部分重要员工都已经离职，但他们仍然保持着密切的联系。他们甚至为自己的团体起了一个名字——"Paypal黑帮"。

他从小看书的能力就特别强，通常每天看 10 个小时的书，在周末的时候经常一天两本，三年级的时候就把《大英百科全书》看完了。

10 岁的埃隆·马斯克利用自己攒的零花钱和父亲赞助的部分资金买了人生中第一台电脑，之后又买了一本编程教科书，并且学会了如何编程。

他的第一个创业项目叫做"ZIP2"，是一家罗列企业信息的网站，有点像现在的大众点评，这个网站后来被他以 3 亿美元的价格卖掉，他从中赚了 2200 万美元。做这个网站需要的技能就是写代码，而这项技能可以说他是很早就掌握了，当别人还在玩游戏时，12 岁的他就已经会编代码写游戏了，而且完全是自学的。

当他打算造火箭的时候，他又开始自学火箭制造知识，他的第一轮关于火箭的知识也是从一本火箭制造手册上学的。

说这么多，无非就是想说明阅读是终身学习过程中非常重要的一种方式。

（三）社交学习

三人行必有我师。通过与人交流、讨论、合作，互相学习和分享经验都是终身学习的重要方式。

社交学习不仅指在工作中与团队成员在协作中共同进步，也指主动进入某种学习圈子，在学习圈子中能够互相学习、交流心得、思想碰撞、彼此鼓励，也不失为一种有效的终身学习方式。

四、学习的四个层次

尽管很多人都在学习，但学习的层次却不一样，学习层次不同，收获就会不同，掌控命运的能力自然也会有差别。

在《论语·季氏》中有这么一段话："生而知之者，上也；学而知之者，次也；困而学之，又其次也；困而不学，民斯为下矣。"

孔子把学习分成了四个层次，这四个层次在现实中确实是有直观映照的，我来逐个解释：

（一）生而知之者，上也

"生而知之者"最常见的解释是：天生就懂得的人，或者是生来就知道的人。这样的人当然是一等一的聪明厉害，但孔子自己都不认为自己是这一类人，而且说他自己也没有见过这种人。

不得不承认的是，好像有些人确实天生就会一些"本领"，比如有些孩子虽不知五线谱，但却能随心所欲弹出钢琴旋律；有些孩子未学绘画，但却能轻而易举画出简笔画作。

孩子们的"作品"虽不完美，但仍然无法掩盖那份"天赋"，很多人愿意把它称为"天赋"，我更愿意将它称为"天生的热爱"。天赋并不一定每个人都能拥有，但"热爱"是每个人都会有的，至少曾经有过。

如果能够坚守着自己那份"天生的热爱"去终身学习并在长大后仍未让"热爱的火焰"熄灭，我想这应该是一种更靠谱的、更接地气的"生而知之"，这就是顶级的学习层次。

关键是，这个学习层次其实人人都可以达到。

（二）学而知之者，次也

"学而知之者"指的是通过努力学习来获得认知、知识和技能的人。

"好学上进"的终身学习者处在这个层次里，他们对于学习的姿态是主动积极的，涉猎广泛但"热爱"稍显不足。尽管这样，但这个层次的终身学习者仍然是顶尖的，无论认知水平、知识储备还是思想见解，他们都能远远超越普通人。

在现实中，这类人更倾向于主动学习，善于把握学习机会，能持续投资于自我成长。他们对于学习新事物和适应变化更具积极性，更能够意识到终身学习对于职业和个人成长的重要性。

学习已经成为他们的生活方式、生命的一部分，就像每天吃饭喝水一样平常。

（三）困而学之，又其次也

"困而学之"意味着遇到了问题或困境再去学习、再去改变自己，本质目的是解决问题或者走出困境。

这种学习层次是被动的，尽管被动，但仍然是一种"向内求"去解决问题的思路，对于他们而言，学习是一种手段，是一种解决问题的方式。

这种理解不能用对错去评价，它是一种客观存在。现实中确实有相当多的人都处在这个层面，但他们仍然是属于"积极面对生活"的那一类人。

比如：

（1）为参加某项考试而学；

（2）工作上遇到难题的时候，积极查找资料，学习课程，努力去解决问题；

"困而学之"不代表不好，只是相较于"学而知之"的那份"主动积极"而言，它的"被动应对"就好像永远在"救火"，而从未想过如何"避免起火"。

（四）困而不学，民斯为下矣；

"困而不学"指的是那些遇到问题、困难仍然不去学习的人。

他们不去学习的原因大致有两个：

第一，根本没有意识到自己被"困"，也就是说不知道自己遇到了什么"问题"。

第二、知道自己遇到了问题，但期望别人来帮他解决。

这是典型的弱势文化态度和思维，一个人假若在这种人生态度和思维方式的指引下，是根本不可能有掌控自己命运的机会的，更别提彻底改变自己的命运了。

五、终身学习的成果

终身学习产生了以下两个成果，才可以称得上是真正的终身学习，否则只能称为"知识堆砌"。

（一）升级"个人文化系统"

终身学习的是为了改变自己，但如果学习之后"个人文化系统"仍然没有变化，那就说明这个人在本质上并没有改变。

很多人在改造"个人文化系统"方面是懒惰的，在获取"知识"方面是勤奋的，这种勤奋不能叫假勤奋，但确实会造成"成长的假相"。

如果获取到的知识不能被"消化"、"吸收"并"转化"成我们的行为习惯、思维习惯或者思想观念，那就不算真正地学到了东西，这最多算你"知道"了一些知识或道理而已。

只有把学来的知识转换成自己"个人文化系统"中稳定的一部分，这才算升级心智，这才算真正的学习。

大部分人喜欢做的"知识堆砌"就像是往手机里不停地安装各种APP，看起来仿佛手机有了很多"功能"，但这样只会让手机越来越"臃肿"，运行速度越来越慢；而真正的升级"个人文化系统"是升级手机的"操作系统"，它的改变会整体提升手机运行效率，会让手机更"能干"、更安全。

（二）培养可转移能力

可转移能力是稀缺资源，它不是指低层次的会开挖掘机、会操作EXCEL文档这样的技能，而是在技能之下的一种能力，比如学习能力、解决问题的能力、适应能力、独处能力等等。

培养出可转移的能力，意味着"个人资源系统"实现了"深度"升级，这是终身学习需要追求的另一项成果。

现实中的很多人比较注重追求掌握多种技能，并以此为"核心竞争力"。不能说这种做法不对，只是这种做法只能解决一时的问题，而不能从根本上解决今后可能遇到的同类问题，因为没有"可转移能力"的支撑。

举个例子：

张三去参加平面设计师的培训，经过一段时间的训练后，找到了一份相关的工作。

在新公司里，他掌握的软件操作技能和基本的平面设计知识会成为他个人的"核心竞争力"，但是没过多久，AI 绘图成为潮流，AI 设计出的海报既精美又有个性，而且还很快，老板特别希望他也能用 AI 来设计海报，但是他的学习能力比较差，只会用软件来设计海报。

假如此时李四设计师"临危受命"，在比较短的时间内靠自学学会了怎样用 AI 来快速设计既精美又富有个性的海报，如果你是老板，你会更看重谁呢？

其实老板是否看重李四也不重要，重要的是李四拥有"可转移能力（学习能力）"，这样的人无论在哪里都会受欢迎，因为他们会通过学习来改变自己，以便更快地适应环境需要。

六、终身学习的意义

终身学习的意义在于对抗未来的不确定性。

有位哲学家曾说："一切都在变，唯一不变的就是变化本身。"世界在未来会变成什么样，谁也无法预知，未来总是充满了不确定性。

在充满不确定性的未来，谁能更好、更快地适应变化，谁就能持续生存和发展，在自然界是这样，在人类社会当然也会这样，因为这是"物竞天择"的规律体现。

回望过去的 20 年，会发现时代淘汰的都是那些故步自封、不愿拥抱机遇与变化、不愿改变的人。在时代的潮流里，不主动求变，被淘汰是唯一的结局。

积极主动地成长，才能更好更快地适应变化，而终身学习是成长源源不断的动力源泉。严格来说，终身学习不仅是一种能力，更是一种面对未来的态度和意识。

"凡人欲学一事，必先见明道理，立定脚跟，一眼看定，一手拿定，不做到极处不休。如此力量，方能了得一件事，纵不能遭其巅，亦不至半途而废，为不足轻重之人。"①

上面这段文字是清代道学家黄元吉说过的一段话。这段话极富哲理，它用深刻又质朴的语言揭示了一个人成事成才的基本规律：

"一眼看定"，意为立志；"一手拿定"，意为聚焦；"不做到极处不休"，意为深耕，我将"立志""聚焦""深耕"称为"强者成才三部曲"。

第七节　强者成才三部曲（一）

强者立志，弱者逐利。

强者成才第一步就是要立志。

"立志"意为立下长远志向、下定决心，需要对抗的是弱势文化偏爱的短视和功利。

一、"志"从渴望中来

（一）先讲个小故事

有个年轻人，一直梦想着有一天能够发大财，成为一个富有的人。所以一直在求取获得财富的秘诀。

有一天，有个富翁答应教他怎样才能获得财富，但得等到第二天早上才行，于是他们约定好第二天早上 6 点在海边见面。

第二天早上，这个年轻人准时来到了海边，他发现富翁已经等在那里了。

他虚心向富翁讨教："现在您能告诉我获得财富的秘诀了吗？"

富翁说："你面朝大海向前走，除非我让你停下来，去吧，孩子。"

---

① ［清］黄元吉：《乐育堂语录》，九州出版社2013年版。

年轻人虽然对富翁的要求感到不解，但还是照做了，毕竟他很希望得到获得财富的秘诀。

还有一步将要迈进海水的时候，年轻人回头看富翁，富翁说："继续往前走。"

当海水没过膝盖的时候，富翁还是催促他继续往海里走，

当海水没过腰的时候，年轻人已经感到有些恐惧了，但富翁还是要求他继续走，

当海水淹到胸口的时候，海水的压力让这个年轻人感到非常难受，但远处还是传来富翁不断催促他继续走的声音，

当海水没过口鼻，年轻人已经无法呼吸，却仍然听不到富翁叫他上岸，强烈的窒息感让他再也坚持不下去了，他内心非常愤怒，觉得富翁在愚弄他，怒气冲冲转身回到了沙滩上，生气地质问富翁："你为什么要这么做，你知道我刚才快被淹死了吗？！"

富翁说："我并没有叫你回来，难道你不想要获取财富的秘诀了？"

"不想要了，我刚才在水里无法呼吸，都快死了！"年轻人说。

"当你渴望财富像刚才在水里渴望呼吸那么强烈的时候，你就能获得财富。"

富翁笑着说："这就是我给你的秘诀。"

（二）大多数人只是"想要"，而不是"渴望"

这是我多年以前听到过的一个小故事。虽然简单，但道理却很深刻。成功，每个人都想要，为什么真正得到的人却总是少数？

是老天爷太不公平吗？当然不是。

真实原因是：大多数人只是"想要"成功，而不是"渴望"成功。

古希腊哲学家苏格拉底说，"要成功，必须有强烈的成功欲望，就像我们有强烈的求生欲望一样。"

我们经常听到有很多人说"我想发财"、"想成功"，别轻易相信这种鬼话，因为他们心底的真实心声可能是："我想轻松又快速地发财"、"我想轻

松又快速地成功"。

在现实中，这种现象比比皆是，准确地说，这种人比比皆是。

我第三次创业成功的时候，有个同事跟我说："兄弟，听说你赚钱了，有什么好项目要带上我啊，我也想赚钱。"

我说确实有个好项目，这个同事当时就问：

这个项目利润大吗？

我说："还不错哦！"

同事又问："那风险大不大？"

我说："风险很小。"

"投资大不大？"

我说："不大。"

"那辛苦吗？"

我说："也不辛苦。"

两眼放光的同事急忙就问我是什么项目？

我说：做梦。

这个同事狠狠地冲我翻了个白眼。从那以后，他再也没理过我。

太多人就是有这样的价值观：不愿付出，不愿承担风险，只想收获，而且是想快速收获。这是典型的弱势文化思维——极其短视且急功近利。

有这样的底层价值观，怎么能做成事呢？

除非你运气好到老天爷拿钱来砸你，但是，就凭这种价值观，用网络中的一句话来说就是：你凭运气得到的东西，一定会凭实力失去。

（三）真正的渴望是什么？

渴望是一种原生动力，它长在我们心底，它能源源不断地为我们提供前进的动力，它能让我们变成真正具有"内驱力"的一个人。

当你对一样东西产生真正渴望的时候，你总会心心念念，吃饭也在想，睡觉也在想，总想不惜一切代价去做这件事情，内心真会有一种"不到黄河心不死"的劲头，而且如果目标达不成，那个感觉有时比死还难受。

如果某一天，某件事让你有了这么强烈的内心感受，那么我恭喜你，你找到了自己的渴望。

在西方管理心理学研究中，有个研究结果非常有意思（见下图）：

期望强度	定义	表现	结果
0%	不想要	真的不想要或不敢要	当然得不到
20~30%	空想	空想，随便说说，只说不练，不愿付出，不知从何开始	很快就会忘记自己曾经还这样想过
50%	想要	有最好，没有也罢。3分钟热度，遇困难便退却，想天上掉馅饼	十有八九不成功
70~80%	很想要	有真正的目标，但决心不够，特别是改变自己的决心不够，等靠思想严重，经常认为曾经努力过，没实现就算了，很快改变目标	有可能成功，因为运气成功，也因为运气而失败
99%	非常想	潜意识中有一丝的放弃念头，这决定了他不能排除万难、坚持到底，直到成功。付出比100%比成功更痛苦	一步之遥，99%与100%的差别不是1%，而是100%
100%	一定要	不惜一切代价，不到黄河心不死，不成功便成仁。目标达不成比死还难受	一定能寻找到成功的方法并达成目标

目标期望强度与结果关系图

上图中，当一个人对某个目标的"期望强度"达到 100% 的时候，这个状态叫做"渴望"。

"渴望"是一个人顶级的动力来源和行为模式，它是 100% 想要实现一个愿望的坚定信仰，任何困难挫折都不会动摇这份决心。

就像去西天取经的唐僧一样，"取到真经"是他坚定的信仰，对"真经"的渴望，让他无论是在面对妖魔鬼怪制造的危险，还是在面对女儿国国王那份真爱的"诱惑"时，都能意志坚定地坚守那份初心。这样的强烈渴望才能配得上"取得真经"这样重磅级的成果。

二、立志：确立人生顶层目标

立志，就是确立人生顶层目标。

找到渴望所在，才有可能确立人生顶层目标。换句话来说，人生顶层目标是建立在渴望之上。

蜕变：个人成长人生哲学

（一）什么是顶层目标？

顶层目标就是一种愿景、就是在遥远的未来你想去的"地方"、就是一个人在人生路上的"初心"。

它可能非常宏大，因此不会太具体，但它就像指南针一样，能为你未来几年、十年甚至一生提供行动方向和具体意义，让你能不忘"初心"。

王阳明 13 岁时，曾问老师："何为人生第一等事？"

从来没有学生问过这样的问题，老师自己也从来没有想过。于是，老师认真思考了一会儿，想出一个自认为很完美的答案："人生第一等事，当如孔子所说，学而优则仕，读书当官！"

王阳明否定了老师的答案，并且认真地说道："我以为人生第一等事应该是读书做圣贤！"

王阳明最终成为立言、立功、立德三不朽的伟大思想家！

人生"第一等事"就是人生"顶层目标"，成为"圣贤之人"就是王阳明在年少时确立下的"顶层目标"，他用自己的一生去追寻并实现了这个顶层目标。

但是，不一定只有如王阳明"圣贤之人"这么大的志向才叫立志，大多数普通人也很难立马想到一个需要用毕生精力去追求的志向，小一点的志向也算立志，比方说你希望自己花五年时间成为一个更好的自己，这就是你的顶层目标，这也是你立下的志。

我无意在立志大小问题上去讨论过多，更想表达的是人要想成事，首先就需要立志。

就像王阳明在《教条示龙场诸生》中所说：

> 志不立，天下无可成之事。虽百工技艺，未有不本于志者。今学者旷废隳惰，玩岁愒时，而百无所成，皆由于志之未立耳。故立志而圣则圣矣，立志而贤则贤矣。志不立，如无舵之舟，无衔之马，漂荡奔逸，终亦何所底乎？

为什么强者成才三部曲之第一步是"立志"？就是因为"志不立，天下无可成之事"。

（二）确立人生顶层目标的现实意义

尽管人生顶层目标不具体且没有可操作性，但其具有的现实意义却是其他任何一样东西都无法替代的。

（1）给你穿越人生黑暗的勇气和毅力

如果心中装着自己立下的远大志向，那么就算自己处于人生黑暗时期，你还是会有足够的勇气和毅力去承受这一切，因为未来的人生目标永远在吸引你，你会相信自己正在经历的一切是有意义的。

就像电影《追梦赤子心》中的鲁迪一样，他的梦想只有一个，那就是进入圣母大学橄榄球队去打球，但他在此之前所做的事情都不是自己真正喜欢的，无论是在钢铁厂上班，还是在圣十字二年制专科学院读那些枯燥无味的课程，甚至是替人"撩妹泡妞"的活都肯干，只是为了让别人愿意辅导他功课……他做的这一切都是为了奔向自己心中那令人无限着迷的梦想。

迎接黎明，就得先穿过黑暗，而立下的远大志向会给你无穷无尽的勇气和毅力。就像有句话说得很好："让自己的内心藏着一条巨龙，既是一种苦刑，也是一种乐趣。"

（2）不断精进自己的长久耐力

人生顶层目标会给人不断精进自己的长久耐力。

很多人都知道篮球巨星科比的励志故事，他每天穿过洛杉矶凌晨四点的街道，到训练馆进行体能训练和投篮练习，坚持了十几年。但大家不知道的是，科比如此努力，是因为受到了一个人的巨大影响，这个人就是电影《追梦赤子心》中的原型人物丹尼尔·鲁迪。

很多高手都有一个让对手无法超越的常见手法：精益求精。

精益求精不是简单地重复，而是一次比一次更好，日复一日地更好，年复一年地更好，高手就有这种本事能够把一件很小的事情坚持到极致。

"有志者、事竟成，破釜沉舟，百二秦关终属楚；苦心人，天不负，卧薪尝胆，三千越甲可吞吴。"

做事如果没有"破釜沉舟"的决心和"卧薪尝胆"的毅力，是无法做到极致和精益求精的。

（3）持续的热情

一个人只要深深地相信自己所做的事情很重要的时候，才会保持热情，然后将所做的事情延续一辈子。

有些人很早就产生了使命感，但对于大多数人来说，面对生活和工作，他们仍然觉得非常的茫然，不知道目的何在。

（4）不会轻易否定自己

人生顶层目标会给人希望。

在逆境或困境中，我们很容易自我怀疑，但保持希望是走出困境的唯一道路。

《肖申克的救赎》中，安迪超于常人的一点就是他在任何时候都对自己的未来保持希望，摘抄两句这部电影中的经典台词分享与您，每每看到，都令人振奋无比。

"懦怯囚禁人的灵魂，希望可以令你感受自由。"

"不要忘了，这个世界穿透一切高墙的东西，它就在我们的内心深处，他们无法达到，也接触不到，那就是希望。"

越挫越勇，再接再厉，才会越爬越高，这才是人间正道！

三、化"大而空"为"小而实"

刚才说过，人生顶层目标的特征是"大而空"，它虽然宏大但没有可操作性；要想成才成事，必须将"大而空"的顶层目标转化为"小而实"的一件件可操作的事，否则顶层目标就是"空中楼阁"，永远无法落地。

现实中很多人总是无法达成心目中的目标，并不是因为我们不够努力、不够好，而是从一开始我们就没有用对的方式把"大而空"化为"小而实"。

把"大而空"的顶层目标转化为"小而实"的一件件可操作的事，我们需要做两件事：第一，大事化小；第二，小事化实。

（一）大事化小：拆分顶层目标

人生顶层目标需要拆成三层，做这件事情的时候最好能够在纸上写出来，效果会更好。

（1）第一层：顶层目标

顶层目标就是我们前面所说的"指南针"，它给了我们的人生一个方向。

它可以是在工作上的某种成就，成为一个优秀的领导者；或为社会做出某种贡献，创办一家成功的企业，成为一个自由企业家；或是拥有一个幸福的家庭，成为一个创造幸福的人。

像埃隆·马斯克一样期待把人送上火星，像乔布斯那样开发某款划时代的全新概念产品等等这些非常抽象的事情，都可以是我们每一个人的顶层目标。

（2）第二层：中层目标

中层目标是为顶层目标服务的，虽然它比较细分，但依然属于比较广的目标，换句话来说，它依然没有太强的可操作性，但它可以让你的顶层目标变得相对具体。

你也可以把中层目标理解为顶层目标的"分解任务"。

如果顶层目标是未来 10 年内想要实现的一个愿景，那中层目标就是近 1 ~ 3 年里要达成的目标或是任务。

接着上一层中提到的例子，假如你希望未来把人送上火星，那么中层目标就是在未来几年里搭建发射基地、设计制造火箭等分解后的大模块任务。

（3）第三层：底层目标

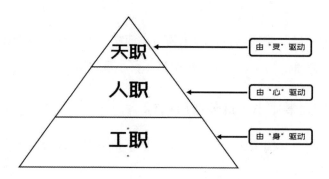

底层目标是为中层目标服务的，它是我们在短期内可以完成的特定任务或事项。

比如为了搭建发射基地，就需要完成选址、组团队、找资金、设计基地、采购设备材料等等一系列的特定任务或事项。

将顶层目标拆分到这个程度的时候，我们只是做到了将"大事化小"，事情虽然变小了，但仍然没有太多可操作性，因此还得进行下一步——将"小事化实"。

（二）小事化实：将小事变得具有可操作性

这就需要用到著名的 SMART 目标管理原则。

（1）原则 1：具体性（specific）

目标越具体，越容易实现。

给自己定目标，一定要具体，不能太笼统，否则就没有制定的意义。

比方说：我要"好好赚钱"就不是一个好目标，因为太笼统，没有具体性，把具体金额定出来才算具体。

把目标变具体，目的就是要让目标的弹性越小，人才有可能投入更多精力和注意力在目标上面。

相反的，如果目标非常模糊，就意味着弹性越大，我们可以给自己的后退空间就越大，目标实现起来就很困难。

就像平时很多人说我打算要看 10 本书,还不如说我要看完哪 10 本书,加上书名会让目标变得更具体。

(2)原则二:可衡量性(measurable)

管理学之父彼德·德鲁克说过:"没有办法衡量的东西就没有办法进步。"

一个有效的目标除了具体,还需要能被衡量。

目标能被衡量的意义在于,通过衡量之后的结果向自己的大脑做出反馈。

加拿大心理学教授提莫西·皮切尔就曾经说过:"如果我们最困难的目标取得了进展,就会获得强烈的积极情绪反应"。

比方说,学校每学期期末的考试,就是一种衡量手段,通过考试分数向学生、老师、家长反馈学习的结果是好是坏。

企业里经常开展的绩效考核工作,本质也是在衡量。

但是衡量手段也分好坏,使用不当,可能会出现"虚假繁荣"的现象。

我还是拿读书来做例子,有人说,我一个月看完 4 本书,是否看完 4 本书,虽然是可以衡量的,但,什么叫"看完"?从头到尾翻了一遍叫"看完",认真读完并提炼其中核心思想也叫"看完",认真读完、提炼核心思想并且能深入思考理解也叫"看完"……

你衡量"看完"的指标是哪种?

如果只是追求阅读数量,到最后的结果仅仅是"一年读了多少多少本书"这样的"虚假繁荣"业绩,这并不代表有多少知识装入了你的脑袋,更别提有多少知识转化为你的能力了。

但不管怎么说,制定了目标,就必须让它有"可衡量性",它可以让我们知道进度,同时也会给予我们完成的动力。

(3)原则三:可行性(Attainable)

一个目标,最重要的就是通过行动来实现,所以不具备可行性的目标是永远无法达成的。

可行性,意味着这个目标是可能的,这种可能性会让我们以极大的信心和驱动力去展开行动。

举个自己的例子：

3年前，体检的时候发现身体有些问题，大夫很严肃地跟我说，要多运动，注意饮食等等。

我是喜欢运动的，但因为年轻的时候酷爱踢足球和健身，不注意保护自己，结果肩关节、双腿膝关节受损，一些剧烈运动已经无法开展。没办法，后来我就根据自己的实际情况定了一个切实可行的小目标——每天早上打一遍"八段锦"。

选择这个目标是有原因的：一是因为这件事耗费的时间并不多（打完一套只需要12分钟左右），二是因为它非常适合我的身体情况，三是因为不受场地限制。

对我来说，这个小目标可行性很高，难点在于每天坚持。事到如今，每天打一遍"八段锦"已经成为我的生活习惯，而且我从中获益良多。

我们定目标的时候，一定不要好高骛远。一开始就把目标定得非常宏大，虽然听起来会让人"热血沸腾"，但真正做起来，很容易就泄气了。

万丈高楼平地起，无论定目标，还是做事情，都要踏实一点。

（4）原则四：相关性（relevant）

这个原则就是确保你所设定的目标和现阶段的你是相关的，同时和其他的目标能保持一致性。

说得通俗点，尽可能保证你定的各种小目标都是为一个大目标服务的，而不要让这些小目标之间产生冲突。

比如说如果你是一位职场中的女性，你有了一个目标——想要生宝宝，但你同时又给自己设下一个升职加薪的目标，那么这两个目标很容易就会产生冲突。

这位女性真的有足够的时间和精力去同时应付这两件事吗？

我有个女性同事就是这样，她打算出国留学去读博士，然后就花几个月的时间去准备各项前期申请工作（包括备考雅思考试和学校申请等工作），但当她拿到心仪学校录取通知的时候却发现自己怀孕了。无奈之下她只能选择强撑着一边高强度地上课学习，一边应付本职工作，还要一边应付怀孕带来的不适感，坚持了一个学期后，她做出了一个明智的决定——放弃读博。

我觉得，她是理性的。从目标相关性的角度讲，生孩子和读书深造没有相关性，因为这二者会彼此抢占时间和精力，甚至金钱。

在我们的生命当中有很多目标，都是非常有意义的，但我们需要去理性地判断实现每个目标的最佳时机，有些可能现在就适合去做，但有些可能晚一点才适合去做。

如果我们硬着头皮在同一段时期内定下多个不同方向的目标，只会让我们的生活陷入混乱和内耗。

所以，我们宁愿设定"少而高"的挑战，也不要设定"多而杂"的目标。

有舍才有得，定目标的时候，我们也要克服人性中的"贪念"。

宁可十年做一件事，也不要一年做十件事。

（5）原则五：时限性（Time-bound）

时间管理中有一个著名的概念叫做"帕金森定律"（这和医学上的帕金森没有任何关系），这个定律发现：只要还有时间，工作就会不断扩展。换句话说，不管一个人的工作量是大还是小，工作总会被拖到最后一刻才完成。

这是人性使然，虽然无关乎好坏或对错，但大部分人总有这种倾向，当然也有少部分人不是这样。

所以，在职场上，非常有经验的管理者面对下属交代工作任务时，都会加上时间期限，这会给下属一种紧迫感，从而尽可能避免拖延。

如果在给自己制定目标的时候不加上一个时间期限，那么这个目标大概率是永远无法实现的。

截止日期就是一个可以提高行动力和效率的有效工具，因此为你的目标设定截止日期，不但可以帮助你对抗想要拖延的心态，还可以让你更快地达成目标。

画张图对 SMART 原则做个总结：

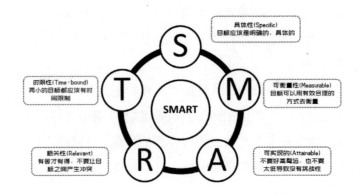

四、胸无大志，枉活一世

《韩非子·喻老》中有句话："立志难也，不在胜人，在自胜。"

意思是：立志困难的地方，不在于胜过别人，而在于胜过自己。

强势文化人群总是倾向于为自己设立明确的人生目标，并努力朝着目标奋进，在人生成长的路上，他们永远追求的是超越原来的自己。

而弱势文化人群对于人生总是缺乏明确的目标，极其容易被周围环境左右。他们当中的大多数人每天都是在浑浑噩噩地过日子，根本没有什么人生志向可言，而这样的生活方式无异于是在浪费生命。

"种一棵树最好的时间是 10 年前，其次就是现在。"请为自己的人生种下一棵"理想之树"吧，立志的人生才能掌控命运。

有志者，事竟成！

第八节　强者成才三部曲（二）

强者聚焦，弱者涣散。

立志之后，就要学会在自己的顶层目标上不断发力，力争将自己的精力、才华和能力源源不断地投注到"顶层目标"这个焦点上，这是强者成才第二步——聚焦。

一、要事优先

普通意义上，所谓聚焦就是专注且持续地做一件最重要的事情，在网络文章或很多书中都可以看到这种解释。

在上一章节中，我已经指出这件最重要的事就是我们立下的志——人生顶层目标，但在本书中所说的"聚焦"更多是在指"要事优先"[①]。

（一）什么是"要事"？

"要事"就是我们将"大而空"的人生顶层目标转化而成的那一个个"小而实"的小事。

这些"小事"是在"立志"阶段之后，我们在每一个"当下"需要真正关注的事情，每完成一个"小而实"就相当于为"大而空"的人生顶层目标添了一块砖。

（二）为什么要"优先"？

一旦确定了人生志向，我们就应该对自己进行有效的管理，让生活和理想融合，换句话来说，应该保证自己的时间、精力投注到了该投注的地方。

而"要事"就是最该投注时间、精力的地方，它们比其他与人生顶层目标无关的事情更值得你的关注和投入。

比如你正在完成今天的阅读任务，突然有朋友打电话约你出去玩，你该怎么做呢？

如果你将"玩乐"优先，就会放下书本立马就跑出去，这样做的代价

---

① ［美］史蒂芬·柯维：《高效能人士的七个习惯》，中国青年出版社2018年版。

就是今天的阅读任务得推到第二天完成，那么整体上你的"宏伟大业"就会推迟一天才能实现。

所以对于已经获得"小而实"清单的我们来说，"要事优先"就是"聚焦"。

二、如何才能做到"要事优先"

在实现人生顶层目标的路上，如何才能做到"要事优先"？我们需要养成下面六个思维或行为习惯：

（一）自我觉知，不要过于涣散

网上有个故事：

有一个农夫一早起来，告诉妻子说要去耕田。当他走到田地时，却发现机器没有油了。于是打算去加油，突然想到家里的猪还没有喂，于是转回家去喂猪。回家路上经过仓库时，看见旁边的几堆土豆，他想起新种的土豆可能正在发芽，于是又计划去地里看看土豆长得怎样了。路途中经过木材堆，又记起家中需要一些柴火，正当要去取柴火的时候，看见了一只受伤的鸡躺在地上……就这样，这个农夫从早上忙到夕阳西下，结果是油也没加，猪也没喂，田也没耕，最后什么事也没有做好。

故事中农夫的样子恐怕是现实中很多人的真实写照。

注意力涣散是主要的原因，脑海中生出的一念又一念将我们宝贵的注意力稀释到了极致，如果养成这样的习惯，是很难成事的。

但要想改变这点，就要积极地自我觉知脑海深处升起的一念又一念，并把它们打消掉，及时将自己拉回要事的"正轨"。

（二）轻重缓急，不要胡子眉毛一把抓

学会分清轻重缓急，实际上就是要学会时间管理。

在《高效能人士的七个习惯》中，作者史蒂芬·柯维提出了"时间管理矩阵"，在矩阵中通过"是否重要"和"是否紧急"两个维度把我们面临

的工作任务分成了四个部分，我画张图来做简要介绍：

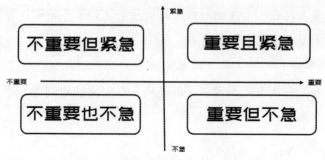

时间管理四象限图（轻重缓急）

（1）"重要且紧急"的事一般指的危机、迫切问题和在限定时间内必须完成的任务，这部分事情要优先做。

（2）"重要但不紧急"的事一般指预防性措施、建立关系、制定计划和休闲等活动。

（3）"不重要但紧急"的事一般指接待访客或电话、某些会议或信件、迫切需要解决的事务等。

（4）"不重要也不紧急"的事一般指的是琐碎忙碌的工作、某些电话和信件、消磨时间的活动以及令人愉快的活动。[①]

本书中所说的聚焦阶段需要关注的"小而实"的事情都属于"重要且紧急"的事情，因为为了实现自己的"宏图大业"，我们必须将每一件"小而实"的事情安排到每一天的生活里，它们就是我们在"限定时间内必须完成的任务"。

在现实中，用这种思维方式管理自己的人并不多，所以大多数人的生活是混乱的、无序的，更别提聚焦了。

在时间管理方面，网络中有很多学习资源，可以自行去搜索学习，在本书中仅简要介绍。

---

① ［美］史蒂芬·柯维：《高效能人士的七个习惯》，中国青年出版社2018年版。

（三）排除干扰，勇敢拒绝"骚扰"

总会有人在我们专注的时候来打扰我们，如果不希望这种事情频繁发生，就得主动采取点措施来避免。

（1）屏蔽

这是我的常用方式，说白了就是挑一个安静独处的地方，关掉手机，专心干自己的事。

（2）拒绝

有时候我们必须得不卑不亢地拒绝别人，以便能充分掌控自己的时间。学会礼貌地拒绝，不要不好意思，你如果总是"不好意思"，别人就会更"好意思"频繁地来打扰你。

（四）适当"授权"，请别人帮你干

"要事优先"原则下，如果遇到当日"要事"未完成，但又遇到特别紧急的事情需要处理，该怎么办？

适当授权，请别人帮你干不失为一种有效的方式。

有一次，我和爱人去外边办事，返回途中把她送到了工作单位，之后我就回了家。开车回到小区地下车库的时候才发现她的车钥匙落在我的车上了，但从家到她的单位来回就得折腾一个多小时，我还有当天重要的工作要做，于是立马下了一个跑腿订单将钥匙送到她单位。

时间比财富更重要，必要的时候要学会适当"授权"，以便为自己赢得时间。

（五）抓住"核心"，不要在外围打转

"要事优先"很好理解，但"要事"也有核心和外围之分，完成"要事"的时候要以最快速度进入"核心事务"，不要在外围打转。

日本南北朝时代（1332-1392）的歌人兼好法师在其《徒然草》一书中曾经写过这么一个故事：

有一人送其子去做法师，对他说："你要专心学佛，通晓因果之理，以后能以说经之业立身处世。"其子遵从父亲的教诲，要成为一名讲经师。而在学经之前，他要先学习骑马。因为他考虑到自己无车无轿，假如有人请他当导师去做法事，一定会牵马来迎接，自己如果像臀如桃核之人在鞍上坐不稳实，掉下马来，岂不是大可担忧之事？又在做完法事之后，众人没准要请法师饮酒，如果滴酒不沾，施主们势必大扫其兴，所以还要练习酒宴中要唱的早歌。他对这两种技能，学习起来渐觉其味无穷，就越发沉浸其中，力求专精，以至于根本没时间学习说经，在转眼之间，年龄就老了。[①]

现实中，大多数人都是这样的。网络中有句话说得挺贴切——"学霸两支笔，差生文具多"，很多人做事的时候总喜欢捣鼓很多没用的外围事物，真正核心的事情到时间用尽的时候都没开始做。

比如张三今天打算完成 100 页的读书任务，但他先沐浴更衣、上厕所、用心地煮上一壶茶、摆上两碟小坚果，找一支自己喜欢的笔……一切准备妥当后摆在桌面，再拿手机拍张照片，然后又花很长时间 P 图修图，为了发个朋友圈，又绞尽脑汁想文案……等到一切"外围"事务全部做完，还有多少时间去干"读书"这件"核心"事务呢？

碰到这种情况，直接去睡觉可能更"务实"。

（六）专心致志，不要"多任务处理"

我经常听到有人说要学会"多任务处理（multitasking）"这种高效的工作方法。所谓"多任务处理"说白了就是同时干至少两件事。

理论上讲，这是可行的，就好像在煮汤的时候可以去晾衣服，可以在跑步的时候同时听音乐一样。

---

① ［日］吉田兼好：《徒然草》，三秦出版社2020年版。

但是，同时专注于两件事，这是不可能的。

一项来自斯坦福大学的研究表明："多任务处理（multitasking）"会导致我们的效率下降40%，这是因为我们的大脑结构和设置其实并不适合"多任务处理（multitasking）"，我们大脑只能一次只做一件事。

很多时候，我们看似在同一时间做几件事情，其实只不过是大脑在快速切换注意力而已，这样做不仅会让大脑费力，而且会让我们感到压力、焦虑和烦躁，更严重的会对我们的大脑造成伤害。

不要因为要做的事情"小而实"，我们就采取"多任务处理（multitasking）"的方式——指望同时做很多事情，不要这么"贪婪"，老老实实地一个一个完成，事情越小，越要聚焦。

三、一事之成，要以舍弃万事为代价

忙忙碌碌、杂念丛生，是大部分人的常态。这种所谓的常态对人的消耗是巨大的，于是，心累、辛苦也就成了现代人的常见"病"。

心累、辛苦就罢了，关键是"心累"和"辛苦"过后仍然一事无成，这点更让人心生遗憾。

如果把人比作一部手机，这种"常态"就相当于是手机同时打开了很多APP，那点有限的电量在同时应付着那么多个"任务"，在这种情况下，手机的电量很快就会不够用的，于是只好频繁充电；时间久了，电池的耐用性就会越来越差，到最后，再也充不进去电的情况下，只能要么换电池，要么换手机。

兼好法师有两段话说得特别好，摘抄于下，和您共享共勉。

一生中最想做的几件事，哪一件最重要，要深思熟虑，仔细比较。一旦找出最重要的事，就不要再考虑其他事情，只专心专意地致力于此事就行。一天或一个时辰之中，也会有众多事务摆在面前，同样也只需做其中最为有用的那一件，其余的都可以放置不顾，而把全副精力放在这第一大事上。如果该放弃的一样也放不下，贪多务杂，必然一事无成。

立志要成就一事的人，就不要因他事之无法兼顾而感到痛惜；也不要因他人之嘲笑自己有诸般不能而感到羞耻。一事之成，要以舍弃万事为代价。

第九节　强者成才三部曲（三）

深耕是强者成才第三步。

如果说"立志"的过程是将"大而空"化为"小而实"、"聚焦"的过程是一个不漏地完成每个"小而实"的事项，那么"深耕"的过程就是竭尽全力做好每个"小而实"的事项。

上面说到的是强势文化思维下"深耕"的理解，可是弱势文化群体对于"深耕"的认识仅仅停留在"长期重复性地做一件事"的层面，这是不对的。

一、三种能力

想要把"小而实"的事情做到极致，需要练就三种能力：

（一）治本的能力

治本能力，指的是能够快速抓到事物本质并在本质层面发力解决问题的能力。

治本能力包含两方面：抓住本质的能力和解决问题的能力。

例如：一位经验丰富的老中医总能快速地找到患者的病根，并且开出对症的良方疗愈病患。

"经验丰富的老中医"拥有的就是"治本"的能力。

在强者成才成事的"深耕"阶段，治本的能力尤为重要，因为这决定着能否在第一时间抓到深层问题并解决它。

比如，埃隆·马斯克为了降低火箭发射成本，想到了航天领域的人几乎不会想的一个降低发射成本的思路——回收火箭，这样的想法已经够让人感到不可思议，但更不可思议的是：马斯克已经解决了"火箭回收"的难题。

SPACEX 公司作为一家私营公司，仅仅通过短短几年时间就在全球航天领域拥有巨大的影响力，不得不说这和马斯克拥有的直戳本质并在本质层面解决问题的能力有着密切的关系。

如果觉得回收火箭这样的例子太大，以至于让人觉得治本的能力离我们太过遥远，那么我再举一个小例子：

有个记者采访马斯克，问他这么有钱，为什么不买块手表戴呢？

马斯克对着记者说："手机会告诉我时间，不需要手表。"

只用一句话，马斯克就封住了记者的嘴，彻底让"问题"消失。

看到了吗？这么简短的对话里，马斯克也是直戳事物本质并快速解决了"问题"。

（二）呈现的能力

呈现，指的是能将内化的能力以人们喜闻乐见的方式展示于人的能力。

再有能力，不会呈现也是白搭。

呈现的目的一是为了形成反馈便于自己精进，二是提升对外影响力，为未来的成功做铺垫。

比如：

擅长科研，就应该多写高质量学术论文，不仅能收到审稿人的意见反馈，还能提升在学术界的影响力。

擅长烹饪，就应该经常掌勺做菜，不仅能听到别人的反馈意见，还能在圈子中宣传自己。

擅长表达，就应该经常去做演讲，不仅能听到听众们的反馈，而且还能让更多人了解你。

能够运用别人喜欢的形式制造"作品"或"产品"让别人感知到你的能力，这是深耕过程中需要努力练就的一种能力。

（三）耐力能力

耐力指的是能持久发力、"文火慢炖"的能力。

正因为深耕是要把事情做到极处，而且不做到极处不罢休，所以耐力就是非常重要的一个能力了。

很多时候做事情不比谁更聪明，比的是谁比谁更能熬，更有耐力。耐力这个东西说起来容易，做起来难，因为它要对抗的是人性中的两个劣根性——急功近利和即时满足。

二、如何锻炼治本的能力

（一）极致思维

经常听到很多人做完事之后说"我已经尽力了"之类的话，但实际上大部分人做事的状态离真正的"尽力而为"仍然差得很远，或者说很多人并不清楚真正的"尽力而为"是什么概念。

说个我曾经在课堂上做过的行为试验，你就能明白什么叫"尽力而为"了。

我叫两位同学上到讲台，给他们一个简单的任务：各自在黑板上画一条横线。

大多数情况下，画出的横线样子是这样的（如下图）：

无论上台画线的人是男生还是女生，是高还是矮，画出的横线总有规律可循，这个规律关注的重点不是横线的长短、粗细，或是否笔直等等，而是高度。

我们可以从图中看出，这两条横线都在一定高度范围里——高，不高于人的眉眼；低，不低于人的胸口。

这是为什么？

因为在没有任何要求的情况下，人们做事总喜欢选择用自己舒服的方式去做；而"胸口到眉眼"之间的高度恰恰是人抬起胳膊的时候最省力的位置。

可是如果我在叫这两位同学上台的时候说："你俩比比谁画的线更高"，那么这两人肯定都会伸长胳膊、踮起脚尖，甚至跳起来去画线。这个时候两人的表现与刚才可以说是判若两人，如下图：

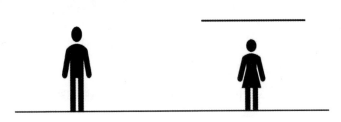

看看，仅仅是因为存在"竞争"，就可以激发出人的更多潜力。

让我们继续这个行为试验，如果我在叫两位同学上台的时候说："你们比赛谁画的线更高，不设上限，最高的人可以奖励两万现金。"

我们完全可以想见：这两位同学可不仅会跳起来画线，而是会想尽办法找椅子、桌子、扫把、竹竿等各种各样可用的工具帮助自己划的更高，甚至租来高空吊车帮助画线也不是不可能。

是什么因素变化导致了他们的行为会有如此大的变化？为什么在第一次的时候他们不会这样做？

这些问题背后的原因非常值得我们每一个人深思。

现实中，大部分人所谓的"尽力而为"其实只是第一种画线状态下的行为模式，在没有外部约束和压力的时候，人都会习惯性地选择以自己舒服的方式做事情；少部分人会用第二种画线状态去做事，但他们的"尽力而为"也只是蹦一蹦、跳一跳；只有极少数狠人做事的时候才会用第三种画线状态去做，这种状态才叫真正的"尽力而为"，这种状态才叫把事情"做到极致"。

从这个行为试验呈现出的现实意义看，大部分人的平庸都是有原因的。

什么是极致思维？

所谓极致思维，就是"要事"尽善尽美的思维。

意思就是用尽自己全力把"要事"做好，而不是明明还有力气可用但不用，明明还有方法可以尝试但不尝试。

你要知道，那点偷偷"节省"下来的力气没有任何存在的意义。

极致和完美完全是两个概念，完美是样样一百分，极致是样样都是你最大的极限。

（二）深度思考

方法论并不是本书注重的层面，所以不会有太多篇幅介绍如何才能做到"深度思考"。探讨"深度思考"的文章和书籍很多，在网络时代获取这些信息并不难，有兴趣的读者可以自行去查阅学习。

在这部分，我介绍一个简单快速能够提升深度思考能力的办法，那就是凡事多问几个"为什么？"举个例子来说明：

亡羊补牢的故事大家都听说过，现在我把自己假想为养殖场的老板，向您简单展示在面对"羊丢了"这个问题的时候如何深度思考并解决问题。
如下图：

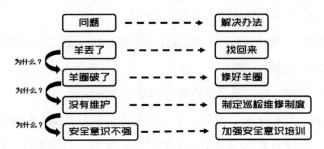

上面的例子中，我只是简单列举了几点原因，仅为展示目的，如果您
愿意借这个例子锻炼自己深度思考能力，可以自行继续脑补探究。

凡事多问几个为什么，就能不断地逼近产生问题的根本原因，只有找
到根因，问题才有可能真正解决。

三、如何锻炼呈现能力

想成才就得让人知道你是一块什么样的才，想成事就得让人了解你能
成什么样的事，这一切都需要在"深耕"过程中练就呈现能力，如何才能
练就这种能力，有两个办法：

（一）不断输出

输出是效率最高、最精准的成长方式。想尽办法做各种输出，不要限
定形式，根本目的在于把事情做扎实，提升自己。

比如阅读就有好几个层次的输出：

第一层：阅读只是阅读，看了就看了，并没有其他后续输出行为。

第二层：在文章或书中勾勾画画，写出零碎的感想或理解。

第三层：写出阅读笔记或思维导图，并且完整记录自己的思考理解。

第四层：开始尝试利用书中所学思考生活或工作问题，并尝试解决。

第五层：把自己所学所悟写成文章给别人看，或者讲给别人听。

在我的成长社群中，授课结束大多会布置作业，但是大多成员只是听课而已，完成作业的人总是少数，这说明很多人并没有借助输出强化学习效果的意识。

最近，在每次授课结束后，社群成员开始自发组织"清谈会"，目的是大家深入交流观点，促进成长，还有一位社群成员早晚都在群里朗读一些书籍，这也是好事。

所有输出的行为都会深化我们所学所悟，主动输出的人往往受益是最大的。

"不断输出"更多强调的是要以不同形式去努力呈现自己所学所悟，哪怕做一个简单的学习总结也算输出。

（二）二次创造

"二次创造"当然是一种输出，但更多强调的是要有"增值"的过程。二次创造实际是将你所学解构再重构的过程，这个过程是一个增值的过程。正因为是"增值"的过程，所以不断地做这些能"增值"的事，人才会成才，才会成事。

刚才说到的阅读输出层次的例子中，就有很多二次创造的元素，比如：阅读笔记、思维导图、文章、讲解内容等。

当然，二次创造不仅仅发生在阅读方面，也会出现在其他学习方面。比如某位大厨教徒弟做一道菜，如果徒弟很爱思考，有可能会不断尝试新的做法，新的食材，说不定哪天他就能举一反三，制作出一款颇受食客欢迎的新菜。这也是"增值"的过程。

网上有一个爱学习、爱思考的博主，运用个人独到的视角将《百年孤独》这部难读的著作进行全新的解读，并将每期解读制作成精美的视频上传至网上，颇受网民欢迎，这个过程既是输出的过程，也是二次创造的过程，当然，这更是对"深耕"二字的最好诠释。

四、如何锻炼持久耐力

说实话，耐力最难练，因为锻炼耐力要对抗的是人性中急功近利的劣根性。更值得一提的是：锻炼持久耐力没什么捷径。

我提倡的"长期主义"和"延迟满足"两个价值观就是为了增强成才成事征途中最稀缺的资源——耐力。

虽说没有什么捷径可言，但仍然有一些建议分享，期望对您有帮助。

（一）有"文火慢炖"的思维

"文火慢炖"对抗的就是现代人普遍有的"急"的心态。

很多人做事情经常"用力过猛"，这种做法背后的本质心态是"急功近利"，而"急功近利"的本质就是"贪婪"。比如有人一天之内要看完一本书，两个月要拿下雅思等等，愿意上进当然是好事，但这种做事方式实在不值得提倡。

人人都希望自己每天都能"跨越式进步"，但却瞧不上"日拱一卒"的做法，这个毛病得改改。如果人生方向选对了，慢一点是没有关系的，有时候，慢就是快。

现代人活得都太匆忙，身体里的"发条"总是拧得很紧，尝试让自己慢下来，放松一点，体验一下"文火慢炖"的人生感觉，我相信你会爱上那种有节奏的松弛感。

（二）少看网络"虚假"信息

人们"急功近利"的思想越来越严重，与网络中出现大量的"一夜暴富"、"22 岁年薪百万"、"我是如何三个月赚到 50 万的"之类的文章或视频不能说没有关系。

我也不能全盘否定这些信息的真实性，可能偶尔会有那么一两个是真实案例，但我相信绝大多数都是"虚假"信息。

这类"虚假"信息的存在，除了扭曲我们自己以及很多青少年的"成长观"之外，我实在想不出它有什么存在的好处。

（三）盯紧每个"小而实"

为什么在"深耕"这篇文章里再次提到"小而实"呢？

因为"小而实"的存在能有效地把你拉回成长奋斗的正轨，它能让你的生活处在一种节奏里。盯紧每天该完成的"小而实"的任务，压着自己优先去完成它，时间长了，你的生活就会处在一种节奏里，当处在节奏中的时候，就能感觉到一种"不紧不慢"、"文火慢炖"的松弛感。只有这种状态，才能持久发力，才有可能获得耐力。

分享我备考雅思的故事：

几年前我打算备考雅思，但我当时的情况是：

1. 二十多年没有碰过英语了，当年所学已忘得差不多。

2. 已经报了三个月之后的那一场考试。

3. 因为还要上班，备考的空余时间不太多。

尽管压力很大，困难也很多，但还是在想办法解决。我把备考任务拆分成很多很多小模块，并排好了每日的学习任务。

其中一个小任务就是背单词，我把它安排在每天早上 5 点 -7 点之间。最初的一个星期是痛苦的，但之后我很快就进入了节奏里，甚至开始期待每天早上的这个时刻。

我确实进入了一种有节奏的松弛感里，尽管仍然有坚持完成每日任务的"心理痕迹"，但我并没有感觉到自己在很用力地坚持。

老天爷对我挺好的——后来我顺利通过了雅思考试。

故事并不重要，重要的是我要分享的人生感悟：

耐力并不是靠"苦哈哈"地坚持和自律获得的，而是将自己置于一种有节奏的松弛感中时自然会产生的能力。

（四）因果之间有延迟，得耐心点。

因果之间有延迟，这是规律，我们得尊重并遵守。

生病了吃药，也得过上几个小时或者第二天才能有缓解的感觉；这种小事都会有因果延迟，更何况是事关个人成长、事关人生顶层目标的实现这么大的事情。在大事上，因果延迟会更久。

成才成事，快的三五年、慢的八九年、再慢的十几年，快和慢取决于你立下的志向有多大。志向越大，实现就越慢。

这点很公平，绝对是人间正道。仔细想想，人世间的顶尖"好货"哪一个不是靠时间慢慢"炖"出来的？

就因为顶尖"好货"如此珍贵，所以才会奖励给那些愿意耐心等待的人。

五、总结

"立志"、"聚焦"和"深耕"是三门循序渐进的功夫，也是规律，更是强者成才成事的心法秘籍。

六字真言是人间正道。

与您共勉！

第四篇

强势文化生存哲学

第七章 强势文化的"小环境"生存哲学

第一节 你为何如此顺从

"你要听话！"，我想这应该是大多数人在小的时候从父母嘴里听到过最多的一句话了。

之所以那么"执着"于让孩子听话，除了父母那颗"我要护孩子周全"的责任心在驱使之外，还有别的动机。

只不过这个动机往往隐藏在父母潜意识的最深处，往往会让父母自己都无法察觉到它的存在，当然，也更不容易察觉到父母的言行被它在暗中死死操纵着。

这个隐藏的动机体现在以下两个方面。

一、动机一：家庭稳定的需要

家庭作为一个系统，和其他任何系统（例如一个国家、地区、公司）一样，都具有一个摆在第一位的需求，那就是稳定。

（一）孩子诞生，父母升级

当一个孩子诞生在一个家庭里的时候，丈夫和妻子的身份就会自动升级为爸爸和妈妈。

为什么我会用"升级"这个词？

因为从有了孩子的这一刻起，这个家庭中就有了一个权力远远小于父母的"被管理对象"，这个"被管理对象"的出现，让父母突然之间就升级成了一个"部门"的领导，所以，我用了"升级"这个词。

可是，"升级"为家庭管理者相对容易，扮演好"父母"这个角色可不那么容易，因为几乎所有的父母在孩子出生以前都不具备当一个好父亲、好母亲的知识和能力，甚至，有的父母在孩子长大后，仍然不知道怎么当父母。

就好像一个无能的人，突然被提拔，除了一脸懵懂，更多的是迷茫和焦虑。

所以，在很多时候，我们发现，家庭教育和管理成了一个很复杂且难解的社会性问题。

（二）屁股决定脑袋

刚刚"上岗"的"新"父母，不管有没有能力管理好家庭和孩子，本能地会产生一个管理需求，那就是家庭的稳定，这成了刚"上岗"的父母首先需要面对而且要解决的问题。

当孩子还比较小的时候（比如1岁以前），他们因为自主意识欠缺、行事能力差，没有"能力"去制造太多"事端"，或者说，这个阶段的孩子因为"太弱"，弱到给父母"惹事"的能力都不强，父母只需用极低的成本就可以控制孩子，让家庭秩序保持在正常、稳定状态。所以在这个阶段，父母更多关注的是孩子的身体发育和安全问题。

随着孩子自主意识的萌发与壮大，在"好奇"、"探索欲望"、"懵懂无知"等天性的驱使下，他们就进入了"满地乱跑"、"调皮捣蛋"、"连狗都嫌弃"的人生阶段，在这个阶段里，孩子极其容易为家庭惹各种事、父母比较头疼的阶段就来了。

当一个孩子逐渐成为制造家庭"不稳定"局面的"罪魁祸首"时，早已被工作和生活压力折磨到不堪忍受的父母的第一反应当然是去"打压"这个给家庭带来"事端"的"恐怖分子"，但无论用哪种"打压"方式，最终的目的都指向了期望孩子"顺从"。

（三）洗脑开始——"听话，就是好孩子"

而让孩子学会"听话"，是所有"打压"方式中成本最低的管理方式，因为只有"听话"，才能自发地产生"顺从"行为。

但是面对一个自主意识刚刚萌发的、独立的人（指的是孩子），想让他（她）听话，可不是一件容易的事情。

于是，趁着孩子还未长大，自主意识还很弱的时候，父母就开始把"听话就是好孩子"这个观念"洗"进孩子的大脑。

包括我在内的大多数人，从小就被家庭"鼓励"成为一个"乖孩子"或者"听话的人"。

只要听话，就是一个"好孩子"，这俨然成为大多数家庭都极其认可的一条家庭教育价值观。

（四）父母的手段

为了能够让"听话就是好孩子"的观念在孩子的心里"生根发芽"，并且"茁壮成长"，父母们有很多手段可以使用。

表扬与肯定是常用的一个手段。在现实中，我们经常会听到大人把"真听话"、"真乖"这样的话当成赞美的语言来夸孩子，心智还未发育成熟的小孩子哪里经受得住这样的"糖衣炮弹"，夸得越多，他们就会越来越笃定"听话就是好孩子"这条信念，并且在这条路上坚定不移地走下去。

各式各样的惩罚也是常用的一个手段。父母作为家庭中的"高维生物"和"统治阶层"，有的是办法和手段去惩罚一个不听话的孩子，轻则责骂、羞辱、贬低、比较等言语暴力，重则利用体罚等行为暴力，甚至还有"自残式"惩罚。

当然，表扬和惩罚只是两个极端，在这两个极端中间，仍然有不少手段，但这些中间态的手段终极目的仍然是为了让孩子变成一个"听话的乖孩子"。

（五）被"驯化"的孩子

慢慢地，这些可怜的孩子们发现一个"真理"：只要"听话"，就会有好果子吃，而不"听话"，就不会有好下场。

在他们的世界里，越来越多已发生的无数"事实"都在不停地证明这条"真理"的正确性。

当他们表现得比较"听话"的时候，就会看到父母、老师脸上的笑容，他们的世界就会一片"祥和"；而当他们表现得"不听话"的时候，就会遭受各式各样的"惩罚"。

甚至，父母唉声叹气和伤心难过的表情对他们来说都是"惩罚"，因为那会让他们认为他们"做人很失败"。

父母作为家庭结构的"上层"，最需要的首先就是家庭稳定，而"下层"人员的"听话"能力成了维持家庭稳定的必须项，是否"听话"以及"听话"能力的强弱成了家庭生活"幸福"与否的重要影响因素。

如果看到了很多父母的这个底层动机（大多数父母意识不到自己是这样想的），就能理解很多家庭为什么会喜欢让孩子"听话"了。

但是，顺从，从来就不是一种美德。

二、动机二：家庭发展的需要

（一）父母是孩子的"人生领路人"

不论人生经验和阅历，还是生存能力及思维，父母都会远超自己年幼的孩子。

这是个不争的事实。

所以，在孩子未来的发展问题上，很多父母都自发地承担起了孩子们"人生领路人"的角色，这份"自发"背后，除了父母的责任心驱使，还有"我是为了你好"这样的心态以及"我比你懂得多"这样的"自信"在做强力支撑。

（二）"望子成龙，望女成凤"的教育心态

"望子成龙，望女成凤"，这样的教育心态从来就没有消失过，至于怎样才算是"龙"？怎样才算是"凤"？很多父母也不一定能说得很清楚，其实说不清楚也不要紧，父母们有的是办法——和别人比。

人，天生爱比较，不光会和活人比，也会和死人比，就算实在没人可比，也要凭空想象出一个"人"来比，反正，不比就不舒服。

于是，在为孩子设计未来这件事上，中国的父母尤其辛苦。每一对父母都希望自己的孩子"不能输在起跑线上"，都在绞尽脑汁地去想办法，想让自己的孩子从小就变得很优秀，至少，不能"落后"于别人家的孩子。

于是，迎合父母们的这些美好"愿望"，价高无比的"学区房"产生了、层出不穷的"兴趣班"产生了，"准确权威"的"智力测评"产生了、神乎其神的"提升专注力药品"产生了……

孩子变得比大人忙、比大人累，但这哪是孩子之间的竞争，说到底实际上是父母之间的竞争说到底，不想输的是父母！

（三）无奈地顺从

当父母费尽心思为孩子设计好未来且做好了各项"人生进度安排"的时候，最大的心愿就是希望孩子们能够"听话地去执行"，这样，父母们的良苦用心才会得到最大的安慰。

可是，孩子毕竟在慢慢长大，这就意味着他（她）的自我意识一定会越来越强，迟早有一天，孩子的自我意识必然会和父母的意识产生对抗，此时，父母希望孩子"听话"的愿望再一次被唤醒，只不过，这个时候希望孩子"听话"不是为了"维护家庭稳定"，而是为了更长远的利益——"孩子的发展"。

"孩子的未来"绝对是一个"容不得闪失"的重任，心力交瘁的父母们内心深处非常明白这一点，所以，作为"过来人"的父母，在为孩子设计的"人生进度安排"上是无法接受孩子的"讨价还价"行为的，他们一般都会想尽办法让孩子"听话"，这个时候，上一个阶段中对孩子提前"洗脑"的"好处"就开始显现了。

在"听话就是好孩子"这样观念的加持下，有相当多的孩子内心尽管对父母的各种安排不满、不理解，但是无奈自身能力有限，在家庭中话语权不够，再加上父母、老师施加的各种压力，这些孩子仍然会表现出"顺从"的行为。

但是，我得指出：此时的"顺从"并不是孩子发自内心对父母行为的认可，而是一种无奈的妥协。孩子与父母之间的对抗并没有消失，只是被隐藏。

在很多家庭中，多数孩子在成长的过程，都不太被鼓励拥有自己独立的想法，因为这些独立的想法在父母眼里都是幼稚的、不恰当的。

而且大多数父母更在意的是孩子的行为结果是否符合自己的预期，而不是关注行为本身，就像一个领导对下属说话一样："我只要结果，不要过程。"在父母的这种心态下，孩子的"独立想法"本身很难得到尊重与理解，当然更别提得到支持与引导。

（四）当"听话"成为一种习惯

慢慢地"听话"成了孩子的一种习惯性行为，或者说是头脑中的第一反应模式，他们不需要有自己的想法，要做的唯一一件事就是"听话"，只要按照父母的指令行事，一切问题都会"迎刃而解"，而且他们的世界会很太平。

吃什么、穿什么、玩什么、学什么，包括以后要成为什么样的人……等等问题，孩子不需要自己想，听父母的就可以了，不管他们对不对，反正听父母的就对了。

逐渐地，孩子们就将上层（父母）的需要当成了自己的需要。

令人遗憾的是，这样的家庭教育观念正在一代一代地往下传递。

"听话"，这个粗暴且简单的"命令"背后，虽然夹杂着父母的太多的关心、爱、和责任，但"无知、无识"才是这个"命令"的真正"底色"。

三、顺从，从来就不是一种美德

顺从，只是满足了"上层"的"利益"，而不是满足自己内心的追求，当你的行为为上层贡献了价值的时候，你就会被称赞拥有了一种"美德"。

但实际上，顺从，从来就不是一种美德，记住，从来不是！

（一）"顺从"以失去自我为代价

"顺从"他人，要以失去勇气、主见和独立思考的能力为代价。但令人悲悯的是，很多人长大后发现，这些宝贵的、原本属于自己的东西很难再找回。

（二）"顺从"会让你沦为他人言行及情绪的"奴隶"

"听话"本质上是"无条件服从"，而"无条件服从"是大多数人从小被"强迫"要修的一门"必修课"。而"乖孩子"的称号就是给学习"无条件服从"这门课已"达标"的孩子颁发的"资格证书"。

"服从"就意味着，你允许自己的脑袋里装入别人的"想法"，而这些"想法"通常被包装成"期望"、"义务"、"责任"等美好的词汇。

当这样的"无条件服从"行为逐渐多起来之后，我们就会逐渐被驯化成一个"乖孩子"，因为"乖孩子"总是被上层需要的。

而我们逐渐地也将上层的需要当成了自己的需要。

我们的存在感和价值感开始建立在别人的需要和期待上，人生当中的所有喜怒哀乐与别人对你的评价捆绑起来。

家庭中，丈夫或妻子开始否定你的时候，你突然就会感到难过、崩溃、迷惘；

学校里，老师开始否定你的时候，你会难过、迷惘、崩溃；

单位里，上级或同事否定你的时候，你会难过、迷惘、崩溃；

……

而当这些人肯定你的时候，你又会开心、喜悦。

看到了吗？别人可以轻易地通过对你的肯定或否定来操控你的精神世界。

顺从于自己，而不是他人。不要轻易失去自我，不要沦为他人言行及情绪的奴隶。

四、总结

我们天真地认为："乖孩子"就等于"好孩子"。

我们不仅这样教育自己的孩子，而且也会这样"教育"自己。

久而久之，我们自己都忘记了，自己心中那个真正的梦是什么。

很多人就这样再也找不回自己。

一个家庭的稳定和发展,本质是为了走向繁荣,它确实是家庭管理的"头号大事"，但它不应该以家庭成员失去自我为代价。

只有一种花的花园，不能被称为花园；只有一种树的森林，也不能称为森林。

百花齐放，百家争鸣，才是繁荣。

繁荣，是各就各位，各得其所，是让每个生命回归本来的样子。

第二节　种一块自己的地

看过网上的一个小视频段子，大致是这样的：

一个员工坐在老板的豪车里，羡慕地问这车多少钱，老板告诉他价钱后，他就非常认真地说："我一定要努力，争取年底也买一辆这样的车。"

老板笑了，"如果你努力，我不确定你能不能买得起这样的车，但确定的是我一定可以再买一辆……"

这当然是个段子，但它和现实之间的区别只有一点，那就是老板最后的那句话在现实中可不会傻乎乎地说出来，而是会放在心里。

在现实中，很多时候，你以为在为自己努力，其实都只是在为别人服务。很多时候，我们的努力和回报并不成正比。

这话听起来很扎心，但这么扎心的话题，还要专门用一章节来说，无非是想让身处职场的朋友们清醒一点，至少在看完文章后，要明白两点：

1. 怎样做才是真正为自己而努力？

2. 怎样做才能让自己的努力和回报成正比？

一、层层"上贡"

但凡是为别人打工，作为一个"螺丝钉"，努力和回报一定不会成正比。在多数情况下，你的努力存在的意义只是为"上层"做贡献。

（一）劳动果实去哪儿了？

学过管理学的人都知道，任何一个组织干成一件事，都得通过两个动作：一是层层分解任务，二是多人共同协作。

通俗地说，别人（或某几个人）想干一件大事，就得把这件事拆成无数个小事，然后找一帮人分别来做，这样大事就有可能干成。

而我们每个人就是这帮人里的其中一员。

任务既然是层层分解下来的，那么劳动成果也是需要层层"上贡"的，只有层层"上贡"，组织（公司或某个单位）目标才能实现，在管理学中，这个现象叫做"劳动成果被组织吸收"。

不管你乐意与否，这是客观事实，因为雇佣关系的存在，这件事从根子上说，是你情我愿的，无关对错。

但得注意到另一个事实：身处任何一个公司或其他单位里，只要你不是老板，你的上面一定有上层，你的工作劳动成果首先就是要"上贡"给你的上层。

换句话来说，你的劳动成果存在的第一意义就是为上层的功劳簿"增光添彩"。

（二）地主和他的地

上面的文字理论性多了点，我打个比方，让您感受再深一些：

某地主打算耕种一大片地，就雇一批人来帮他种，你刚好受雇其中。地主根据工种把要干的活分成了很多"部门"，有锄草部门、翻地部门、施肥部门……地主为了能让雇来的这些人能好好干活，又雇来一小批人安插到这些"部门"里当了"监工"，美其名曰"经理"，有了这两帮人干活，地主就轻松一些了。

为了让这两帮人能持续地好好干活，地主就得发一点工钱给他们，发多少合适，取决于两个原则：

（1）发的工钱至少不能让这帮人饿死。

（2）发的工钱还能吸引他们下个月继续来干活。

在能满足这两个原则的情况下，多发一分就是浪费。

至于"经理"，稍微再多发一点，目的是"笼络人心"，好让他替地主多操心一些。

在你的辛勤劳作下，庄稼逐渐成熟，但别高兴得太早，这些劳动果实跟你一点关系都没有，换句话来说，这些粮食都会进入地主的粮仓，而不是你的。

原因很简单，你耕种的这块地不是你自己的。

你得到的只是一笔"可怜"的工钱，如果运气不好，遇上一个"偷奸耍滑"、"恶意压榨"的"监工"或"地主"，这笔工钱你也不一定能全部拿到。

你努力耕田的意义，只是为"监工"的工作增光添彩，而他却可以拿着这些"亮丽"的"功劳簿"去向地主"邀功讨赏"。

（三）现实中

大部分人的上层是不作为的，是偷奸耍滑的，他口口声声说大家是一个团队，但实际上在他眼里，你是他压榨的对象。

但更让人难受的是，他的薪酬永远会比你高很多，只因为他是你的上层。

大部分人所处的职场环境中，不是以能力论薪酬，而是以位置论薪酬，你的回报取决于别人愿意给你多少，而不是取决于你的努力。

在职场，如果相信"努力和回报成正比"这样的话，那你就真的太幼稚了。

运气不好，如果遇到愚蠢无脑，或是有恶意压榨倾向的上层，你的回报更会少得可怜。

超出雇佣关系之外的付出和努力，除了为他人"上贡"更多外，对你个人而言没有任何意义。

换句话来说，你的努力，更多是上层不断向上爬的垫脚石，而后才是你向上爬的垫脚石。

二、别把手段当目的

做任何事情都应该有明确的目的，不能为了做这件事情而去做这件事情。

同理，不要单纯地为了工作而工作，要时刻谨记工作只是你实现目的的手段。

（一）工作的第一目的：养活现在的自己

对于大部分人来说，职业有且仅有一种意义，那就是——它只是一种谋生手段。

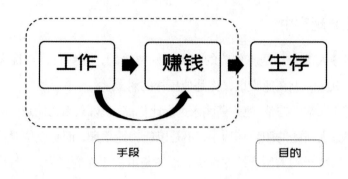

既然是谋生，那么工作就是一场交易，职场就是一个体力、脑力劳动的交易场，而不是一个讲情怀、谈理想的地方。

如果你把职场当成彰显情怀、企图实现理想的地方，那就太幼稚，原因很简单——"这块地不是你的"，这点刚才已经说过了。

职场中，总有一些人喜欢站在高处唱着"职场道德"的高调，脑门上贴着"主人翁精神"的标签，举着"理想"的大旗，端着"梦想"的大饼，去四处宣扬"要享受工作"，"要有奉献精神"的一番漏洞百出的言论,那副"口水四溅"的样子很虚伪、很丑陋，因为这些人往往说着一套，做着另一套。

打工就打工，打工的机制和环境决定了这根本不是一件能称得上"享受"的事情。如果别人就根本没打算跟你共享劳动果实，也从来没有把你当成过"自己人"，那么你也没有必要在职场上付出额外的真心与善良。除了那一纸合同需要你付出的体力和脑力，别的一概不给。

除非别人真心愿意与你"共享荣华"。

（二）工作的第二目的：为未来铺路

很多人只知道工作是为了谋生，但不知道工作其实还有另一个重要的价值，那就是锻炼学习，让自己快速成长，为未来铺路。

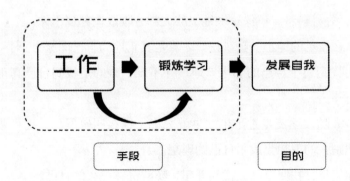

虽然职场并不是一个努力与回报成正比的地方，但如果我们换个视角去看待工作，你的回报可能会更大。

我打个比方来说：

假如你想开一个咖啡馆，但不会技术、不会经营、不会管账，怎么办呢？

快速有效的办法，就是直接去一家生意很好的咖啡馆打工。

因为你是带着"更长远"的目的去打工的，所以你在打工的过程中，一定可以做到像海绵那样去吸收一切你想吸收的知识，当然也不会放弃任何能让你上手操作的机会，这个过程里，你的成长会很神速。同样是打工的形式，但如果你带着这样的目的去工作，你的回报一定比其他咖啡馆同事要高得多。

如果没有这个过程，纯靠自己边经营、边摸索，不仅过程缓慢，而且会伴随巨大的经营风险问题。

踩在"巨人"的肩膀上前进，这是明智的做法。

如果把工作当成锻炼学习、提升自我的手段，那么你的努力虽然在客观上仍然在为"上层"上贡，但是它俨然已经具备了另一种价值——让自己成长。

为了给未来铺路去打工，这是工作的第二种目的。

三、找到一块属于自己的"地"，种自己的理想

如果想真正意义上掌控自己的生活，那就必须找到一块完全属于自己

的"地"，好好耕种，确保这块地上的大部分收成全部属于你。

只有在自己的地上辛勤耕耘，才算是真正地为自己而努力。

其实找到属于自己的那块"地"并不难，难的是找到自己真正的理想并为之奋斗。

很多人随波逐流走过半生，早就忘记了什么叫做理想，更可悲的是，更多人把别人的理想当成了自己的理想。

望你能早日找回自己，找到理想，唤醒沉睡已久的自己。

第三节　如何超越内卷

有人的地方就有江湖，有江湖的地方就有内卷。

人在江湖，身不由己，面对"无穷无尽"的内卷，我们该怎么做？

一、什么是内卷？

在"知乎"平台，有人曾经提出过这样一个问题——怎样通俗易懂地解释内卷是什么意思？

在 1986 个回答中，有一个匿名用户通俗易懂地解释了这个问题，他是这样解释的：

> 五个做题家，现在要分十块钱。
>
> 如果这五个人每人成绩都是 80 分，那么就一人 2 元钱。很公平。
>
> 现在其中一位做题家 A 努力提升，使自己考到了 90 分，这使得他可以得到更多的钱。于是他得到了 2.8 元，其他人只有 1.8 元。
>
> 做题家 B 见此，也想获得更多钱，于是也提升自己到了 90 分。
>
> 于是 A 和 B 每人得 2.6 元，其他人每人得 1.6 元。

剩下的做题家不甘心，奋发图强，都努力提升自己，于是大家都考到了 90 分。大家分数都一样，所以每人还是 2 元钱。

这时候咱再回头看，原先 80 分就能得到的 2 元钱，现在要 90 分了。大家都要比以前更努力，但是得到的钱却没有变多。

而且为了争取更多的钱，一定还会有人把自己从 90 分变成 100 分，进而导致竞争，最后又使得大家分 2 元钱的标准变成 100 分。

然后 110 分，120 分……一直这样下去。

一般语境下的"内卷"就是指这种情况。

这番解释得到了很多网友的赞同，另一位网名为"右在左"的网友对这个回答做了进一步的扩展和补充，如下：

资本家接了个做题的项目，然后招了 5 个做题家来完成。

如果这 5 个人每人成绩都是 80 分，做完以后利润 20 元钱，资本家给做题家们总共 10 元钱，那么每人 2 元钱，很公平。

现在其中一位做题家 A，努力提升，使自己考到了 90 分，这使得他可以得到更多的钱。这时资本家的利润变成了 21 元钱，它决定给做题家 A2.8 元，其他人统统只有 1.8 元。这时，资本家剩余利润上升为 11 元钱，而做题家们的总收获依然为 10 元钱，没有变化。

做题家 B 见此，也想获得更多钱，于是也提升自己到了 90 分。于是资本家的利润变成了 22 元钱，它决定给 A 和 B 每人 2.6 元，其他人每人 1.6 元。结果：资本家 12 元，做题家们 10 元。

剩下的做题家不甘心，奋发图强，都努力提升自己，于是大家都考到了 90 分。大家分数都一样，所以每人还是 2 元钱。资本家 15 元，做题家们 10 元。

这时候咱再回头看，原先 80 分就能得到的 2 元钱，现在要 90 分了。大家都要比以前更努力，但是得到的钱却没有变多。那谁获利了呢？不言自明。

而且为了争取更多的钱，一定还会有人把自己从 90 分变成 100 分，进而导致竞争，最后又使得大家分 2 元钱的标准变成 100 分。

然后 110 分，120 分……一直这样下去，资本家的剩余利润越来越高，做题家们依然是 2 元、2 元……

这就叫内卷。

可能会有人说，资本家可以把多赚的部分分一些给做题家嘛。

这样说的人并不明白什么叫资本家：资本家就是要剥削做题家的剩余价值。内卷本来就是资本家用来剥削剩余价值的一种途径，它就是希望内卷。

两个回答结合在一起，将"内卷"的全貌和本质诠释得完整且精准。

二、内卷的坏处

内卷是人性自私逐利的产物。只要有人的地方就会有内卷，某些时候，个人可以选择不参与某种内卷，但无法阻止内卷。这是一条规律。

内卷本质是一种内耗型竞争，对参与内卷的成员有百害而无一利。

（一）高投入，低回报，甚至零回报

在内卷环境中，个人努力并不会让一个人过得更好。

我并不反对竞争，但是不增加资源总量的内耗型竞争就是在"耍流氓"。

从上面"知乎"网友的回答中可以看到：资源总量并没有增加（10 块钱还是 10 块钱），但每个人的努力已经失去了原本该有的价值。换句话来说，在内卷环境中，付出努力越多，并不会带来更多回报。

现实中，常见的获奖评优、名额指标、职称评选、考核分配等等现象都会引发激烈内卷，但仔细想想，这些内卷的背后"资源总量"是固定不变的。

比如：

某某比赛，设置一等奖 1 名，二等奖 2 名，三等奖 3 名，然后配上一些不同等级的奖金和奖品，再发个证书（代表荣誉）。这样的比赛设置里奖项的总量，奖金的总量、甚至证书的总量都是固定不变的。

熬了无数个通宵，去准备比赛的某个参赛选手并未获奖，并不代表他的能力很差，而那些获奖的选手也不一定就是扎扎实实做了功课的高水平人才。能否获奖只看一点：是否更符合获奖规则，是否更符合"评委"们的胃口。

很多单位到了年末都会评选"年度优秀个人"之类的奖项，出发点当然是好的——为了激励优秀的人更优秀，让落后的人以他为榜样。但是很多时候，真正优秀的人并未入选，入选的人并不真正优秀，更关键的是，一个人的优秀与否其实很难用一些简单的指标来"粗暴"地判断。

如果是这样，仅仅为了内卷中所谓的一些"优质资源"去"玩命"，到底图什么呢？

（二）身心俱疲，无限焦虑

现代社会中，最"毁人不倦"的事可能就是内卷了。

所有经历过内卷或正在内卷中的人都会身心俱疲，并且产生"绵绵不绝"的焦虑感。

在幼儿园里，曾经流行"亲子午餐会"之类的活动。园方会要求家长各自带一些美食来学校，大家共享。名义上这是孩子和父母们共处的"美好时刻"，但实际上却变成了家长们互相攀比争胜的"角力场"。家长们变着花样在家里做出各种各样的美食带到幼儿园，目的是在老师和其他家长面前"有面子"，或者不要"输"给其他家庭。

就为了这么个事，家长们要忙活好几天，甚至还要请假来准备这些美食，等到"亲子午餐会"结束后，没有一个家长感受到快乐开心，反而是身心俱疲，有时甚至会因为自己准备的"美食"不如别人的好而心生郁闷。

我很想知道，这么"疯狂"的举动到底在图什么？

连这样本应"轻松愉悦"的事情都会引发内卷，让人身心俱疲，无限焦虑，更何况是诸如争夺入学指标、职称评选等关乎个人利益的事情了。

（三）无助于个人真正成长

本书前文说过：个人真正成长是"个人文化系统"的升级和"个人资源系统"的增强，但是在内卷环境中，提升最多的可能是应对"内部竞争规则"而练就的"竞争"技能，而不是实实在在的个人能力，因为忙于竞争就无法潜心"练功"，个人能力很难得到真正提升。

在学术科研领域，拥有"教授"、"高工"等高级职称的人很多，其中一定有一些人具有真才实学，而且能切实解决一些现实问题，但相当多的"高级人才"真正具有的核心能力不是真正的"科研能力"和"解决现实问题的能力"，而是"如何能发表顶级文章的技能"、"如何能成功申报课题的技能"和"怎么写出让评委喜欢的职称材料的技能"。

必须承认：后三种"技能"确实很"重要"，因为它们能帮助一个人快速地拿到职称、拿到课题、拿到经费，这些都关乎他们的切身利益，为了自己的利益去努力，又有什么错呢？

有一次，我在和一个深圳的企业家聊天，问他当遇到企业管理问题的时候会不会向高校的教授寻求帮助，他说绝对不会。

我问他为什么，他说："因为他们大多数都是理论派，解决不了实际问题。"

确实如此，现实中研究企业文化的教授可能从来没有在企业做过实实在在的企业文化建设工作；研究企业管理的教授可能也从来没有过企业管理的实践经历，这样的情况并不少见。

我更想说的，如果把积极参与内卷的那股劲头拿来做真正意义上提升自己的事，是不是收益会更大？

三、面对内卷的四种情况

在内卷环境中，人与人之间的状态也有区别，共有四种：

（一）明明在卷但不知在卷

先说个例子：

有一次晚上 10 点多的时候去外面理发，发现这家理发店里还有很多店员在忙活着，有人在搞卫生，还有好几个在互相理发，听说他们是在练手的学徒，因为过几天要"考试"了。

店长告诉我，他们店里的所有人都很拼命，小到洗头工，大到店长都是如此，因为公司里的"员工十级晋升制度"对他们很有诱惑力。

一个理发店里就有十个级别，十个级别就意味着十个级别的待遇，待遇指的不仅是工资，还指员工宿舍里"八人一间"、"四人一间"还是"单人单间"这样的住宿条件。每个级别的晋升不仅要看"工龄"长短，还要看"业务能力"，甚至还要参考"同事评价"。刚才说到的"考试"就是为了晋升级别设计的。

我问店长："只要能力够，就可以晋升吗？"

"有名额的"，店长说，"所有的店一起考试，就那么几个名额各店在抢，这次没晋升的只能等下一次机会了。"

我对这种"规范的制度"感到无奈，再看看那些学徒为了供彼此练手而被理得很滑稽的"发型"，我突然心生怜悯。

这些年轻人进入这家理发店的时候，内卷的制度已经存在了，对他们来说，这是"原生的工作环境"，他们从未思考过这样的制度对他们够不够友好，只是习惯性地接受并顺从。

现实中很多的"规范化"内卷是由规范化制度引起的。比如刚才提到的"职业晋升制度"，绝大多数人对于这样的制度存在是司空见惯的，并且会"天然地"接受这一种"安排"。从管理的角度说，设计这样的制度目的在于激励员工，提高管理效能。但客观上，却是成为了"规范化"内卷的"罪魁祸首"。

身处"规范化"内卷环境的人，往往只能看到"规范化制度"的表面事实，而看不到这种制度潜藏的内卷风险，所以很多人深陷内卷环境中，但并不知道这就是内卷。

（二）明知会卷仍主动去卷

曾经在网络上看到过这么两则新闻：

（1）2023 年 6 月，某大学聘用两名知名高校的硕士为"公寓管理员"。

（2）2019 年，某高校招收专职"公寓辅导员"，要求为取得博士学历学位双证的研究生，年龄不超过 35 周岁。

这两条新闻在网上都引起了热议，两所高校都承认消息属实。

当"公寓管理员"和"公寓辅导员"这样的高校岗位开始提高入职门槛的时候，说明内卷其实已经很严重。事实上，这样的情况在高校圈子里早已是普遍现象。同样性质的内卷也出现在很多其他行业里，比如某些大公司即使是在招聘普通岗位职员的时候也会提出"985 硕博优先""海归硕博优先"的要求。

当面对这些招聘岗位的时候，投递简历的人明知这就是在内卷，录用之后可能会更卷，但仍然会"义无反顾"地投身内卷，一方面是受到社会就业形势的影响，另一方面仍然是固执的竞争思维在作怪。

现实中"小环境"中出现的很多内卷，除了由"规范性制度"引发外，也由"明知会卷但仍主动去卷"的这些人引起。这种人有一个奇怪的执念——"宁可累死自己，也要卷死别人"。

"明知是卷但仍主动去卷"的情况不仅出现在"入职"的环节，在学校环境、工作环境、社会交际环境中都会广泛存在。

（三）明知是卷但不得不卷

明知处在内卷中，不想卷但又不得不卷。可以说，大部分的人都处在这种状态中。

如果要论焦虑感和精神内耗感，这种情况属于最严重的一种。因为这种情况会在一个人的精神世界里造成强烈的"拉扯"和"对抗"。

比如说，某位大学生的生活学习都很有自己的节奏和规律，但他发现自己的每个室友都比自己更勤奋好学。

他们每天早上都会早起学习，而且起得一个比一个早，而且总是超纲学习，别人考四级他们考六级、别人考六级他们考雅思……尽管他有自己的学习节奏和规律，但是时间久了，他就会在这个群体中显得"格格不入"，而这份"格格不入"的感觉会"逼迫"他尽力融入内卷的"集体节奏"里，这样才显得"合群"。

在大学生群体中，内卷已经变得非常严重，图书馆占座、疯狂考证等等现象非常常见。除了大学生群体，很多职场中的人也深陷于"996""超级大小周"等这样的内卷环境里。

诚然，这样的内卷小环境确实会激发一个人努力奋进的好状态，看起来是有好处的。但是这种"边焦虑边奋斗"的"拉扯"和"对抗"心态会严重消耗一个人的心理能量。每天都活在这种紧绷焦灼的状态里，人很容易产生精神问题。

不断"内卷"的竞争让年轻人陷入焦虑和沮丧，"简单心理"曾经发布的《2020大众心理健康洞察报告》中，有81.81%的受访者自述有过焦虑、抑郁等情绪困扰，有50.89%的职场人都在经历"无意义感"。其中，90、95后的年轻人占比超过七成。

在《2022国民抑郁症蓝皮书》中有一组数据令人触目惊心——"中国18岁以下抑郁症患者占总人数的30.28%，50%的抑郁症患者为在校学生，41%的患者曾因抑郁休学。"

"不想卷但又不得不卷"并不是一个无奈的个体行为，而是社会中的一种普遍现象，如今，它已经成为人们精神焦虑的主因，这点不得不重视。

（四）拒绝内卷并抽离内卷

如果你正处在"不想卷但不得不卷"的现实里，别担心，下面说的话，也许会让你有另外的视角来看问题，这可能会让你感觉舒服些。

事实上，你真的不用那么卷；事实上，也确实没有人逼着你要卷自己，某个角度来说，也许是你自己在逼自己。

因为现实中看透了内卷并及时抽离内卷的大有人在。

我认识一个刚刚退休的高校老师，他在岗的时候从来不去评职称，不去争先进，他从不去争这些名，逐这些利，但面对学生的时候极其认真——认真备课，认真讲课，认真回答问题，深受学生的喜爱，退休的时候，他的职称也依然只是讲师。

他跟我说："我不想活得那么辛苦。争来争去没有什么意思，职称就是个虚名，好好当个老师，对得起学生，对得起自己就可以了。"

在网上经常可以看到很多人为了逃离内卷，远离焦虑而重新选择生活方式和工作环境，我觉得，他们很勇敢。

四、我们到底该不该卷？

这本书既然看到了这里，你应该已经学到了一些强势文化的内涵和思维，那么问你一个问题，请你尝试用强势文化的思想去思考和解答，并把自己的思考写在下面的方框里。

在得到自己的答案之前，先忍住不要去看我的答案。

我的问题是：面对内卷，到底该不该卷？

面对内卷，到底该不该卷？

我的答案是：

卷和不卷，取决于是否符合你自己的强者成才三部曲——"立志"、"聚焦"和"深耕"。

如果内卷之后得到的结果——例如某个比赛的证书、某个评选结果，或者某种工作结果——能为你自己制定的"强者成才三部曲"之路添砖加瓦，那么你该卷就去卷，但一定记得我的一句忠告：身卷脑卷而心不卷。

如果内卷之后的结果不会为你"强者成才三部曲"之路作出任何贡献，或是没有任何影响，请你立即退出内卷，让别人去卷，你要坚定地走你自己的路。

第四节　人际交往之道

和人交往有道可循。

道就是人际交往时该遵循的基本规律，多数人不清楚什么是人际之道，更不会依照"人际之道"去与人交往，因此会产生很多麻烦、困扰或痛苦，甚至灾难。

一、人际交往之道

人际交往之道就一条：说该说的话，做该做的事。

"说该说的话，做该做的事"，就是遵循人际交往中的客观规律。而"该"和"不该"是由你需要扮演的"角色"决定的。

（一）"角色"是什么？

角色是某种社交关系为你设定的角色，而非自己内心设定的角色。

比如：

（1）夫妻关系中有"丈夫"和"妻子"的角色。

（2）家庭关系中有"父亲""母亲""女儿""儿子""姐姐""哥哥""弟弟""妹妹"等角色。

（3）工作关系中有"老板""上司""领导""同事""下属"等角色。

（4）师生关系中有"老师""学生"两种角色。

（二）恪守"角色"就是各行其道

恪守"角色"，各行其道意味着每个人都要恪守"角色"边界，承担该有的责任。

更进一步表达就是：

该说的一句都不能少，不该说的一句都不能多；该做的一分都不能少，不该做的一分都不能多。

夫妻关系中，丈夫说"丈夫"该说的话，做"丈夫"该做的事；妻子说"妻子"该说的话，做"妻子"该做的事。

家庭关系中，父亲说"父亲"该说的话，做"父亲"该做的事；母亲说"母亲"该说的话，做"母亲"该做的事。

在工作关系、师生关系以及其他社交关系中，也是同样的道理。

比如师生关系，张三是老师，李四是学生。

在张三的心里，李四就是"学生"；在李四的心里，张三就是"老师"。如果这二人都能谨记自己在对方心里的"角色设定"，并严格"扮演"好各自的"角色"，那么这份"师生关系"就会相处融洽、和睦，健康而且持久。

因为在这种情况下，张三面对李四时所有的言行举止，都"严丝合缝"地符合李四心中对"老师"这种角色的边界设定和期待；同样的道理，李四的所有言行举止都符合张三的边界设定和期待。

如果任何一种社交关系中，每一方都能守住"该"和"不该"的边界，说自己该说的话，做自己该做的事，就是让这种社交关系回归到本来，关系自然会健康融洽，而且会很持久。

（三）"角色失职"的危害

"角色失职"就意味着该说的没说，不该说的说了；该做的没做，不该做的做了。

如果说了蠢话，做了蠢事，就容易出问题，严重的时候会闯祸。

继续用刚才张三和李四的例子，比如在轻松愉快的氛围里，张三不小心"放飞"了自己，在学生李四面前说了很多有损"老师"形象的话，或做了有损"老师"形象的事，这势必会导致李四心中对张三产生否定性的态度；如果李四对张三说了超越"学生"角色边界的话，或做了超越"学生"角色边界的事，也势必会导致张三对李四产生否定性的态度。这样的情况发生的第一刻，师生关系就已经出了问题，形成的不良印象在后期很难"恢复如初"。

如果不明白这个道理，张三就根本不会明白为什么学生们逐渐不太尊重他，李四也不明白老师为什么越来越不"喜欢"他了。

如果更进一步，就可能让事态变得更严重，

假如张三在和李四的交往中产生了"非分之想"——贪恋李四的年轻美貌（假定李四是一个女生）并期望与李四发展为"情人"关系。

面对李四，当张三开始用"情人"角色来与李四交往，显然已经不是基于"师生关系"中"老师"的角色，这种错误的"角色"不仅会给李四带来困扰，也会给自己带来灾难。

最终的结果可能会让张三妻离子散、工作不保。

说话、做事都是在造"因"，也许是"善因"，也许是"恶因"，那后面的无论是"善果"还是"恶果"，你都得受着。

这就是因果律，这就是自作自受的本意。

无论是家庭生活、请客吃饭，或是工作开会，甚至是外出旅游，不管在什么场景中，每个人都有自己需要扮演的某个角色，一定要清醒地意识到当下自己需要恪守的"角色"是什么，并且坚守"角色"本分，说该说的话，做该做的事，如果能够遵循这个最基本的人际交往之道，所有的人际关系都能处理得健康且持久。

二、人际交往层次

如果说恪守角色之道是告诉了你如"加热才能把饭菜做熟"这么一个最基本的规律的话，那么现在将要告诉你的人际交往层次就是教你"火候"这个层面的规律。

换句话说，面对具体交往对象的时候需要掌握不同的人际交往层次。

人际交往的"火候"层次有三种：动嘴、动脑和动心，动用哪种"火候"层次取决于对方的言行，如果动用了不合适的"火候"层次，双方都会很难受。

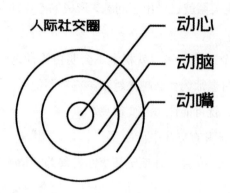

（一）动嘴

"动嘴"指的是"口头交往"，这种人际交往的心理距离一般比较疏远，处在人际交往圈子的最外围，"泛泛之交"就属于这个层次。

当别人把你定义在这个层面的时候，交往只需动嘴，无需动脑，更不要动心。

比如碰到一个普通同事闲聊一会，别人问你最近怎么样，好不好等等，这只是打算和你寒暄两句，并没有真正关心你并想和你深聊的意思。这个时候如果你拉开架势"家长里短"地说了一大堆，甚至说了很多掏心窝子的话，这就很没有分寸感了。

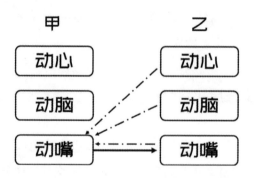

因为别人只是在"动嘴"的层面，而你却用"动脑"甚至"动心"的层面来应对，这种不匹配的交往方式，就是用错了"火候"，说了不该说的话，做了不该做的事。

（二）动脑

"动脑"的意思更多的要靠理性去与之交往，不能"动心"。

"动脑"的层面比"动嘴"深，需要"动脑"才能应对的社交关系处在社交圈的中间层。

人的大部分社交关系都在这个层次：工作中需要交往的同事，一般意义上的同学，或者普通的生意往来都是这个层面；有时候有些亲戚朋友、甚至家庭内部成员都只是处在这种层面。

我刚才说了，你动用哪一层，应该取决于对方把你放在哪一层，看清楚这点，对双方都有好处。

就如同事，虽然工作往来较为频繁，甚至私下也有来往，相处"融洽和睦"并不代表在他心里将你们之间的关系上升到了"动心"的层次，你感受到的"和谐愉悦"可能也仅仅是为了服务于工作关系，对方很有可能也只是将你放在"动脑"的层面。

假如你没有自知之明，用"动心"匹配对方的"动脑"；或过于冷漠，仅用"动嘴"匹配对方的"动脑"，这两种做法都是极其不合适的。前者会让你"热脸贴了冷屁股"，后者会让人觉得你冷漠、不合群。

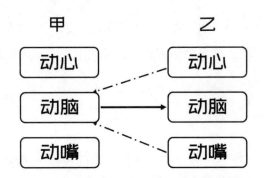

（三）动心

"动心"的社交层面最高，它处在社交圈的最里层。

"动心"意味着用真心和真实情感去与人交往，这种交往方式比较耗费"能量"，所以要对值得的人才动用。

真正值得"动心"去交往的人很少，一般情况下，家中亲人、夫妻、好朋友都属于这个层次。

但归类是归类，现实生活中仍然会有很多例外，有些亲人之间尽管有血缘关系但亲情寡淡，无法用"心"与之交往；有些夫妻虽然名为"夫妻"但没有夫妻之情，这种情况也是无法用"心"与之交往的。

具体情况要具体分析，不能着关系的"相"。

如果亲人、夫妻、兄弟姐妹以及好朋友之间是"动心"交往，那么动用不匹配的方式去应对的时候，只有两种结果：一是伤害对方心灵，二是会失去对方。这可真是"害人不利己"。

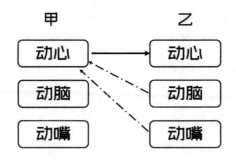

反过来说是一样的，如果你对别人"动心"交往，但别人对你仅仅是"动脑"或者只"动嘴"，这也会伤害到你，长久下去，别人就会失去你，但那是别人的损失。

（四）总结

说该说的话，做该做的事，不仅指按照社交关系设定的角色来行事，更指以匹配对方动用的人际交往层次来与人交往。

换句话说，我们不能用一种模式对待所有人，要看我们当下扮演的角色是什么，更要看我们在对方心里是什么位置。

这是人际交往中的"实事求是"。

人要善良，但不要太单纯、太老实。

什么叫单纯、老实？

单纯老实的人，不管别人与他交往的时候是动嘴、动脑还是动心，他（她）统统都是以"动心"应对，说得好听点，这叫"单纯"或"老实"，说得直白点，这就是另一种愚蠢。

现实中，真正恰当的人际交往方式是要用匹配的层次去交往，这样大家都好。如下图：

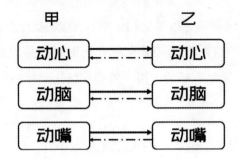

三、强势文化人际交往智慧

（一）说话做事靠脑袋，不靠脾气和性情

大部分人不是靠脑子说话、靠脑子做事，而是靠脾气与性情。

一旦靠脾气与性情说话、做事，就容易说出蠢话、做出蠢事。

"嘴在前面飞，脑袋在后面追"，这是大部分人说话做事的真实写照。聪明的人，思考的速度比说话的速度要快，因为他的每句话、每个行为都要过脑。

话可以说慢点，但脑袋要转快点。

（二）学会"慎言"

"水深流缓，语迟人贵"，这是在让你学会"慎言"。

慎言，不是指"沉默是金"，也不是指"欲言又止"，更不是指"逢人只说三分话，未可全抛一片心"，而是指说什么、做什么都不要由脾气与性情决定，而是取决于所在的场合和面对的人需要你说什么、做什么。

（三）人品有好有坏

对"上等人品"的人，你可以真心对待，可以直接批评、指出不足，可以推心置腹。

对"中等人品"的人，说话就不能太直接，要讲分寸，实在要说，最多用打比方的方式来隐喻，因为他们受不了直接的批评和否定。

对"下等人品"的人，千万不要在观点上争高下，只需要笑着听就好了，这种人心眼小，只喜欢听好话，用一般的礼貌礼节与他交往就可以，不能深交。

（四）不能总是按照一个模式做人做事

如果一只鸟只知道照着直线飞，很容易就被猎杀；如果盘旋升降，持续生存的概率会很大。

人也是一样。

人心险恶，小人和恶人居多。为了迷惑他人，尤其是对手，不能总是按照一个模式做人做事。该"称王"就"称王"，该当孙子就当孙子；该做好人就做好人，该做"恶人"就做"恶人"，不要被已灌输的固有意识形态捆绑；要学会变、要学会应变、要学会根据随时变化的情况而变换自己的模式。如果不变，你就极其容易被他人拿捏，控制。

这就是人际关系领域"实事求是"的做法，这就是遵循客观规律去做人做事的一种表现。这其中的关键之处在于：客观环境需要你怎么做，你就怎么做，而不是以自己的主观意识为主导。

（五）向上社交，向下兼容

（1）向上社交

向上社交就是主动和比自己强的人交往。

现实中，大部分人排斥向上社交，他们更喜欢横向社交。

横向社交，意思是一个人本能地会选择和能让他感到舒服的人待在一起。

当某人和我们有相同的兴趣爱好，或相似的经历，又或者有共同的话题时，都能让我们在与他交往中感到舒服，和"同类"在一起，我们自然比较容易感受到开心、愉悦和满足。

横向社交，本质上是彼此能以较低的成本获得更大的情绪满足。

说通俗点，因为"同频"，所以能"共振"。

在横向社交中，因为是和同类交往，所以无需压抑自己，也无需费劲提升自己，只需要做自己，尽情释放就可以得到很大的情绪满足。比如几个喜欢玩游戏的朋友在一起，很容易就能"同频共振"。

向上社交的过程，并不能带来横向社交极其容易得到的那份精神愉悦感和满足感，相反，可能更容易受到精神打击或折磨。

而厉害的人，往往会主动选择向上社交。

但恰恰因为是向上社交，就意味着你与那个人并不"同频"，既然不"同频"，就不会有"共振"，不能"共振"，自然就不会有舒服的感觉，反而双方都会觉得别扭。

再说得通俗点，向上社交的过程中，他说的话你并不一定能听得懂，他的想法你也不一定能够理解，你会因为听不懂、不能理解对方说的话而难受，对方也会因为你听不懂他在说什么而难受。他如果要让你听懂是很费劲的事情，你想要弄明白他在说什么也是很费劲的事情，这对双方来说都挺痛苦的。

在不同频的情况下，还要保持交往，只有两个选择：一是去除傲慢，压制自己，以便呈现出极低的谦逊姿态；二是提升自己，达到和对方一样的高度。

但是，第二个选择，需要时间，需要很长的时间。

所以，第一个选择就成了首选。

其实，当选择了第一个办法之后，你俩的社交关系本质上就变成了"师生"关系。

"师生"关系，是社会中常见的一种"非横向社交"关系，这种关系最常见的场景出现在学校里，但在社会中，极少有人能够做到时时刻刻将自己摆在"学生"的谦卑心态上去与每个人交往，因为真正的谦卑心态的获得，是以翻越"自身傲慢"为前提的，但是觉知并且翻越"自身的傲慢"本身就是一件很难的事情。

尽管很难，但如果想实现真正意义上的成长，在现实中遇到了"厉害的人"之后，还是希望你能够主动地去"向上社交"，因为在你混沌不开化的时候，他的一句指点往往能够让你茅塞顿开，豁然开朗。

（2）向下兼容

没人会喜欢总是和大家"格格不入"的人，乌合之众面对这种"格格不入"的人，通常会采取两种方式：一是群起而攻之，把他驱逐出本圈；二是拉他下水，变成自己的同类。

这个世界就是这样，掌握真理的那些少数人成为"另类"，而那些昏昏沉沉，不知醒悟的人却成为潮流大众。

不要急着去否定那些"潮流大众"的观点，也不用和他们争个高下对错，这除了给你带来巨大风险之外，没有任何好处。

聪明人总是既努力避免和人发生观念冲突，也刻意不去和别人制造冲突局面，因为他们知道：始于责人必定止于被责。

如果你不小心掉入"猪圈"，可千万不要和"猪"讲道理，它们要的不是道理，而是饲料。

遇到"凤凰"，就谦虚好学点，向上社交，好好跟凤凰学本领，让自己能早一天飞上天空；

掉进"猪圈"，就人云亦云，向下兼容，跟它们混成一个样，哪怕把自己搞得脏兮兮的，也不要紧。

心里再有不甘也得忍着，因为你的目的是有一天能安全地离开。

（六）不要独自清醒，有时要学会装傻

"疯子"们最讨厌的就是清醒的人，因为清醒的人的存在会让他们觉得自己是"疯子"。

你得学会在适当的时候"宁可与众同疯，不能独自清醒"。

如果人人都是"疯子"，那么就算你"装疯"，也不会有人察觉；但如果只有你一个人清醒，那你一定会被认为是"疯子"。

清醒的人如果被"认定"为"疯子"，结果会是怎样？

一定会被那帮疯子"群起而攻之"。

为什么清醒的人会被疯子"群起而攻之"？

因为你的清醒侵犯了"疯子"们的利益。

有时候，随波逐流是那么的重要；有时候，无知或装作无知恰恰是有智慧的表现。

你得学会收敛起那些锋芒和棱角，和光同尘，保持着内方外圆的状态。

如果把我的观点表达得更温和点，可以这样说——宁可和大多数人一起清醒，也不要一个人变成疯子。

反复讲这些干什么，因为我们要学会保护自己，学会保全自己！

强势文化智慧里重要的一条，就是要有识别危险，保护自己的能力。

为什么要学会保护自己，学会保全自己？

因为保全自己是解决问题的唯一前提。

第八章　强势文化"大环境"生存哲学

第一节　"心想事成"背后的能力

每个人都希望在一个竞争社会中事事"心想事成"，但我们会发现：有些人总能"心想事成"，而更多的人总是"事与愿违"。

有些人总能"心想事成"，或者说这些人总是能够将"心想事成"的概率拉高，说明这些人一定掌握了某种事物发展的规律，或者说他们一定具备了某些我们容易忽视的能力，而恰恰是这些被我们忽视的能力，成为他们能够不断成事的关键能力。

本章节向您介绍四种稀缺的成事能力。

一、影响力

（一）不论大人小孩，每个人都会有影响力，但释放影响力的方式，影响力的大小会有区别，关键在于大小区别

比如说婴儿，婴儿天生就会"影响"父母——他会通过"哭"这种行为来吸引父母的注意来给他喂奶，换尿布。

父母也会对孩子施加"影响"——管教责罚、讲道理等等，去要求孩子为人礼貌、好好学习、考出好成绩，

当你希望老板给你涨工资的时候，你也会通过你的方式去"影响"老板——去找他谈谈。

（二）不管是什么情况，我们总是企图用自己的言行对别人施加影响，能否成功地影响别人，取决于影响力的大小

影响力的大小又取决于什么？取决于你能给予别人的价值。

任何人之间的关系说到本质，就是在做价值互换，这是个规律，它表现为两方面：

1. 价值互换越"等价"，这种关系就越良好，越持久，影响力就是双向均衡的。

2. 相反地，价值互换越不等价，这种关系就越不健康，越不能持久，影响力只能是单向影响。

举些例子来说：

（1）销售产品

有些业务员在销售自己产品的时候，一看到人就滔滔不绝地说自己的产品多好多好，丝毫不去关心用户在意的是什么，这种情况下，他说得越多，用户的心理围墙筑得就越高。

客气一点的会说："好的，我考虑一下"，直接一点的人会说："我不需要"。

只顾着说自己想说的话，不去说别人想听的，双方价值点就不在一个频道上，自然无法成交。

（2）夫妻之间

夫妻关系本质上仍然是一种社交关系，所以也逃不开"价值互换"这个规律的制约，只不过，这种关系是所有社交关系中对"价值互换"期待值最高的一种关系，但大部分人仿佛意识不到这一点。

再说得直白点，这种关系是最需要"双向奔赴"才能稳固的，否则很容易"土崩瓦解"。

一种情况是：一方总是仗着"爱"的名义，单向地向另一方不停索取，甚至接近于"压榨"的程度，但又极少付出……这种关系是无法持久的，就算表面和谐，但内在实际已经"裂痕满满"。

另一种情况是：很多人都会认为自己在婚姻中是"受害"的一方，总认为自己付出很多而没有回报，那极有可能是因为你在意了自己在意的，而没有在意对方在意的。

不管说多少种情况，归根结底，仍然是夫妻之间的价值互换行为并不"等价"造成的。

（三）想提升影响力，最重要的就是明白价值这回事，对方想要的价值是什么，你又能不能给对方带来这样的价值？

好的保险业务员知道，他卖的不是保单，而是一份对生活和家庭的保障。

销售豪车的业务员，知道他卖的不是车，卖的是顾客拥有了这辆车后得来的安全感、地位与自信，这才是对方真正想要得到的价值。

只要你明白了这个概念，你就可以迅速地提升自己的影响力，这是在竞争社会中做到事事都能"心想事成"的一个关键能力。

也因为这个道理，永远不要和不懂你价值的人在一起！

二、领导能力

（一）要想提高"心想事成"的概率，一定要摆脱单枪匹马去干的思维方式，团队作战才是正道，这是在一个高度竞争的社会里必须拥有的一种思维

带团队就要求必须具备领导能力。有些人单独做业务工作或者技术工作的时候是一把好手，可是一旦当上主管，或独立负责一摊子事情的时候，忙乱不说，团队还带不动。这就是缺乏领导能力的表现。

（二）要领导别人首先要学会驾驭自己

换句话说，要让跟着你的人服你。

如果要提高自己的领导能力，有三个意识习惯必须建立：

（1）站得比别人高，看得比别人远

你不能太短视、不能太小气、不能太鼠目寸光……描述这类缺点的词汇很多，你就是要避免成为这类人。

试想一下，你可以清晰地规划、设想、描述半年后、一年两年后、五年后这番事业的样子（也就是事业蓝图），你的团队伙伴才会"看见"这番未来的景象，才会觉得有奔头，才愿意和你一起奋斗。

大部分人是因为看见才选择相信，而只有少部分人是因为相信才能看见，你愿意做哪种人？

（2）能力比别人强

就好像盖房子一样，有了事业的蓝图，接下来就要去执行，而执行的过程中仍然会遇到无数个大大小小的问题，而能否解决一个个的问题，就反映出一个人能力的大小了。

当你解决问题的能力越强，给团队伙伴提供的价值就越高，别人就越愿意服你，越愿意跟着你干，事业"心想事成"的概率就会大幅度提升。

（3）保持良好的精神状态

一个人的状态好不好，气场强不强，伙伴和客户很容易感受得到。精神状态受很多方面影响，比如身体状态、情绪状态、思考状态等等。

你的团队伙伴每天一见到你的时候，总能从你身上看到神采奕奕、无比自信的样子，他们会自然而然受到影响，哪怕你什么也没做，只要你出现，每个人能就自然地充满了能量，这种影响不容你忽视。

三、达成目标的能力

如果你在团队面前吹过的牛都在未来的某一刻变成了现实，你认为他们的心里会怎么看你？

当然是对你无比信服，愿意继续追随。

所以达成目标的能力是非常稀缺的能力。

（一）这个能力的首要第一步就是得学会制定目标

在本书前文已经详细探讨过如何制定目标的话题，在此不再赘述。

（二）除了会制定目标之外，还要学会整合资源

能为你所用的东西都可以称为资源，平时就得学会积累。

知识是资源，工具是资源、信息是资源、人脉也是资源，平时就得多收集、多整理。

每个人每天就只有 24 个小时，再怎么不眠不休可以用的时间也有限，要懂得善用时间，靠更多的资源整合才能更快速地达到理想中的效果。

不要把太多的时间花费在过多的群聊中，花费在朋友圈点赞评论上，花费在刷视频或者无效社交上面，那没多大意义。

多去结交一些优秀的朋友，多和他们探讨请教，一起分享知识、工具、信息等等优质资源，这才是有效社交。

四、打造系统的能力

讲到系统，很多人都会认为很巨大很复杂，但简单来说它其实就是一套解决问题的方案。

举个例子：

出现在街头巷尾、小区公园里的自助打印机，扫码就可以自助打印多种多样的文档，如果投放在人流量较大的点位，一台自助打印机的单机"人效"可能会超过街边文印店的单人"人效"（注：人效的意思可以通俗解释为一个人在一段时间内创造的利润）。

如果投放了一片区域，或一座城市，或全国，那么整体收益可能会比很多公司赚得多，这就是系统的力量。

越好的系统，触发之后自动运行的能力就越强，可以复制的能力就越强。

五、总结

对刚才提到的四个能力做个总结，如下图：

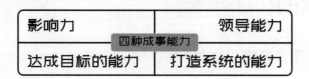

影响力	领导能力
四种成事能力	
达成目标的能力	打造系统的能力

人生成长路上需要学习掌握的能力很多，我挑选的这四种能力是在竞争状态中成事的四种关键能力，而且这四种能力是具备可转移性的。

未来是能力时代，它会给无数个优秀的个体带来千载难逢的发展机遇，无论是打造个人 IP，还是创业，是否具备这四种能力变得尤为关键。单独拥有四项中的某一项能力就足以超越周围的普通人，但如果能够"组合使用"更会如虎添翼。

第二节　学会聪明地竞争

只要有人的地方就有内卷，是因为只要有人的地方就会有竞争。无论是"内卷"还是"外卷"，最初总是由一些具有强烈"竞争意识"的人引发，但后续跟进者之所以那么容易被"卷入"其中，也是因为他们脑中具有的"竞争意识"。

人生来就好争，这是人性的一部分。处在竞争当中的人大多是被本能驱动加入竞争的，并没有经过缜密的理性思考去决定是否要参与竞争。但很多成功的人脑中的"竞争意识"和常人有很大的不同，他们并不会仅仅凭借本能就去加入一场无谓的竞争，而是会深入思考并做出最符合实际的竞争决策。

竞争对个人发展到底有没有好处，或者说个人发展是不是完全靠竞争推动，这样的深层次问题非常值得被深思。学会正确的"竞争思维"是强势文化"大环境"生存哲学中的"必修课"。

一、关于竞争的独立思考

（一）不要轻信"大众观念"

在一个社会中总会存在一些"大众观念"，它们虽然被人们广泛地接受，但实际上并非完全正确。这些"大众观念"蔓延在社会中，通过家庭、学校、工作单位等"小环境"进入我们的心智里，固化成为"个人文化系统"的一部分。令人遗憾的是，我们的思想已经被这些"大众观念"所扭曲，但我们自己对此却总是毫无察觉。

关于竞争，也有一个"大众观念"，那就是多数人都认为"竞争才是健康状态，竞争是应该的，竞争是一件好事。"

当如此多的人对"竞争"二字"高唱赞歌"时，却忽略了一个简单的事实——竞争越激烈，我们得到的就会越少，而自己最终都会被困在竞争中无法"逃脱"[①]。

这其实是一个非常容易被观察到的事实，但我们总是选择性地忽视这点。

（二）人们为什么会笃信"竞争有利"？

在我来看，有两点原因：

（1）教育理念

从小到大，每个人受教育的过程中都被人每时每刻地灌输"竞争是一件好事"的观念。

在学校里层出不穷的考试、排名、奖状，老师嘴里"好学生"和"差学生"

---

① ［美］彼得·蒂尔：《从0到1：开启商业与未来的秘密》，中信出版社2015年版。

的评价用词都会"促使"和"激发"孩子们从小就"向往"竞争。

或者可以说得更直接更通俗一些：我们的教育都在极力地引导孩子们去互相比较，仿佛只有在比较中才能成长，仿佛只有这样才是真正的教育。

而很多家庭，在这点上也自发地成为学校和老师的"帮凶"，学校和老师在意什么，家长也开始在意什么，只要是学校和老师说的都是对的。在学校教育和家庭教育的"完美配合"下，孩子根本"无处可逃"，所到之处，每个人都向他传递一个观念——竞争是好事，要多和别人比较。

孩子不是流水线上的产品，每个人的天赋、爱好、兴趣、长处完全不同，我们又怎么能用一套标准去衡量不同的事物，并且简单"粗暴"地做出好与坏的评价呢？

这就好像：让仙人掌去和牡丹比娇艳，让牡丹去和桦树比高低，让桦树去和向日葵比食用价值一样，不能相提并论的两个物种却要生硬地用同一个指标去衡量好坏优劣，这完全是错误的。

（2）安全感

对于安全感的追求，人们从未停止过。

当我们长大后，会寻求不同的事物来满足和支撑我们所需要的那份安全感，比如稳定的工作或者高薪的工作，或是稳定又高薪的工作，当大家都想得到这样的"好东西"时，人们就越会陷入竞争中。

那些曾经优秀的学生大多在毕业之后都会追逐"稳定又高薪"的工作，这样的做法不仅符合家庭对自己的期望，也符合自己的追求。但是他们意识不到的是，在未来很长一段时间里，他们就会陷入无穷无尽的"内卷"之中，但与他们"同台竞争"的人除了一部分曾经和自己同样优秀的人，更多的是曾经不如自己优秀的人。

在内卷这样的竞争环境中，消耗的不仅是本该产生更大价值的那份"优秀"，更是自己心中曾有过的梦想。

但有意思的是：人们不惜花费十几年的寒窗苦读时间和大把的学费，就是为了"追求"如此这般的"内卷时刻"。

二、人们为什么要争？

人们为什么要争？追根溯源，原因有两个：

（一）因为不同

有时候，人与人之间的很多竞争是因为不同造成。

因为不同，所以会有差异，有差异就会有冲突，有冲突就会有竞争，而竞争的目的是消灭差异。

就像马克思指出，"原始土地公有制解体以来的全部历史都是阶级斗争的历史，即社会发展各个阶段上被剥削阶级和剥削阶级之间、被统治阶级和统治阶级之间斗争的历史。"[1]

阶级之间立场不同、观点不同，因为种种不同造成冲突，所以才会有斗争。

就连普通人的交往中也有"因为不同导致斗争"的大量例证，比如职场上两位当权者意见总是冲突时，就会产生斗争，而斗争的目的恰恰是为了消灭冲突，但斗争本身又会引发更大的冲突。

家庭中夫妻之间也经常会这样，朋友之间也会这样。

（二）因为相同

有时候，人与人之间的竞争是因为相同造成的。

比如父母把一个苹果给了一个孩子，另一个孩子就会心生不满，心生不满的本质实际是"争而未得"，为了能够得到苹果，两个孩子就会产生"明争暗斗"。

在商业中，因为相同而产生竞争的现象更常见。在同一条街道上，假如有一家面馆生意比较火爆，不出意外的话，过不了多久附近就会出现另一家面馆。

---

[1]　马克思，恩格斯：《共产党宣言》，人民出版社2014年版。

在职场中，竞争只会产生在同样符合竞选条件的两个候选人之间，而那些根本不符合条件的人是不可能和符合条件的人之间产生竞争关系的。

三、人们在争什么？

有两种情况：

（一）本能驱使，为争而争

这种情况人们根本不知道为什么要争，反正就是要争，简直就是为争而争。这种争几乎是本能行为，不是理性思考的结果。

就像我在本书第七章《逃离内卷》一文中提到的，"明知内卷却仍然主动去卷"和"明知内卷但不得不卷"的两类人中，大多数就是"为争而争"的情况。

人们总是喜欢"争先恐后"，并在这方面"乐此不疲"。就像排队登机的时候，明明每个人都会有自己的座位；明明登机口一次只能通过一个人；明明还有充裕的时间去登机，但人们就喜欢早早地背着背包、拎着行李、推着拉杆箱在登机口前面排起长长的队伍，早点进入机舱并不会给人带来多大的切实利益，人们只是为争而争，也许他们根本不知道要争什么。

（二）陷入零和博弈中

零和博弈的前提是大家在争同一种资源，而且这种资源总量是固定的。就如两人分一块蛋糕，张三吃多点，李四就只能吃少点，两人都想多吃，就会产生零和博弈。

现实中，很多人喜欢眼睛向外盯着"竞争对手"，对手的一举一动都会引发自己零和博弈的竞争行为。因为在这些人的认知中，自己的发展是与对手的发展息息相关的。

比如，之前说到的两家面馆之间的竞争，张三会时刻关注自己的"竞争对手"李四，非常"关心"李四"店内有多少品种""价格如何""质量怎么样""今天客人多不多"等等问题。在张三的认知中，李四和他的客人是同一批人，他会在这二者之间建立简单的因果线性关系。在某些时候，张三或李四为了竞争，可能会采用一些不道德的手段。

四、无谓的竞争带来的坏处

（一）盲目跟风，陷入"模仿性竞争"的怪圈

讲一个故事：

有一个商人到一个偏远的乡镇上开了第一家加油站，因为方圆十几公里仅此一家，所以很快他的生意就好起来。

逐渐地，有其他商人也注意到了这个事实，他们也跑到这个乡镇上开起加油站。一段时间过后，加油站越来越多，大家的日子都不太好过了，几乎没有人能够赚到钱，能够维持基本运转的加油站就已经算不错的。

几个月之后，很多加油站陆续倒闭，最终还是只剩下第一家加油站。

在这个故事里发生的竞争就是无谓的竞争。

后续进入的加油站都在盲目跟风，都在重复或模仿以前成功的模式或者机会，这只会让所有人陷入"模仿性竞争"的怪圈里，除了彼此消耗外，并没有太多好处。这种无谓的竞争是没有价值的。

现实中有很多人就是这样做的。别人做一件事成功了，他也模仿去做，甚至要做一模一样的，也许会成功，也许不会，但是，这种模仿性竞争实在是没有太多好处。

为什么不能张三开加油站、李四开超市、王五开餐厅、赵六开洗车店呢？这样的做法不仅能让所有人都赚到钱，而且还会极大程度上提升整个偏远乡镇的繁荣程度，对谁都有好处。

如果大家是这样的做法，不仅不会产生竞争，而且还会创造更多的价值。

（二）思维失灵，陷入"集体无意识"的陷阱

有时候，无谓的竞争会让人思维失灵，陷入"集体无意识"的陷阱里，这会给人带来巨大的风险。

还是讲个故事：

有两个武林高手，功夫不相上下，谁都想做天下第一。

有一天张三得到了一本秘籍，秘籍上说提升功力就得"自宫"，于是张三就照做了；后来李四也得到了这本秘籍，李四也照做了。

最后，两人还是无法战胜对手，打平收手。

但是，两人自己都"废"了自己。

为了竞争，人们很多时候都会像这里两位武林高手一样"思维失灵"，陷入"集体无意识"的陷阱里，进而做出"自宫"这样的事情。

（三）让人分心，无法专注自己该做的事

眼睛总盯着对手看，当然就无法专注在自己该做的事情上了。

比如大学生张三成天盯着同宿舍的李四，总在"关心"李四"是否早起读书""几点起的""在读什么书""他复习到哪里了？""他现在在图书馆自习还是在做实验？""他刚才悄悄出去是干什么了？"等这样的无聊问题。

当一个人大部分的注意力投注到他人身上时，还能有多少宝贵的时间和精力专注于自己本该做好的事情呢？就像有一个小品中的台词一样："厨师不好好研究菜谱，居然开始研究起兵法了。"

过分关注他人是没有任何意义的，专注于自己该做的事情，认真投资自己，让自己变强才是正事。

五、总结

我并不反对竞争，我反对的是无谓的竞争。

强势文化理念下的竞争一定是为了让自己更好，而不是单纯消耗自己。如果竞争不能带来价值的提升，而是带来很多负面的结果，这样的竞争不争也罢。

真正的提升不是建立在竞争基础上，而是建立在"独辟蹊径"的创造上。

每次面对竞争时，都希望你能冷静地思考以下几个问题，再去做决策也不迟。

（1）该不该参与竞争？

（2）要不要参与竞争？

（3）如果竞争，我应该在什么维度上竞争？

（4）怎么竞争，我的投入会最少，收益会最大？

（5）如果竞争失败，我能否承受损失？

……

问题其实可以有很多，一一写在这里无非是想向您一再强调思考"竞争"本身的底层问题是一件很重要的事情，但这个思考环节几乎都会被弱势文化群体全然忽略，而被忽略的这个思考环节恰恰是强势文化群体最愿意深度思考的环节。

第三节　金钱与幸福

从小到大，几乎每个人的人生都被输入了一套固定"程序"——好好读书，考上好大学，找份好工作，挣很多钱，就幸福了。

许多人一生都在追寻幸福但又从未真正拥有过幸福，幸福到底是什么？怎样才能找到属于自己的幸福人生？……关于幸福的话题永远是人生中非常值得探讨的问题，本章节与下一章节将会深入阐述这一话题。

这两个章节都属于同一个话题，只不过是在层层深入，相当于是"连续剧"，建议当成一个整体来看，否则很容易犯"盲人摸象"的错误。

本章节先深入探讨金钱与幸福的关系。

一、"吃苦在前，享福在后"

为了让这道"程序"运行成功，有人就得先在我们的脑袋里灌输一个观念：吃苦在前，享福在后。

为了让这道"程序"成功运行，贪玩是坚决不允许的！

什么是被允许的？什么是被鼓励的？

每天晚上学习到 11 点、12 点是被允许和鼓励的；每周七天穿梭于各种兴趣班之间是被允许和鼓励的；让自己成为别人家的孩子，被别人狠狠地羡慕是被允许和鼓励的……

我们如此"仇恨"快乐，无非是希望能换来未来的幸福。但是，成功或幸福必须以痛苦为基石，以快乐为代价吗？

原以为大学毕业后，再也不用吃上学时候的苦，人就幸福了，天真的我们哪里知道要吃的苦会更多、更重。

常听说"残酷激烈的社会竞争"这句话，但在将自己淹没在就业市场和职场时，才能真正体会"残酷和激烈"长什么样子。好不容易找到一份工作，也躲不过"事多"、"钱少"的下场；而且还不能懈怠，因为一个不留神，就可能被"炒鱿鱼"，如果被"炒鱿鱼"，连那点可怜的工资都会失去……"残酷和激烈的社会竞争"让我们觉得幸福对自己而言简直就是个"奢侈品"一样可望而不可即。

二、为了让你爱上花钱，有些人绞尽了脑汁

为了"拯救"你，你就需要被灌输另外一种思想：你不幸福是因为你穷，有钱你就幸福了。

为了让我们相信"有钱就幸福了"这句话，有人开始不断地用钱来定义生活方式——挣钱不一定能使你快乐，但花钱一定可以让你快乐。

他们为了让你爱上花钱绞尽了脑汁。

他们"极富智慧"地把房子、车子、手机、手表、包包、衣服、鞋子等极其普通的生活必需品区分出"等级"来，然后"强行"把"高等级"的商品和幸福建立联系，之后再借助他们的强大力量将这样的"幸福理念"广泛传播。

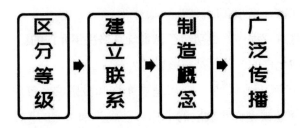

经过他们的无数次"努力"后，最终有一拨人终于"优先"将这样的"先进理念"装入脑袋里并开始"虔诚"地执行。

于是你开始绞尽脑汁地想住在"豪宅"里，坐在"豪车"里，戴着名表、背着奢侈品包包，用着不便宜的手机、穿着名牌的衣服……

当你实现所有这些，或者其中一样的时候，别人羡慕嫉妒恨的目光越发会让你觉得这就是"幸福"。它会让你坚信不疑地认为——谁花的钱越多、买的东西越贵，谁就越幸福！如果你无力购买这些，也不要紧，他们会告诉你，你可以借钱买！

如果你连买这些东西的"首付"都没有，那也不要紧，我们有办法让你感到幸福，你可以花几千块买一个咖啡机，每天来一杯现磨的咖啡，你同样是一个"又小资又懂生活"的人，如果拍张照片发个朋友圈，收获无数个赞，你的幸福感会更"强"。

网络上充斥着各种各样的"幸福"瞬间——开着豪车出入高档酒店，今天冲浪、明天滑雪，在奢侈品店排队买包，不管内容是真是假，看完之后很多人的心理确实是羡慕嫉妒恨的，但此时的"羡慕嫉妒恨"，本质是一种畸形的"向往"。

三、被金钱绑架的我们

被消费主义裹挟的价值观里，人们实现自我价值，获取社会认同的方式似乎只有一种——我拥有什么，我买得起什么。

一旦脑中开始有这样的观念，说明你已经成功被金钱绑架。

被金钱绑架后，有两种结果：

（1）买得起的时候，买的东西越多，"幸福"的感觉消逝得越快，就越想去买更多。

（2）买不起的时候，很沮丧，很难过，"不幸福"的感觉会持续存在，想去买更多。

那些买不起的人，一边衡量着自己与"幸福"的"差距"，一边努力工作去挣钱，另一边，又拼命花钱让自己看上去幸福。

大部分人在消费这方面是典型的"人前显贵，人后受罪"。

"豪宅"买不起，咬咬牙"搜刮"自己和父母，怎么着也得去付"高档社区"房子的首付，哪怕背着不符合自己实际收入的房贷，只是为了能让自己看上去幸福。

"豪车"买不起，没关系，贷款去买。

"高档手机"买不起，没关系，分期付款……

我们活生生把自己活成了一个消费主义的"大冤种"。

这样的幸福哪里是幸福，其实就是下层阶级对上层圈子的"崇拜"和"模仿"。

当这个社会中的大部分人都用单一价值观进行彼此评价、获取社会认同的时候，没钱的就会羡慕有钱的，有钱的羡慕更有钱的，人们不停地向上比较，比不过就想办法挣更多钱，花更多钱，挣的越多，花的就越多，人们甘愿承受挣钱和花钱的双重压力，殊不知，让你挣钱辛苦的和让你爱上花钱的其实是同一帮人。

人们渴望金钱、热爱金钱胜过一切。

实际上，人们天生就是热爱金钱，这种热爱是不可避免的，因为金钱能满足人们一切物质需求和各种欲望。

而且金钱还能满足一切抽象的需求，比方说安全感和表达爱情。但是，追求金钱有错吗？钱一定能让你幸福吗？钱和幸福之间究竟是什么关系？

四、钱与幸福的关系

在学术界，这些问题已经被争论了很久：

（一）丹尼尔·卡尼曼教授的"7.5万美元"

2010 年 4 月，诺贝尔经济学奖得主丹尼尔·卡尼曼（《思考，快与慢》的作者）在《美国国家科学院院刊》（PNAS）上发表的一项研究指出，人的幸福感的临界点是年收入 7.5 万美元，这个结果显示能换来幸福的金钱是有上限的。

通俗的解释就是：当一个人的年收入不到 7.5 万美元的时候，收入越多，幸福感越强；而当收入超过 7.5 万美元后，钱越多，幸福感也没有太明显的提升。

但是，这个数字并不是我们该关注的重点，或者说，我们不要对 7.5 万美元这个数字"着相"了。

那重点是什么？

重点是：金钱只能在一定界限内影响人们的幸福感。

不过这里需要注意的是，这个数字是针对美国人开展调查研究得出的结论，并不能适用于所有国家的人，而且性别不同、受教育程度不同、年龄不同、社会地位不同等因素都可能让这个数字不一样。

（二）丹尼尔·卡尼曼的结论被推翻

11 年后，有人站出来挑战丹尼尔·卡尼曼，并且推翻了他的结论。

在 2021 年，加州大学伯克利分校的马修·基林斯沃思也在《美国国家科学院院刊》发表一项新研究，他的研究指出：在收入超过 7.5 万美元后，人们的幸福感仍能稳步提升，并没有停滞的迹象。

（三）联手研究

两个大牛级别的教授，对同一个研究课题得出的结论是对立的，这显然不合适，于是他们又联手进行了一次对抗性合作。

此次他们合作发表的研究结论是：对于大多数人而言，金钱确实可以带来幸福感，而且钱越多，人就越容易感到幸福，在年收入达到 10 万美元之前都是如此。

显然，这推翻了卡尼曼在 2010 年研究得出的结论。

（四）这项最新研究还得出了一个老生常谈的新结论——幸福感和收入不是单一关系

金钱对人幸福感的影响会因个体的情绪、健康水平存在差异。

如果将人群分为最不快乐群体、中等快乐群体和最快乐群体，

对于那些最不快乐的 15% 群体而言，幸福感会随着收入的增加而上升，但当年收入达 10 万美元时，便会进入幸福平台期，幸福感不再因为收入的增长而继续增加。

对于那些中等快乐群体而言，幸福感会随着收入的增加呈现线性增长趋势。

对于 30% 的最快乐群体来说，当收入超过年 10 万美元时，幸福感的增速仍会大大上升。

总体而言，对大多数人来说，收入增加能显著提升他们的幸福感。

（五）总结

学术界争论了这么多年，最后得到的结论就是我们大部分人都拥有的常识观点：

1. 金钱对提升幸福感有帮助，但不是幸福的全部。

2. 职业、家庭、自由支配的时间、情感等因素也会影响幸福感，甚至比金钱的作用更大。

再通俗点说就是，金钱能给人带来幸福感，但幸福感不全是由金钱带来的。

比方说，就算你挺有钱，但可能仍无法避免每天"上班如上坟"，看领导看同事谁都不顺眼；无法避免"回家像上战场"，夫妻、婆媳之间的关系一点就炸，如果再摊上一个"不好好写作业"的孩子，那种情绪即将崩溃时的痛苦，就不是金钱能解决的了。

五、为什么越追钱，幸福越远？

既然钱对提升幸福有帮助，那么我们去追求金钱也再正常不过，但为什么大多数的人越追钱越痛苦，越追钱幸福却越远呢？

原因有两个：

（一）内卷环境

先来看个有意思的思想实验：

如果你能预见自己以后会没有收入，但现在有人愿意给你钱，那么你想要多少钱？

你肯定希望越多越好，但实验设计者又加了一条规则：五个人一组，每个人都来私下回答这个问题，给出最低数额的那个人能拿走想要的钱，其他人则分文没有。

这个时候，如果是你，你又想要多少钱？

在这个实验里，一共有三个角色：你、竞争者、发钱的人。

这三个角色的利益是相互冲突的：

（1）"你"和"竞争者"，每个人都想得到更多的钱，每个人也想真正拿到钱，所以大家只能拼命压低自己的价格。

（2）"发钱的人"想发更少的钱，"拿钱的人"（指你和竞争者）想拿更多的钱。

基于以上两点，残酷的"内卷机制"一定会产生，既然残酷，何谈幸福？

如果我的这番"暗喻"表达没有听懂，不妨将上面的"钱"理解为"工资"，你就会有更深刻的理解了。

在这种社会"大内卷"、单位"小内卷"的环境里，我们一边跟自己的欲望做斗争，一边和竞争者做斗争，还得腾出一只手来和给你发钱的老板做博弈。

累不累？当然累，身体累，心更累。

痛苦不痛苦？当然痛苦，身体痛苦，心更痛苦。

（二）畸形的幸福观

上一章节已经说到，"为了让你爱上花钱，有人绞尽了脑汁"，这些人的目的无非就是想把"幸福就等于买买买"的观念装入你脑子里。

一旦你认可并接受了这种畸形的幸福观，那么你在感到幸福的时候会"买买买"，感到不幸福的时候更会"买买买"，"买买买"已经成为很多"解决幸福问题"的"万能神药"。

就和很多男人喝酒一样，开心的时候得喝一点，不开心的时候也得喝一点，无聊的时候也得喝一点，喝酒就是他们"解决幸福问题"的"万能神药"。

当一个人的消费欲望开始膨胀，超过自己的消费能力时，痛苦感就会产生了。但是，令人遗憾的是，面对这番"痛苦"，大部分人选择的并不是减少我们的需求，而是为了满足自己，持续超负荷地输出体力、脑力和心力去工作。

这样的"努力"最终只会有两种结果：

1. 挣到了钱，但无止境的"向上比较"会驱使你继续用钱来填充膨胀的欲望，所以，痛苦还会继续。

2. 挣不到钱，羡慕别人，愤恨自己，怨恨不公，这三种情绪交织在内心深处，不断撕扯你的灵魂，所以，痛苦会再度加剧。

六、幸福需要靠自己定义

我经常讲一个"小狮子追幸福"的寓言故事，我把它放在这一章节最后，希望能对您有启发。

有只小狮子问妈妈幸福在哪里。妈妈告诉它，在你自己的尾巴尖上，小狮子扭头果然看到了，就开始追着幸福跑，但怎么也追不上，尽管累得筋疲力尽，可还是在原地打转转。

妈妈笑着说："傻孩子，这样追是得不到幸福的，你应该向前跑，幸福反而会追着你跑。"

不要用金钱去定义属于自己的幸福，真正的幸福应该靠自己定义。

让自己变好才是关键，财富只是结果而已。

愿你像那个小狮子，努力朝前跑，去找到真正的自己，幸福才会追着你跑。

第四节　被定义的四种幸福

上一章节结束的时候，我提到了一个话题——幸福靠自己去定义，但同时也留下了一个灵魂问题——怎样才能靠自己去定义幸福？

本章节内容没法让您发财致富，但是如果真的弄明白了我说的，你的人生质量真的会有大幅度的改善，甚至，有些其他的人生困惑你都可以从本文找到答案。

一、幸福的四个层次

亚里士多德对人生的幸福有个著名的三分法：身外之物，人的灵魂和人的身体。

德国哲学家叔本华保留了亚里士多德的三分法，更进一步提出了幸福的三个基础问题：

①人是什么？②人有什么？③人在他人眼中是怎样的？

在上述两位哲学家的思想基础上，我结合个人的人生感悟，提出幸福的四个层次。

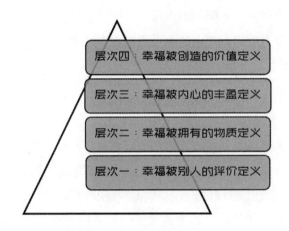

（1）层次一：幸福被别人的评价定义

这点要分两方面来解释：

一方面，很多人会在意他人的评价，也就是别人是怎么看他的。

别人说我们聪明，我们会高兴；别人说我们是个笨蛋，我们会难过……

但认真想想：

别人评价我们聪明，我们就真的是个聪明人么？

别人评价我们笨蛋，我们就真的是个笨蛋了吗？

当然不是，但大多数人的喜怒哀乐确实都是被他人的评价所左右，这点确实挺可悲，但又是个不争的事实。

另一方面，别人对我们的评价往往更多是建立在我们已经获得的荣誉、社会地位、财富和名声上。

你的荣誉多，社会地位高，财富多，名声大又好，对你的评价就会好点，你说话就会有人听，就算你说了一句错误的话，别人也不会认为是错了。

但如果你的社会地位不高，财富也不多，名声不大或者不好，对你的评价当然就很差，你说话就是没有分量的，就算你说的话是对的，别人也不认为你是对的。

中国老话说"人穷别说话，位卑莫劝人"，就是这么个道理。

没办法，人就是这么既肤浅又深刻，非常喜欢而且也只能、只会通过肤浅的表面去审定一个人深刻的内在。

所以，很多人的幸福处在这个层次，就不足为奇了。

（2）层次二：幸福被拥有的物质定义

拥有的物质，指的是我们拥有的外在财产和一切占有物。

只要是人，就无法脱离物质而活，这是一个人生存和发展的基本前提。

我们也必须承认：丰富的物质生活的确会给人带来幸福感。

当我们从狭小阴暗的破房子搬进宽敞明亮的新房子时，我们感到幸福。

当我们桌上的粗茶淡饭变成丰富的美味佳肴时，我们也会感到幸福。

当我们的交通工具从单车变汽车的时候，因为再也不用遭受风吹日晒雨淋，我们同样会感到幸福。

当我们手头不再拮据，兜里的存款足以应付未来各项开支时，那份安全感和踏实感也会实实在在地让我们感到幸福；

只不过，随着物质生活逐渐丰沛，人们逐渐搞不清楚自己对物质的依赖是出于"需要"还是"想要"了。

那什么是"需要"？什么又是"想要"？

肚子饿了要吃饭，这是"需要"；已经吃饱的情况下，看到别人吃烤串后也想吃，这是"想要"。

"需要"背后，是人作为人的一种基本需求；

"想要"背后，是人受到外界刺激之后产生的无穷无尽的欲望。

这二者一字之差，却是天壤之别。

当"需要"被满足的时候，我们就会看似自然而然地转而去追求"想要"的东西，因为你希望更幸福。

也正因为如此，你的幸福在不知不觉中已被拥有的物质定义。

（3）层次三：幸福被内心的丰盈定义

一个人的内心越丰盈，对物质的需求就会越少，或者更严谨地说，物质的需求会保持在一个合理地限度上，不会无穷无尽。

因为追求内心精神丰盈的愉悦感、精神处于稳定秩序的踏实感带来的乐趣远远大于物质享受带来的乐趣，这是另一种乐趣！

一个在美味珍馐、觥筹交错中获得快感的人，永远没法体会你看一场音乐会获得的那份精神快感是什么样子；一个借助豪车名表获得优越感和满足感的人，无法理解那些更有钱的人为什么连一块名表都"舍不得"买；当你用一杯茶、一本书充实地度过一整天时，那些习惯于从酒吧、游戏里获取充实感的人也许会不理解地问："那不是很无聊吗？"

如果用更准确的语言来表达，那就是：有些人的幸福来自"多巴胺"，有些人的幸福来自"内啡肽"。这是人与人之间的欲望层次不同导致的，欲望层次不同，获得满足的方式就会不同，虽然没有好坏、高低之分，但会有本质的不同。但恰恰是这份"不同"，每个人看到的人生风景就会不同，每个人获得的幸福也会不同。

（4）层次四：幸福被创造的价值定义

被他人需要是一种幸福，当你能创造别人需要的价值时，你就有了被别人需要的可能。被别人需要（不是被利用），意味着我们成为他人幸福的源泉。

父母面对年幼孩子时，都体会过这份幸福。一点一滴的关心和照顾、一次一次的爱抚和呼唤，都在滋养着孩子的身心，面对那双柔弱无助又清澈无瑕的眼神时，那份"非你不可"的深度依恋对你来说就是幸福，因为你知道，你被孩子深深地需要着。

这样的幸福不只是存在于父母和孩子之间，在师生之间、朋友之间都会存在。

当一个人的付出产生了价值，受益的人群越大，幸福感就会越强。

华坪女子高中的校长张桂梅无私付出了自己所有的心血，不是为自己，而是为了给大山深处的女孩子们插上梦想的翅膀，希望她们能飞出大山，改写自己的人生。

而她面对的不是一个孩子，而是一批又一批的孩子，当这一批批的孩子们飞出大山的时候，张桂梅校长的付出就产生了成倍的回报，这份幸福感，我想只有张桂梅校长才能体会。

有时候，这种幸福不一定是因为你做了什么、说了什么，也许仅仅只是因为你存在而已。

是的，有时候，存在也是一种力量，也是一种价值。

比方说，某个大家庭中的一位德高望重的老人，也许他不用做什么、说什么，只需要他每天健健康康地活着，就能给家庭中每个成员带来满满的力量感、稳定感、踏实感和秩序感。

此时，这位老人的存在本身就是一种力量、一种价值，而这种价值就是我们所说的"精神价值"。

老百姓的嘴里，把这样的人称为"主心骨"，在书面词汇中，我们把他叫做"精神领袖"。

任何一个家庭、组织、民族其实都需要这样的"主心骨"，但是需要不等于现实，现实是：并不是每个家庭、每个组织、每个民族都有这样的"主心骨"，或者更严谨地说——"称职"的"主心骨"。

与其说是四个层次的幸福，倒不如说是四种幸福的来源，每个人都会有，只不过比重不同。

画个简单的图，会更明白我在说什么：

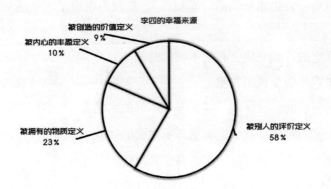

上面这张图，只是举了一个李四的例子，实际上，每个人根据自己的实际感受画出的图都会不一样；这张图不仅人人不同，而且在人的一生中这张图也会不断地变化，也就是说这四种幸福所占的比重会不断变化，而这个变化的过程就是一个人成长的过程。

二、幸福和幸福感的区别

幸福感跟幸福是两个不同的概念，而我们经常把幸福感误认为幸福。

（一）幸福感是一种情绪

吃到好吃的东西会开心满足；

穿上一件新衣服会开心满足；

考试考好了会兴奋；

中了大奖更会让人激动；

得到他人夸赞会高兴；

换了新车之后的第一夜总是兴奋得难以入眠；

……

这些美好的情绪固然会带给你幸福感，但是情绪终究是会过去的，就像烟花、流星一样转瞬即逝，情绪消失之后，我们的一切仍然会回归到平静的生活里，仍然得面对该面对的一切。

如果执着于去追求所谓的"幸福感"，那我们也极其容易感受到"不幸福"，因为：

吃到好吃的，就一定会有吃不到的时候；

新衣服迟早会变成旧衣服；

有考试考好的时候，就一定会有考不好的时候；

有中大奖的时候，就一定有更多不中奖的时候；

有被别人夸的时候，就一定会有被人批评的时候；

……

大部分人追来追去，追的都是幸福感，不能说是幸福。

（二）幸福是一种智慧

真正的幸福来自自我认同的价值感和能让他人感到幸福的贡献感，从这个层面来说幸福是一种智慧。

就是说当你失去所有外在的光环，你的内心依然丰盈平和，你依然觉得自己是个有价值的人，你的存在和付出依然能让家人、朋友感受到力量、安稳、踏实，这就是真正的幸福。

这点最容易被人们忽略、也最难被理解。

我来反问一些问题帮你理解这点：

问题 1：当外界都在否定你、忽视你、冷落你的时候，你会依然坚定地相信自己并保持内心的平和与秩序吗？你依然会坚定地认为自己是个有价值的人吗？

如果可以，那就对了！

因为你的幸福是建立在强大的自我认同带来的价值感上，这点就是我反复在强调的强势文化的一个基础认知——内求和自胜。

问题 2：无论你富有或贫穷，无论你在高峰还是低谷，你依然能给家人朋友带来快乐和希望，带来力量和动力，带来安稳和踏实的感觉吗？

如果可以，那就对了！

因为此时的你早已超越被外物所累的境界，俨然已成为关心和爱你的人幸福的源泉。

请注意，真正关心和爱你的人之所以幸福，是因为有你，而不是你有什么！

以上两个问题的答案，就是真正的幸福。

三、真正的幸福怎么找？

真正的幸福该怎么获得？

（一）赚钱只是手段，幸福才是目的

永远别忘记这点：赚钱只是手段，幸福才是目的。

钱要赚，因为我们得让这副臭皮囊活着，而且得好好活着，因为我们要用它很久；钱要赚，因为不赚钱就永远无法摆脱钱对我们身心的奴役，就像有句话说的："战争的目的，是为了消灭战争。"

钱要赚，因为有太多我们不想做的事，太多不想见的人。

赚钱是为了让我们有能力去选择自己想要的生活方式，但我们不能把钱当成幸福的全部，如果那样，钱就不再是一种手段，而变成了一个枷锁。

（二）建立自我认同，不受外界影响

说实话，外界的声音，和你的价值是大是小在本质上没有半毛钱关系。

怎样快速建立有效的自我认同感？

有两句话放在心里："关我屁事！"和"关你屁事！"（请原谅我用这么不文雅的字眼来解释这个办法）

当别人企图用他们的不良观点或畸形观念来影响你的时候，你心里的这句"关我屁事！"就能派上用场。

比如那些制造和传播各种"毒鸡汤"的人，无外乎想撩拨起你负面的情绪共鸣来吸引你关注、点赞，或是为了一些不可告人的目的，那只不过是他们赚钱的手段。这些人，也许是网络上的人，也许是你身边的人。"毒

鸡汤"的本质就是"挑拨离间"和"制造对立"，它"毒"就毒在打着"为你好"的名义让你失去已经拥有的幸福。

当别人恶意地对你，对你的家人朋友说三道四、品头论足、挑拨离间的时候，你要勇敢地在心里说："关你屁事！"。

在如今，但凡脑子不清醒，没有点基本的屏蔽力和判断力，就很容易被别人带节奏、被别人洗脑成功。保持自我的思想独立，不受外界影响，用自己的眼睛去看，用自己的脑袋去思考，这是正道。

（三）学会享受清福

南怀瑾在《金刚经说什么》里说："一个人心里没有烦恼也没有悲喜，没有荣耀也没有侮辱，总之正反两种情绪或状态都不存在，这个人内心就是平静的，这就是佛学中常提的顶级的福报——清福。"

清福就是健康、有闲。这种清福时刻每个人都会有，可是不一定每个人都会享清福。

我以前听人说起过一种畸形观点：看一个男人是不是混得好，就看这个人饭局多不多。如果饭局多，邀约多，就说明这个人混得好；如果没有饭局、没有人约，就说明混得不咋样。

这是什么逻辑？

这种逻辑所谓的"混得好"又是在说哪种层面的"成功"呢？

反过来想想，这种"混得好"的人和清闲暇满的人在一起，谁会羡慕谁？

很多人忙时想闲，闲时又无聊透顶，就不自觉地找各种各样喧闹、嘈杂的方式去消耗自己的脑力、精力、体力，这就是不会享清福。

"暇满之身"最难得，但有的人真到了清闲暇满的时候，却又容易暗自神伤，替自己感到悲哀，认为自己时运不济，不够成功。

这就是佛法里常说的"颠倒众生"。

好好珍惜清福时刻，对于被欲望裹挟的大部分现代人来说，清福时刻确实难觅。

（四）提升欲望的层次

除了"吃喝拉撒"层面产生的欲望外，大部分人的欲望层次仍然是比较低的，这点从他们花钱的目的上就能看得出来。

仔细观察一下，你会发现：除了基本的吃喝拉撒所需的花费之外，大部分人花钱是花给别人看的。

什么意思？

也就是说，大部分人花钱是为了证明自己有钱，或证明自己不是穷人。

真正有钱的人，需要被证明吗？

需要被证明才有可能存在的东西，也许本就是匮缺的。

多花钱，就能证明自己不是穷人了吗？

真正的问题是：为什么非得执着于去证明这点？

真正的幸福，从来不需要去证明，因为真正的幸福是由内而外生长出来的，证不证明，它都存在。

你的乐趣来自哪里，欲望层次就在哪里，你就会愿意在哪里花钱。

我们要把钱花在别人看不见的地方，花在无需去证明给别人看的地方，花在我们内心真正需要的地方。

如果爱旅游，就带家人出去旅游，去领略各地风土人情和自然风光，陶冶情操之外，还能增长见识。

如果不爱动，那就和爱人看场电影，谈谈感受；陪孩子玩一玩，益智又养心。

如果想安静，那就通过好书去和作者做一场跨时空的交流，这比喧闹的无效社交有意义得多。

如果这些都不爱，那就静静地待一会儿，跟自己说说话，问问自己，你"冷落"内心的那个自己有多久了？

……

真正的幸福也许离我们并不遥远，也不需要我们很用力才能获得，它可能就在我们一念之间。

第五节　BANI 时代生存哲学

老百姓的小日子总是跟大时代息息相关的。"日子总会越过越好"只是老百姓内心一种朴素又美好的愿望，而不是真理。

一场突如其来并持续三年的疫情，让很多人意识到了这点。在巨大的环境风险面前，我们其实很脆弱无助，一点"风吹草动"就可能让其"崩塌"；个人的命运其实很多舛莫测，稍有不慎就可能"掉入深渊"。

疫情就是疫情，它只是一个"黑天鹅"事件，它并不能代表一个时代，可是它的出现确实再次证明了"世界是变化莫测的"这一事实，同时也再次证明了另一个"事实"——在充满不确定性的时代和环境里，人们总是在期待确定性。

无论在什么样的时代，若要掌控人生和命运，都需要我们每个人有进化自己的能力，只有不断进化自己，才能不断适应充满变化的未来，这才是真理。

一、什么是 BANI 时代？

（一）VUCA（乌卡）时代

在 BANI 时代之前，曾有个 VUCA 时代。

学术界曾经用"乌卡（VUCA）时代"来定义冷战结束后世界呈现出的不稳定、不确定、复杂且模糊的时代特征。它代表下面四个单词：

V——Volatility 不稳定性　　U——Uncertainty 不确定性

C——Complexity 复杂性　　A——Ambiguity 模糊性

（二）BANI（巴尼）时代

2016 年，美国人类学家和未来学家，贾迈斯·卡西欧创造了"BANI"这个词，它也代表四个英文单词：

B——Brittleness 脆弱性

A——Anxiety 焦虑感

N——Non-Linear 非线性（非因果关系）

I——Incomprehensibility 不可理解

这 4 个单词体现的是人们心理极不稳定、持有怀疑和恐慌迷乱的心理特征（这 4 个单词的含义在下文中解释），贾迈斯·卡西欧则用这个词来描述当今这个世界复杂的变化特征。尽管这个词 2016 年就已经被创造出来，但一直到疫情暴发并冲击了人类生产和生活的时候，它才进入公众的视野。

（三）VUCA时代与BANI时代

很多人说，我们的时代从过去的"乌卡VUCA"变成了现在"巴尼BANI"，但在我看来，VUCA 时代从来就没有"过时"，换句话来说，我们生存的这个世界本来就一直都是处在 VUCA 状态。

纵观人类发展的历史，动荡变革、朝代更迭、战争杀戮、自然灾害、繁荣兴盛永远是人类历史的主旋律。身处在"阶段性"的繁荣稳定中，并不代表永远都会繁荣稳定；同理，身处"阶段性"的动荡变革中，也并不代表永远都会动荡变革。世界是处在不断变化中的，时代当然也是在不断变化的。

BANI 这个词反映的不仅是当下这个时代的特征，更多的是反映了人们面对 VUCA 大环境时的内心状态。就如下图所示：

"大环境"的不稳定性，会让我们觉得自己很脆弱；

"大环境"的不确定性，会给我们带来很多焦虑感；

"大环境"中的复杂性，会让我们开始怀疑曾经"笃信"的因果律是否还在起作用；

"大环境"中的模糊性，让我们越来越不能理解这个世界。

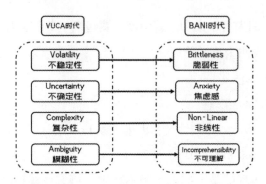

乌卡时代和巴尼时代对于个人的意义在于：乌卡时代让我们意识到并且接受这个世界是"不稳定、不确定、复杂且模糊"的这个客观事实，而"巴尼时代"则让我们察觉到在面对"乌卡"环境时，自己内心的那种"脆弱、焦虑、怀疑和不可理解"的心理状态。

在一个充满不确定性的世界里，总指望去拥有确定性的生活和未来，内心充满"脆弱、焦虑、怀疑和恐慌"就是必然的结果。

当"脆弱、焦虑、怀疑和不可理解"的心态从个体蔓延成为社会整体的普遍心态时，它就成为一个时代的特征。

二、BANI 时代的影响

"大环境"对个人命运的影响是通过"小环境"来间接实现的，它并不会点对点地直接作用于个人。但恰恰是因为这点，"大环境"对于一个人命运的影响力是巨大无比的。（这是我在本书第一章中说过的话）

BANI 时代对每个个体都会产生深刻的影响："大环境"作用于"小环境"，"小环境"影响"个人资源系统"（财富水平、知识水平、健康水平等），进而影响一个人的"个人文化系统"（思想观念、精神状态、认知水平、行为习惯等）。作用机制如下图所示：

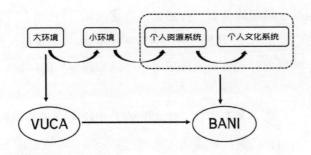

（一）脆弱性（Brittleness）

（1）不同的主体需要不同的运行系统来稳定支撑，当环境发生剧烈变化时，原本看似稳定的"运行系统"可能会随时崩塌，此时就会体现出"运行系统"的脆弱性。

充满生机的自然世界的有序运转需要精密的生态系统；

和谐的社会需要良好的政府治理系统和社会运行系统；

发展良好的企业需要健康有力的企业运行系统；

稳定和睦的家庭需要持续平稳的家庭运行系统；

健康的身体需要有稳定运行的生理功能系统……

当大环境处于"风平浪静"时，我们感受不到"运行系统"的脆弱性。比如，没有地震，我们会以为所有的房子都是无比坚固的；没有经济危机，我们会以为自己的生意永远都会稳定向好；没有战争，我们都会以为和平稳定是一种"天然设置"，没有疾病，我们都会以为自己的身体无比健康。

但是当大环境"起风起浪"的时候，我们才会意识到曾经拥有的"稳定"是多么的"不堪一击"。一场地震，会让无数看似坚固的房子瞬间倒塌；一场经济危机，在一夜之间就会从大洋彼岸将这份冲击传递到企业的身上，让企业的订单锐减到近乎"破产"，曾经让企业主无比自信的经营系统瞬间失去效力；一场战争的炮火，会在顷刻间摧毁无数家庭，让他们家破人亡、流离失所；一场疫情，让健康的身体都难以抵挡它的伤害。

（2）每一种脆弱都曾经有过"稳定"的假象，而这份"稳定"是由环境的稳定带来，而非"运行系统"的强大。

就如生长于温室的花朵，再怎么"娇艳欲滴"，再怎么"葱翠茂盛"，也不能改变它们无法在"风雨"中存活的脆弱本性，但如果是仅仅以能在"稳定"环境中持续生存和发展就得出自己"越来越强"的结论，那可是一种真正的"脆弱"了。

现实中，大部分人因为有"稳定"的工作收入，所以"勇敢"地贷款买房买车，但当自己突然被降薪或被辞退时，第一个面临的现实问题就是当月的"房贷"、"车贷"，原本看似"稳定且强大"的"财务系统"突然之间变得岌岌可危，能撑多久全取决于自己兜里还剩多少钱。

对很多人来说，"脆弱性"一直都"稳定"地存在着，只是没有被察觉而已。

（3）弱是原罪

"适者生存，弱者淘汰"这个道理在哪里都存在，每一次环境的剧烈动荡，其实都是一次"大洗牌"，动荡过后，总会有弱者被淘汰，也总会有强者站起来。在一个社会中，尽管是否被"淘汰"并非像自然界一样是以"生或死"为衡量标准，但是"强者会愈强，弱者会愈弱"却是个不争的事实。

"天地不仁，以万物为刍狗"，"风雨"过后，才知道谁弱、谁强。

弱者的弱，不是强者的错，更不是环境的错，而是弱者的一种原罪。

（二）焦虑感（Anxiety）

（1）焦虑感是当个体感受到自己脆弱性的时候产生的一种必然心理。

当一个人的能力远远小于遇到的挑战时，人就会产生焦虑感。这是积极心理学奠基人米哈里·契克森米哈赖在其《心流：最优体验心理学》著作中给出过的观点。如下图：

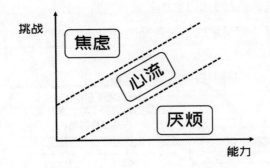

当一个面对的挑战稍大于个人能力时，会激发他内在动力，这样的情况很容易将一个人带入"心流"状态，例如一个陶艺匠人在专心致志制作一件要求较高的新作品时那种废寝忘食，极其投入且忘我的状态就是"心流"状态。

而当一个人拥有的能力远超于遇到的挑战时，很容易产生厌烦情绪。就像一个厨师天天在后厨做着一样的菜，时间长了，他就会厌烦。

在 BANI 时代，环境中的无数种不确定性产生了很多新的挑战，当人们发现自己脆弱到根本没有能力应对未来的种种不确定的时候，焦虑感就会因此产生。

比如，很多大学生寒窗苦读十几年，原以为自己学有所成，打算为自己的人生"大展拳脚"，但无情地现实却传递了另一种信息——"毕业意味着失业"，找不到工作的大学生们会为生存焦虑，而进入职场的大学生们会为能否持续生存更焦虑。

再比如，刚刚成为母亲的年轻女性很容易产生焦虑情绪，患上抑郁症的概率会更大。为什么会这样？因为抚养孩子是一个巨大的挑战，但是很多女性在成为妈妈之前并没有"储备"足够的当好一个妈妈的能力，当"抚养孩子"的挑战远远大于年轻妈妈们拥有的能力时，焦虑感自然会加重；假若身边的亲人们在此时并没有给到足够的支持与宽慰，使得自己必须独自面对这份挑战时，这些年轻妈妈们的焦虑感会成倍的提升。

（2）"焦虑感"也会让强者愈强、弱者愈弱。

"焦虑感"本身无所谓对错与好坏，它的出现，只能证明一个事实——

你遇到了前所未有的挑战。所以它不能成为判断一个人是强还是弱的标准，但是面对"焦虑感"时采取的不同态度则成为强者和弱者的"分水岭"。

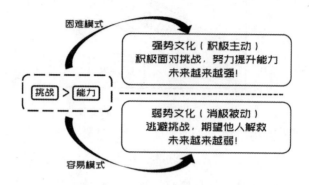

这就是在本书第二章中曾经谈到的两种应对困境的模式，"焦虑感"的存在就意味着我们进入了一种困境，而面对"焦虑感"时采取的不同态度就决定了我们是"真强"还是"真弱"。

（三）非线性（Non-linear）

"线性"意味着一个事物呈现出了鲜明的"因果关系"，而"非线性"则说明事物变得越来越复杂，一个结果的产生可能是很多因素之间共同作用的结果，很多事情虽然互有关联，但却又不是鲜明直接的"因果关系"。

（1）三观被"毁"的人

在外部环境变化莫测的时代里，我们的这种感受会非常明显，有时强烈到会开始严重怀疑曾经装入脑袋里那些"深信不疑"的观念和认知是否还正确？

比如说，"只要努力就会有回报"，这是在过去的岁月里好几代人攒下的"人生感悟"，他们将这个人生感悟传递给自己的后代，并告诉他们这是人生的"规律"，并且告诉子孙后代们一个实现个人成功的"法门"——"吃得苦中苦，方为人上人。"

这个道理有错么？当然没错，但为什么在如今这个年代里，越来越多的事实证明：

"努力不一定有回报";

"有回报的人不一定就是努力的人";

"成为人上人的那些人，不一定吃了苦中苦";

"吃了苦中苦的人，也不一定能成为人上人"。

这些事实的存在，严重地冲击着每一个"坚信正道"的人的三观。

（2）世界是复杂的，而大多数人的认知仍然是"线性"的。

比如，着凉会让人发烧，当多次着凉之后，发现都会发烧，于是人们习惯性地就会建立一个简单的线性认知——"着凉会导致发烧，发烧就意味着着凉了"。

但实际上，"着凉"不一定会百分之百导致"发烧"，"发烧"也不一定就说明"着凉"了。这二者之间是有关系，但其实并非因果关系。

人们总喜欢将自己遇到的事情简单地归因，归到一个或两个简单的原因上。如果能够自己说服自己，能够逻辑自洽，能够合理解释，这事就算"复盘"到位了，然后把"复盘"之后的"宝贵经验"装入脑袋里成为自己"认知"的一部分，以便下次遇到同类问题的时候就能拿出来用一用，甚至还能用它来"教"孩子。

如果我只是简单地用"对错"来评价这样的做法，那就过于绝对了。客观地说，这样的做法几乎是人类物种的本能，或者说是祖先们在不断进化过程中塑造的一种自我保护和可持续生存的能力，随着人类不断繁衍，这种能力就被"装入"基因里传递给后代。

但是，这个做法出问题的地方在于人们喜欢"凡事简单归因"，而世界上的事情恰恰不是简单的线性因果关系——世界是复杂的。

任何事物背后都有无数个因素在共同影响，就像我在本书开头的时候说过的，人的命运也有很多因素在共同影响，我们不能因为乔布斯、比尔·盖茨和埃隆·马斯克这样的人都是辍学之后创业成功，就得出一条结论——要想成功，必须先辍学；我们也不能因为马云曾经毕业于杭州师范学院（现杭州师范大学），就得出一条结论——只要读了杭州师范大学，我们就能成为马云一样的人。

简单归因——将事物之间建立简单的线性关系——并不是"实事求是"的做法，这样做并不符合事物的发展规律，更无法帮助我们看到事物的本质。

（四）不可理解（Incomprehensibility）

现代人类每天都会接收海量的信息，这点远超古人。

全球各地的新闻事件、时事解读、政策制度、最新技术、知识观点等海量的信息，每天都会通过一部小小的手机推送到你的面前。当人们的认知成长速度远远低于信息的传播速度，而同时又有越来越多你不能理解的信息短时间、大量地出现在你的面前时，"不可理解"的普遍状态就变得很好理解了。

如果你能戴着无数的现代技术装备"穿越"回到古代，甚至远古，我敢保证你"遇到"的那些"古人"们肯定很难理解你为什么能拿着一块"黑色的小砖头"就能跟远在千里之外的人通话；也肯定很难理解你为什么能够不用蜡烛就能把屋子照亮；他们更无法理解一个只会扭扭屁股，或者无底线搞怪的人怎么就能比寒窗苦读十几年，兢兢业业工作的人挣钱还要快、还要多。

信息过多，认知太低，就是我们越来越无法理解这个世界的根本原因。

三、BANI 时代的生存哲学

BANI 时代的四个特征说明人心乱了。乱只是个过程，不是结局；但乱却会产生两个后果：一是有人"乱"了之后很快稳住了阵脚；二有人乱了之后继续乱下去。

所以，与其说是"BANI 时代的生存哲学"，不如说是"BANI 时代的跃迁哲学"，因为时代越乱，人心就越乱，强者就越有机会。

BANI 时代的生存哲学就是强势文化人生哲学。换句话说，对于强势文化群体而言，BANI 时代就是最好的时代。

而本书向您传递的恰恰就是在 BANI 时代掌控人生的正道方法。

在此稍作总结：

（一）精神成长，持续地自我进化

无论在什么样的时代，若要掌控人生和命运，都需要我们每个人有改变自己的能力，只有不断进化自己，才能不断适应充满变化的未来，这才是真理。

强势文化的成长更注重"个人文化系统"的升级，升级意味着：

（1）精神世界开始变得完整、独立且坚强，并拥有足够强大的包容能力、抗击打能力和自愈能力；

（2）拥有强大的学习能力；

（3）超强的环境适应能力、洞察力和"挤压变形"的能力；

（4）超强的自我解救能力，这意味着我们能在逆境、困境中迅速突围脱困。

（二）蓄能成才，立志聚焦和深耕

用"立志"、"聚焦"、"深耕"三部曲去培养自己成才，是为了给自己的"个人资源系统"奠定强大的基础。前文说过，这三部曲中的每一部对于弱势文化群体来说都是极为难过的关口。

"立志"的过程是将"大而空"化为"小而实"，"聚焦"的过程是一个不漏地完成每个"小而实"的事项，而"深耕"的过程就是竭尽全力做好每个"小而实"的事项。

（三）保持健康，成长成才的基础

保持健康，这是做好前面两件事的基础中的基础。

尽管在本书中，对于健康问题并没有涉及，但不代表我忽视健康在人生中的重要性，只是限于篇幅没有提及。

对于健康管理，每个人都应该有自己的"独门秘籍"。除了大家常识中都有的"吃好"、"睡好"这个层面的认知之外，还得有"不要过分损耗自己能量"的意识。

四、结语

世界在变，时代在变，环境也会变，我们不能不变；勇敢一点，积极一点，让自己变强，才是人间正道。